“十二五”职业教育国家规划教材
经全国职业教育教材审定委员会审定
全国高职高专院校机电类专业规划教材
首届全国机械行业职业教育精品教材

虚拟仪器应用技术项目教程

（第二版）

秦益霖　李　晴　主编
钱声强　陈　琳　朱　敏　副主编
吕景泉　主审

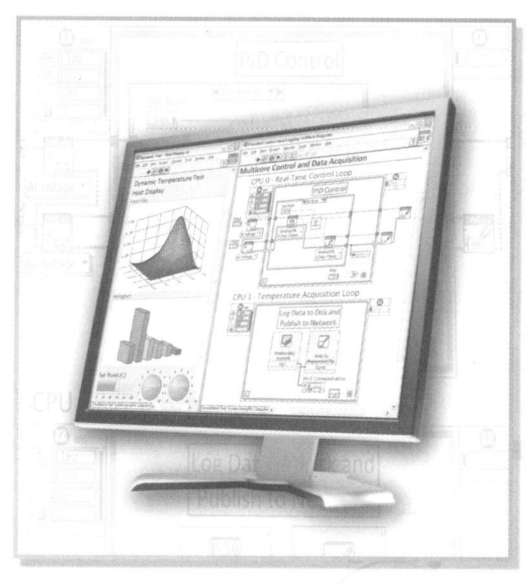

中国铁道出版社
CHINA RAILWAY PUBLISHING HOUSE

内 容 简 介

本书主要以美国国家仪器公司（简称 NI）的 LabVIEW 虚拟仪器软件为平台，以虚拟仪器技术应用项目为重点介绍了如何借助虚拟仪器技术完成工业测控的应用。全书分为五篇：第一篇为预备篇，介绍虚拟仪器的基本知识和虚拟仪器测控系统的软硬件环境。第二篇为体验篇，认识和使用虚拟仪器产品——ELVIS。第三篇为入门篇，介绍电烤箱温度测控系统。第四篇为提高篇，介绍数字测控对象检测与控制技术。第五篇为应用篇，主要通过电气设备性能测试、自动称重系统、基于机器视觉的电路板插件检测等实际应用项目，帮助读者掌握实际应用技能。

本书以虚拟仪器的应用技术为重点，淡化原理注重实用，以项目、案例为线索进行内容的编排。

本书适合作为高等职业院校自动化类、电子信息类等相关专业的教材或参考书，也可作为高校教师项目教学的配套教材，以及自学 NI 虚拟仪器的广大工程技术人员用书。

图书在版编目（CIP）数据

虚拟仪器应用技术项目教程 / 秦益霖，李晴主编.
— 2版. — 北京 : 中国铁道出版社，2015.2（2017.6重印）
全国高职高专院校机电类专业规划教材 “十二五”
职业教育国家规划教材

ISBN 978-7-113-19540-3

Ⅰ. ①虚… Ⅱ. ①秦… ②李… Ⅲ. ①虚拟仪表－高
等职业教育－教材 Ⅳ. ①TH86

中国版本图书馆CIP数据核字（2014）第262471号

书　　名：虚拟仪器应用技术项目教程（第二版）
作　　者：秦益霖　李　晴　主编

策　　划：何红艳　　　读者热线：（010）63550836
责任编辑：何红艳　鲍　闻
封面设计：付　巍
封面制作：白　雪
封面制作：汤淑梅
责任印制：李　佳

出版发行：中国铁道出版社（100054，北京市西城区右安门西街 8 号）
网　　址：http://www.tdpress.com/51eds/
印　　刷：三河市华业印务有限公司
版　　次：2010 年 6 月第 1 版　　2015 年 2 月第 2 版　　2017 年 6 月第 2 次印刷
开　　本：787 mm×1 092 mm　1/16　印张：15.5　字数：356 千
印　　数：3001 ～ 5 000 册
书　　号：ISBN 978-7-113-19540-3
定　　价：38.00 元

IMPRINT

出版说明

随着我国高等职业教育改革的不断深化发展，我国高等职业教育改革和发展进入一个新阶段。教育部下发的《关于全面提高高等职业教育教学质量的若干意见》教高[2006]16号文件旨在进一步适应经济和社会发展对高素质技能型人才的需求，推进高职人才培养模式改革，提高人才培养质量。

教材建设工作是整个高等职业院校教育教学工作中的重要组成部分，教材是课程内容和课程体系的知识载体，对课程改革和建设既有龙头作用，又有推动作用，所以提高课程教学水平和质量的关键在于建设高水平高质量的教材。

出版面向高等职业教育的“以就业为导向，以能力为本位”的优质教材一直以来就是中国铁道出版社优先开发的领域。我社本着“依靠专家、研究先行、服务为本、打造精品”的出版理念，于2007年成立了“中国铁道出版社高职机电类课程建设研究组”，并经过2年的充分调查研究，策划编写、出版了本系列教材。

本系列教材主要涵盖高职高专机电类的公共平台课和6个专业及相关课程，即电气自动化专业、机电一体化专业、生产过程自动化专业、数控技术专业、模具设计与制造专业以及数控设备应用与维护专业，既自成体系又具有相对独立性。本系列教材在研发过程中邀请了高职高专自动化教指委专家、国家级教学名师、精品课负责人、知名专家教授、学术带头人及骨干教师。他们针对相关专业的课程设置融合了多年教学中的实践经验，同时吸取了高等职业教育改革的成果，无论从教学理念的导向、教学标准的开发、教学体系的确立、教材内容的筛选、教材结构的设计，还是教材素材的选择都极具特色。

归纳而言，本系列教材体现如下几点编写思想：

（1）围绕培养学生的职业技能这条主线设计教材的结构，理论联系实际，从应用的角度组织内容，突出实用性，同时注意将新技术、新工艺等内容纳入教材。

（2）遵循高等职业院校学生的认知规律和学习特点，对于基本理论和方法的讲述力求通俗易懂，多用图表来表达信息，以解决日益庞大的知识内容与学时偏少之间的矛盾；同时增加相关技术在实际生产和生活中的应用实例，引导学生主动学习。

（3）将“问题引导式”“案例式”“任务驱动式”“项目驱动式”等多种教学方法引入教材体例的设计中，融入启发式教学方法，务求好教好学爱学。

（4）注重立体化教材的建设，通过主教材、配套素材光盘、电子教案等教学资源的有机结合，提高教学服务水平。

总之，本系列教材在策划出版过程中得到了教育部高职高专自动化技术类专业教学指导委员会以及广大专家的指导和帮助，在此表示深深的感谢。希望本系列教材的出版能为我国高等职业院校教育改革起到良好的推动作用，欢迎使用本系列教材的老师和同学提出宝贵的意见和建议。书中如有不妥之处，敬请批评指正。

中国铁道出版社

2014年8月

第二版前言

近年来随着虚拟仪器技术在工业测控领域应用的日趋广泛，其最主流的软件开发平台LabVIEW也得到了不断的更新和推广。同时，随着LabVIEW高校俱乐部的蓬勃开展，美国国家仪器有限公司（简称NI）的CLAD（Certified LabVIEW Associate Developer，即LabVIEW助理开发工程师）认证考试也开始进入高等院校，CLAD认证获NI公司全球认可，是 LabVIEW 专业认证的第一步，获得CLAD 认证可证明在LabVIEW环境下有所专长，能基本熟练地在测试和测量应用中运用虚拟仪器技术和产品。

常州信息职业技术学院自2003年开始与NI公司开展深度合作，共同开发了省级精品课程（网站），并于2010年编写完成了本书的第一版。近三年常州信息职业技术学院先后有32名同学顺利取得了CLAD认证证书，并在省级、国家级虚拟仪器大赛中与本科院校同台竞技取得了优异成绩。为将本校在虚拟仪器教学中的经验进行推广，紧跟虚拟仪器技术和LabVIEW发展的步伐，同时为更多有志于获得CLAD认证的学生提供参考，特组织了本次修订。在积极采纳广大读者和NI工程师的宝贵意见和建议下，本次修订主要做了以下工作：

（1）更新了软硬件版本。本教材原来基于LabVIEW 2009软件和一代ELVIS硬件平台编写。随着技术更新，目前二代的ELVIS II 在高校中的使用已成为主流，同时LabVIEW软件版本更新后，编程环境与旧的版本产生了一定差异。因此进行了相应内容的更新。尤其是在第一篇预备篇、第二篇体验篇和第三篇入门篇中做了较大调整。考虑到目前还有部分院校在使用一代的ELVIS，在体验篇中同时对一代ELVIS和二代ELVIS II 进行了介绍与对比，以便适应不同读者和院校教学的需要。

（2）强化了课证衔接。将CLAD行业认证考试内容与教学项目的知识点紧密结合，由浅入深，尽量覆盖，并在部分章节的后面增加了大量CLAD练习的内容。附录中增加了CLAD考点的详解，以便为读者准备CLAD认证考试提供参考。

（3）增强了实用性。本次修订增加了数据采集相关概念、数据采集卡选购、系统界面的设计技巧、程序框图的设计规范等内容，从软硬件设计的基本原则与规范等方面进行了内容的充实，加强了教材的实用性。

（4）加强了产教结合。教材的修订得到了NI公司的大力支持，NI公司的工程师不仅提供了大量详实的技术资料，还在内容编排、项目优化、产教结合等方面提供了很多好的建议，并参与了部分章节的编写。

本书由常州信息职业技术学院组织修订，由秦益霖、李晴任主编，钱声强、陈琳、朱敏任副主编。秦益霖教授提出整体修改意见并统稿，李晴副教授负责组织具体修订工作，其中第一篇由李晴和朱敏共同修订，第二篇由李晴和黄植希（上海恩艾仪器有限公司）共同修订，第三篇由陈琳修订，第四篇由钱声强修订，第五篇由朱敏、李晴、秦益霖共同修订。本书由吕景泉担任主审。

本书在修订过程中得到了上海恩艾仪器有限公司、常州金土木工程仪器有限公司等企业技术专家的大力支持和帮助，在此表示感谢。

由于编者的水平有限，书中难免存在不足和疏漏之处，诚望读者和有关专家指正。

编　者

2014年12月

第一版前言

FOREWORD

2008年，百年不遇的世界金融危机，对全球经济造成重创，但中国经济却呈现V型反转，中国制造大国的地位得到进一步巩固。现代制造业正在向规模化、自动化、个性化方向发展，产品的个性化需求对测试技术提出了更高的要求。

虚拟仪器具有基于开放软件平台、图形化开发界面等优点，可以在不改变或少改变硬件的前提下，通过软件灵活地满足多种不同的测试与控制需求。使用虚拟仪器技术，工程师可以利用图形化开发软件方便、高效地创建完全自定义的解决方案，以满足灵活多变的需求趋势——这完全不同于专门的、只有固定功能的传统仪器。目前，财富500强中85%的制造型企业已经选择了虚拟仪器技术，大幅度减小了自动化测试设备（ATE）的尺寸，使工作效率提升了十倍之多，而成本却只有传统仪器解决方案的一小部分。虚拟仪器在我国正逐步得到广泛应用。

美国国家仪器公司（简称NI）是全球虚拟仪器技术的倡导者和领先者，过去的三十多年里，NI通过虚拟仪器技术为测试、测量和自动化领域带来了一场革新。虚拟仪器技术把现成、即用的商业技术与创新的软/硬件平台进行集成，从而为嵌入式设计、工业控制以及测试和测量提供了一种独特的解决方案。

常州地处制造业发达的长三角地区，对于现代测试技术的需求非常大。然而，由于掌握虚拟仪器技术的专业人才还非常少，大大影响了先进技术的应用。2003年，常州信息职业技术学院在规划电气自动化技术课程体系时，确立了为常州及周边地区现代制造业服务，培养具备综合职业素质、扎实的基本技能以及专项技能的“1+2”型高职人才，为推动产业升级提供人才保障和技术支持的目标。为了培养学生的专项技能，我院精心选择了美国国家仪器公司作为重要的合作伙伴，并于2004年开始共建虚拟仪器联合实训室。

通过与NI公司紧密合作，我院组建了强有力的专、兼职教学团队，开发虚拟仪器应用技术课程，在课程的定位、课程的架构、课程项目载体的选择方面进行了积极、大胆的创新和探索。2007年，我院成为教育部、财政部100所高职示范性院校建设立项单位，其中电气自动化技术专业成为重点建设专业，这使得虚拟仪器应用技术课程建设更上一层楼。课程组以典型岗位工作任务为引领，将实际工作任务及工作过程提炼、序化，设计成循序渐进的学习项目。借鉴澳大利亚TAFE学院培训包（training package）的概念，创新设计了“AAA”课程架构。A1学徒项目包（apprenticeship—oriented project package）和A2应用项目包（application—oriented project package），将职业岗位技能需求和职业教育目标相结合，规定出每个学习项目及整个项目包中学生达到能力标准所需的考核要求，这两个项目包作为课程架构的“认证”部分，即必修内容。A3拓界项目包（across—oriented project package）作为课内教学的补充和拓展，在课外通过兴趣小组、技能竞赛、毕业设计、科技创新大赛、参与教师科技服务项目等各种形式提供虚拟仪器技术的自主学习和深入研究。这些项目形式不定，学习时间、地点不定，由学生自行选择。自主学习，作为课程架构的“非认证”部分，即选修内容。

目前，关于虚拟仪器的教材虽然较多，但是适合高职院校尤其是适应项目教学的教材还很少。为了把我国高职示范性院校建设的成果进行推广，作者在我院校本教材的基础上，结合多年项目教学经验，把撰写一本有特色、有创新、与高职项目教学相配套的教材作为教学团队的目标。相信这些经验会对从事虚拟仪器方面教学的同行起到一个抛砖引玉的作用，能对广大有志于从事虚拟仪器应用的学生和工程技术人员提供一定的帮助。这正是本书的主要写作目的，也是作者团队极力想做的一件事。

本书是按照项目教学的思路进行编排的，建议具备一定实训条件的学校在实训室进行一体化教学，边讲边做，随时解答学生疑问，尤其是进行到项目三以后，教师要放手让学生自主思考、广开思路，让学生学会用多种方法解决实际问题。同时建议采用一次课4学时连排的方式以保证项目实施的完整性。具体建议课时见“附录A 学时分配表”，暂不具备实训条件的学校可根据“附录B 软件知识点分布表”选择相关知识点和项目实施教学。

本书由常州信息职业技术学院虚拟仪器课程组编写完成，该教学团队长期从事虚拟仪器课程教学和实训室建设，是一个充满活力、富有创新精神的双师型团队。课程组2009年度被评为常州信息职业技术学院优秀教学团队，所有作者均为电气自动化技术专业省级优秀教学团队主要成员。团队围绕虚拟仪器教学课程与美国国家仪器公司的紧密合作，先后编写了《虚拟仪器讲义》、《虚拟仪器项目教学手册》、《虚拟仪器项目教学任务书》等一系列的校本讲义，本书正是经过多轮使用后，总结经验完善优化编写的项目教学教材。

全书由秦益霖提出整体构思并统稿，由李晴组织编写，由吕景全最终审定。项目开篇由秦益霖、李晴共同编写；体验篇由李晴、钱声强共同编写；入门篇由朱敏、陈琳共同编写；提高篇由钱声强、陈琳编写；应用篇由秦益霖、朱敏、李晴共同编写。受篇幅的限制，还有一些应用没有涉及。由于学识水平的欠缺，错误之处在所难免，希望同行专家和广大读者给予批评指正。

本书在撰写过程中得到了教育部高职高专自动化技术类专业教学指导委员会、上海恩艾仪器有限公司、中国铁道出版社等单位的鼎力支持，感谢教育部高职高专自动化技术类专业教学指导委员会主任吕景全教授、NI中国公司陈庆全经理、黄植希工程师和季雷工程师的大力支持，常州信息职业技术学院的王露高级实验员、牛杰老师、江苏科技大学研究生马祥林同学在实验调试、资料收集、文档处理等方面做了大量工作，邓志良教授、李众教授等也为本书的编写提出了许多宝贵意见，在此表示衷心感谢！同时感谢作者的家人，如果没有你们的无私奉献和支持就没有这本书！

编　者

2010年4月

目 录

CONTENTS

第一篇 预备篇

1.1 虚拟仪器的基本知识

1. 虚拟仪器技术的定义

虚拟仪器技术，就是根据用户的要求由软件定义通用测量硬件的功能。

2. 虚拟仪器技术的组成

虚拟仪器技术主要有三大部分组成（见图1-1）：高效的软件、模块化的I/O硬件及用于集成的软硬件平台。利用虚拟仪器技术，工程师们可以按照自己的具体要求来定制硬件的功能，从而在很短的时间内开发出高性能，高扩展性的集成系统。

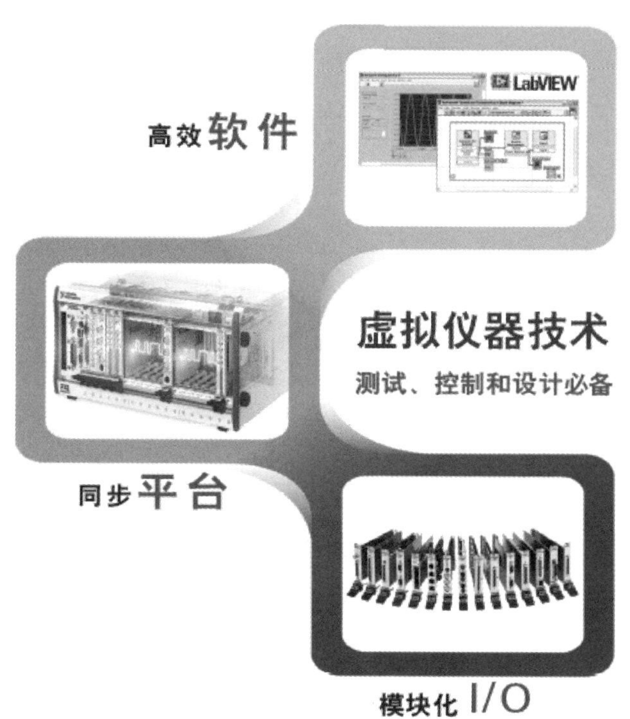

图1-1 虚拟仪器技术的组成

一个典型的虚拟仪器系统通常由以下几部分组成（见图1-2）：被测单元（包括被测对象及各类传感器）、信号调理设备、各类采集板卡及计算机软硬件平台等。

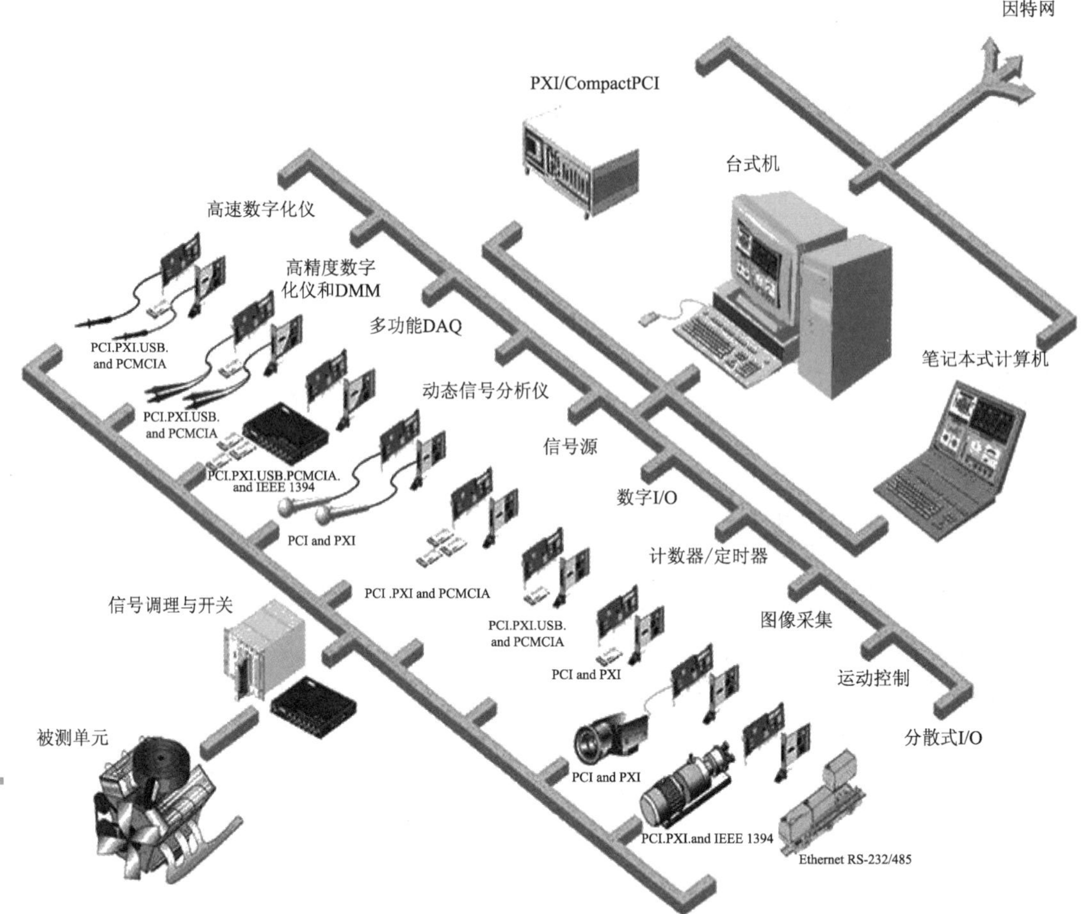

图1-2　虚拟仪器系统的组成

3. 虚拟仪器的分类

虚拟仪器随着计算机的发展和采用总线方式的不同，大致可分为以下七种类型：

（1）PC总线——插卡型虚拟仪器

这种方式借助于插入计算机内的板卡（数据采集卡、图像采集卡等）与专用的软件，如LabVIEW、LabWindows/CVI或通用编程工具Visual C++和Visual Basic等相结合，它可以充分利用PC或工控机内的总线、机箱、电源及软件的便利。

但是该类虚拟仪器受普通PC机箱结构和总线类型限制，并且有电源功率不足，还有机箱内部的噪声电平较高，插槽数目较少，插槽尺寸小，机箱内无屏蔽等缺点。该类虚拟仪器曾有ISA、PCI和PCMCIA总线等，但目前ISA总线的虚拟仪器已经基本被淘汰，PCMCIA结构连接强度太弱的限制影响了它的工程应用，而PCI总线的虚拟仪器广为应用。

（2）并行口式虚拟仪器

该类型的虚拟仪器是一系列可连接到计算机并行口的测试装置，它们把仪器硬件集成在一个采集盒内。仪器软件装在计算机上，通常可以完成各种测量测试仪器的功能，可以组成数字存储示波器、频谱分析仪、逻辑分析仪、任意波形发生器、频率计、数字万用表、功率计、程控稳压电源、数据记录仪、数据采集器。它们的最大好处是可以与笔记本式计算机相连，方便野外作业，又可与台式机相连，实现台式和便携式两用，非常灵活。由于其价格低廉、用途广泛，适合于研发部门和各种教学实验室应用。

（3）GPIB总线方式的虚拟仪器

GPIB（General Purpose Interface Bus）技术是IEEE 488标准的虚拟仪器早期的发展阶段。GPIB也称HPIB或IEEE 488总线，最初是由HP公司开发的仪器总线。该类虚拟仪器可以说是虚拟仪器早期的发展阶段，也是虚拟仪器与传统仪器结合的典型例子。它的出现使电子测量从独立的单台手工操作向大规模自动测试系统发展。典型的GPIB测试系统由一台PC、一块GPIB接口卡和若干台GPIB总线仪器通过GPIB电缆连接而成。一块GPIB接口可连接14台仪器，电缆长度可达40 m。

利用GPIB技术实现计算机对仪器的操作和控制，替代传统的人工操作方式，可以很方便地把多台仪器组合起来，形成自动测量系统。GPIB测量系统的结构和命令简单，主要应用于控制高性能专用台式仪器，适合于精确度要求高的、但不要求对计算机高速传输状况时应用。

（4）VXI总线方式虚拟仪器

VXI（VME eXtension for Instruments）总线是一种高速计算机总线VME总线在VI领域的扩展，它具有稳定的电源，强有力的冷却能力和严格的RFI/EMI屏蔽。由于它的标准开放、结构紧凑、数据吞吐能力强、定时和同步精确、模块可重复利用、众多仪器厂家支持的优点，很快得到广泛的应用。经过十多年的发展，VXI系统的组建和使用越来越方便，尤其是组建大、中规模自动测量系统以及对速度、精度要求高的场合，有其他仪器无法比拟的优势。然而，组建VXI总线要求有机箱、零槽管理器及嵌入式控制器，造价比较高。目前这种类型也有逐渐退出市场的趋势。

（5）PXI总线方式虚拟仪器

PXI（PCI eXtension for Instruments）总线方式是在PCI总线内核技术基础上增加了成熟的技术规范和要求形成的。包括多板同步触发总线的技术，增加了用于相邻模块的高速通信的局域总线。PXI具有高度可扩展性，PXI具有多个扩展槽，通过使用PCI−PCI桥接器，可扩展到256个扩展槽，对于多机箱系统，现在则可利用MXI接口进行连接，将PCI总线扩展到200 m远。而台式机PCI系统只有3~4个扩展槽，台式PC的性能价格比和PCI总线面向仪器领域的扩展优势结合起来，将形成未来的虚拟仪器平台。

（6）外挂型串行总线虚拟仪器

外挂式虚拟仪器系统是廉价型虚拟仪器测试系统的主流。这类虚拟仪器是利用RS−232总线、USB和1394总线等目前PC提供的一些标准总线，可以解决基于PCI总线的虚拟仪器在插卡时都需要打开机箱等操作不便以及PCI插槽有限的问题。同时，测试信号直接进入计算机，各种现场的被测信号对计算机的安全造成很大的威胁。而且，计算机内部的强电磁干扰对被测信号也会造成很大的影响。

RS－232主要是用于前面提到过的仪器控制。目前应用较多的是近年来得到广泛支持的USB，但是，USB也只限于用在较简单的测试系统中。用虚拟仪器组建自动测试系统，更有前途的是采用IEEE 1394串行总线，因为这种高速串行总线，能够以200 Mbit/s或400 Mbit/s的速率传送数据，显然会成为虚拟仪器发展最有前途的总线。

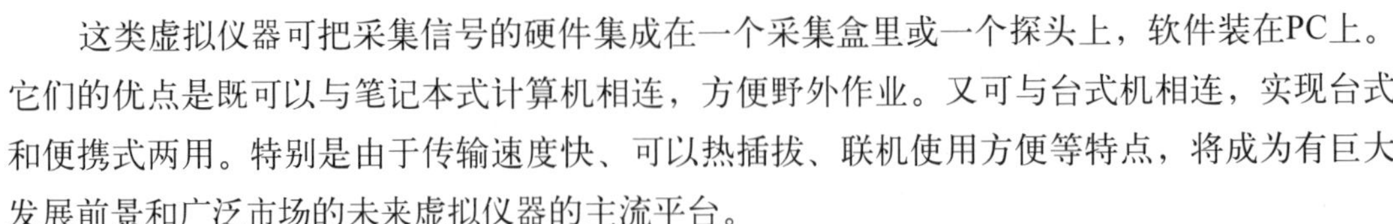

这类虚拟仪器可把采集信号的硬件集成在一个采集盒里或一个探头上，软件装在PC上。它们的优点是既可以与笔记本式计算机相连，方便野外作业。又可与台式机相连，实现台式和便携式两用。特别是由于传输速度快、可以热插拔、联机使用方便等特点，将成为有巨大发展前景和广泛市场的未来虚拟仪器的主流平台。

（7）网络化虚拟仪器

工业现场总线、工业以太网和Internet为共享测试系统资源提供了支持。工业现场总线是一个网络通信标准，它使得不同厂家的产品通过通信总线使用共同的协议进行通信。现在，各种现场总线在不同行业均有一定应用；工业以太网也有望进入工业现场，应用前景广阔；Internet已经深入各行各业乃至千家万户。通过Web浏览器可以对测试过程进行观测，可以通过Internet操作仪器设备。能够方便地将虚拟仪器组成计算机网络。利用网络技术将分散在不同地理位置不同功能的测试设备联系在一起，使昂贵的硬件设备、软件在网络上得以共享，减少了设备重复投资。现在，有关MCN(Measurement and Control Networks)方面的标准已经取得了一定进展。

4. 虚拟仪器的优势

（1）性能高

虚拟仪器技术是在PC技术的基础上发展起来的，所以完全“继承”了以现成即用的PC技术为主导的最新商业技术的优点，包括功能超卓的处理器和文件I/O，使您在数据高速导入磁盘的同时就能实时地进行复杂的分析。随着数据传输到硬驱功能的不断加强，以及与PC总线的结合，高速数据记录已经较少依赖大容量的本地内存，就能以高达100 Mbit/s的速率将数据导入磁盘。

此外，越来越快的计算机网络使得虚拟仪器技术展现其更强大的优势，使数据分享进入了一个全新的阶段，将因特网和虚拟仪器技术相结合，就能够轻松地发布测量结果到世界上的任何地方。

（2）扩展性强

虚拟仪器现有软硬件工具使得工程师和科学家们不再局限于当前的技术。得益于软件的灵活性，使用者只需更新计算机或测量硬件，就能以最少的硬件投资和极少的、甚至无需软件上的升级即可改进整个系统。在利用最新科技的时候，可以把它们集成到现有的测量设备，从而以较少的成本加速产品上市。

（3）开发时间少

在驱动和应用两个层面上，高效的软件构架能与计算机、仪器仪表和通信方面的最新技术结合在一起。虚拟仪器这一软件构架的初衷就是为了方便用户操作，同时还具备较强的灵活性和强大的功能，使用户轻松地配置、创建、发布、维护和修改高性能、低成本的测量和控制解决方案。

（4）出色的集成

虚拟仪器技术从本质上说是一个集成的软硬件概念。随着测试系统在功能上不断地趋于复杂，通常需要集成多个测量设备来满足完整的测试需求，而连接和集成这些不同设备总是要耗费大量的时间，不是轻易可以完成的。

虚拟仪器软件平台为所有的I/O设备提供了标准的接口，例如数据采集、视觉、运动和分布式I/O等等，帮助用户轻松地将多个测量设备集成到单个系统，减少了任务的复杂性。

为了获得最高的性能、简单的开发过程和系统层面上的协调，这些不同的设备必须保持其独立性，同时还要紧密地集成在一起。虚拟仪器的发展可以快速创建测试系统，并随着要求的改变轻松地完成对系统的修改。这些都得益于这一集成式的构架带来的好处，测试系统更具竞争性，可以更高效地设计和测量高质量的产品，并将它们更快速地投入市场。

5. 虚拟仪器与传统仪器的比较

虚拟仪器概念的提出是针对于传统仪器而言的，表1-1和图1-3显示了虚拟仪器与传统仪器的比较，它们之间的最大区别是由虚拟仪器提供的是完成测量或控制任务所需的所有软件和硬件设备，而且功能是由用户定义。而传统仪器则功能固定且由厂商定义，把所有软件和测量电路封装在一起利用仪器前面板为用户提供一组有限的功能。因此虚拟仪器功能更灵活。

表1-1　虚拟仪器与传统仪器的比较

虚　拟　仪　器	传　统　仪　器
开发和维护费用低	开发和维护费用高
技术更新周期短（0.5～1年）	技术更新周期长（5～10年）
软件是关键	硬件是关键
价格低	价格昂贵
开放灵活与计算机同步，可重复用和重配置	固定
可用网络联络周边各仪器	只可连有限的设备
自动、智能化、远距离传输	功能单一，操作不便

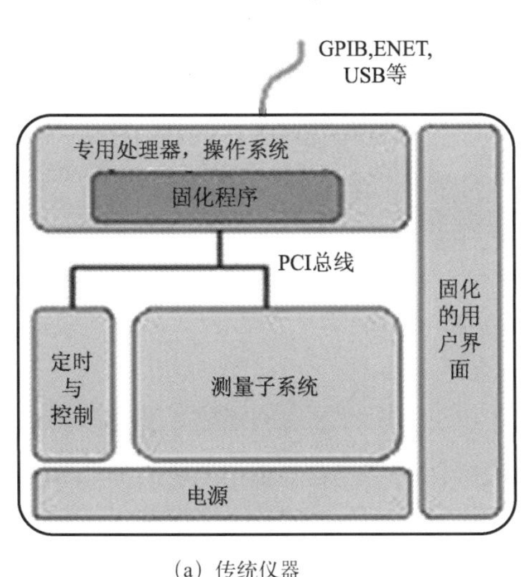

（a）传统仪器

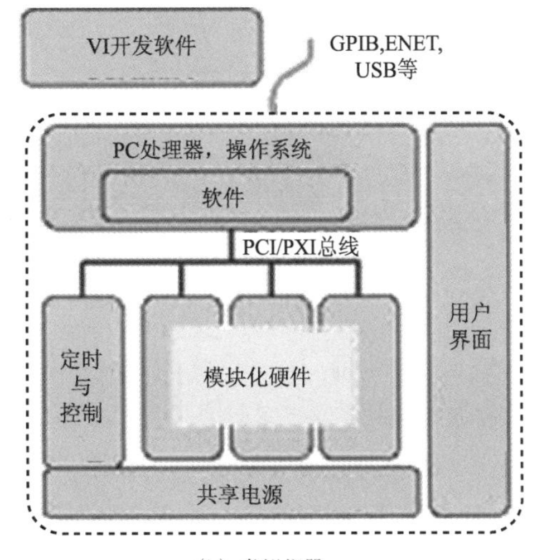

（b）虚拟仪器

图1-3　传统仪器与虚拟仪器的比较

每一个虚拟仪器系统都由两部分组成——软件和硬件。对于当前的测量任务，虚拟仪器系统的价格可能与具有相似功能的传统仪器相差无几，也可能比它少很多倍。但由于虚拟仪器在测量任务需要改变时具有更大的灵活性，因而随着时间的流逝，节省的成本也不断累

计。虚拟仪器的灵活性体现在：

（1）不同的设备实现同一应用

一个测试项目（一个直流电压和温度测量应用）根据不同的应用场合可以采用不同的设备，却可以采用相同的程序代码，如图1-4所示。若是实验室验证，就可以应用台式计算机上PCI总线，使用LabVIEW和DAQ设备。

开发一个应用程序，若要应用于生产线，则可以采用PXI系统配置应用程序。若是需要具有便携性，就可以选择USB总线的DAQ产品来完成任务。

（2）一台设备实现不同应用

假设有两个不同的应用，一个是利用DAQ设备和积分编码器来测量电机位置的项目；另外一个是监视和记录这个电机的功率。即使这两个任务完全不同，也可以重复利用同一块DAQ 设备。所需要做的就是使用虚拟仪器软件开发出新的应用程序，如图1-5所示。此外，如果需要的话，项目既可以与一个单一的应用程序结合也可以运行在一个单一的DAQ设备上。

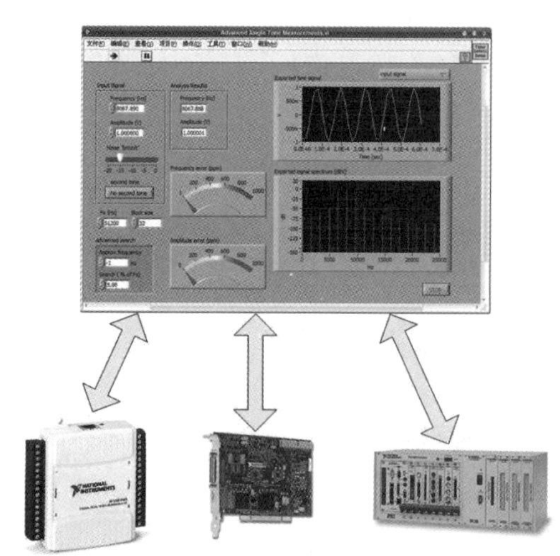

图1-4　在许多设备上使用同样的应用程序之时升级硬件十分轻松

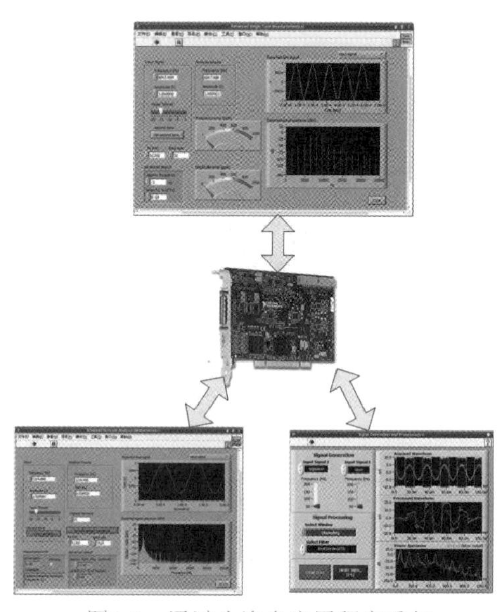

图1-5　通过为许多应用程序重复使用硬件减少成本

（3）硬件性能

虚拟仪器的重要概念就是驱使实际虚拟仪器软件和硬件设备加速的策略。虚拟仪器技术致力于适应或使用诸如Microsoft、Intel、Analog Devices、Xilinx以及其他公司的高投入技术。例如，软件方面，使用Microsoft在操作系统（OS）和开发工具方面的巨大投资。在硬件方面，应用基于Analog Devices在A/D转换器方面的投资。

虚拟仪器系统是基于软件的，所以只要是可以数字化的东西，就可以对它进行测量。因此，测量硬件可通过两根坐标轴进行评估，即分辨率（位）和频率。参考图1-6可以看出虚拟仪器硬件测量性能与传统仪器的比较。虚拟仪器的目标就是将曲线在频率和分辨率上延伸并且在曲线内进行不断推陈出新。

(4) 兼容性

虚拟仪器和传统仪器要并存一段时间，一些测试系统必然要将两者结合使用。虚拟仪器和传统仪器之间的兼容性问题成为关注的焦点。

虚拟仪器可与传统仪器完全兼容，无一例外。虚拟仪器软件通常提供了与常用普通仪器总线（如GPIB、串行总线和以太网）相连接的函数库。

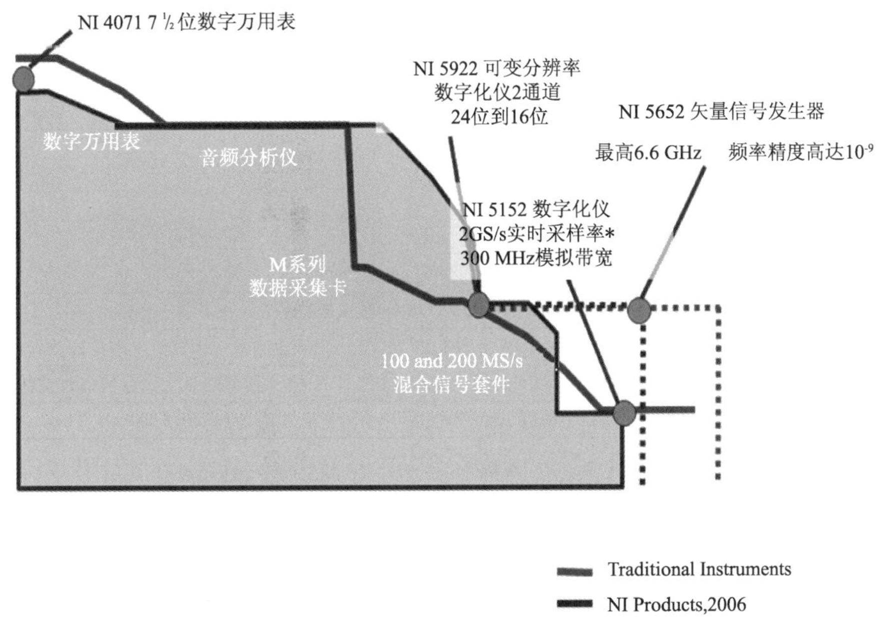

图1-6 虚拟仪器与传统仪器硬件性能的比较

除了提供库之外，200多家仪器厂商也为NI仪器驱动库提供了4000余种仪器驱动。仪器驱动提供了一套高层且可读的函数以及仪器接口。每一个仪器驱动都专为仪器某一特定的模型而设计，从而为它独特的性能提供接口。

虚拟仪器技术在测控领域掀起了一场革命，同时也给传统的教学研究带来了翻天覆地的变化。基于计算机的测量测试和控制实验室大大提高了教学人员的工作效率，并改进了学生的学习方式。基于虚拟仪器灵活的交互特性和便捷的开发特性，老师可以利用互动的多媒体课件和多样的实验丰富传统的理论教学；学生们可以更专注于创新的思想和实践过程的掌握。目前，虚拟仪器技术已经广泛应用到国内外高等教育许多学科的教学实践中，为教育的改革和创新打开了一个新的窗口，在帮助高校专业建设和提高教学质量方面，体现出明显的优势。

1.2 虚拟仪器软件编程环境

1.2.1 LabVIEW软件安装

1. 计算机性能要求

LabVIEW的软件版本逐年更新，近年来，从LabVIEW 7.1/8.2/8.6到LabVIEW 2009/2010/2011/2012一直到最新的LabVIEW 2013，对计算机系统性能的要求也日益提高。本书以LabVIEW 2013为例，来简要介绍一下计算机性能要求和安装操作过程。

LabVIEW 2013 可以安装在Windows Vista/XP/2000、Mac OS、Linux等不同的操作系统中，不同的操作系统对计算机系统要求有所差别，在这里，仅对广泛使用的Windows 操作系统要求做一说明（见表1-2），其他操作系统的性能要求可以参考NI LabVIEW 帮助文档。

表1-2　LabVIEW开发系统对计算机的性能要求

Windows	开　发　环　境
处理器	Pentium 4/M或等效处理器
RAM	1 GB
屏幕分辨率	1024 x 768像素
操作系统	Windows 8（32位、64位） Windows 7/Vista（32位、64位） Windows XP SP3（32位） Windows Server 2003 R2（32位） Windows Server 2008 R2（64位）
磁盘空间	3.5 GB（包括NI设备驱动DVD中的默认驱动程序）
颜色选板	LabVIEW和LabVIEW 帮助包含16位彩色图形。 LabVIEW至少需要16位彩色配置
临时文件目录	LabVIEW使用专用目录存放临时文件。 NI建议预留磁盘空间存放临时文件
Adobe Reader	如需查看PDF格式的LabVIEW用户手册，必须安装Adobe Reader

LabVIEW的特定模块和工具包可能有额外的系统要求， 找到LabVIEW开发平台DVD 1上的LabVIEW 开发平台自述文件(readme_platform.html)，找到相应的模块或工具包的部分，可查看特定模块或工具包的最小安装需求。

2．LabVIEW的安装

LabVIEW 2013的安装如下：先安装软件开发环境，再安装设备驱动程序。插入LabVIEW开发平台DVD1后，出现初始化界面，如图1-7所示，安装前可以先查看“LabVIEW安装指南”。

图1-7　LabVIEW安装初始化界面

提示

运行安装之前最好退出其他运行程序，以提高安装速度。

选择“安装LabVIEW、模块和工具包”选项，进入选择安装类型界面，如图1-8所示，选择激活产品或试用产品，如选择“根据序列号选择并激活产品”，将出现提示，输入要激活产品的序列号。

在产品列表中选择“LabVIEW简体中文”和其他需要安装的模块和工具包，如图1-9所示。单击“下一步”按钮，根据安装程序提示，选择默认软件安装路径或选择其他安装路径，接受各软件和产品许可协议，核对安装信息后即开始安装。安装过程中，会提示更换NI设备驱动DVD光盘，交互安装设备驱动程序，全部安装以后需要重新启动计算机。

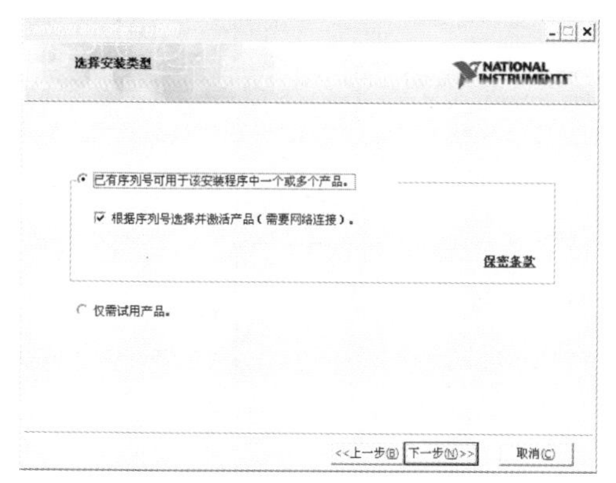

图1-8　LabVIEW安装类型

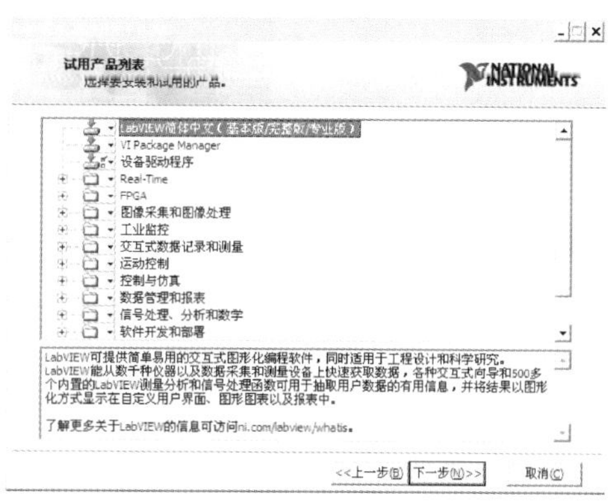

图1-9　选取LabVIEW产品

1.2.2　LabVIEW编程环境

LabVIEW 编程环境包含各类选板、工具、菜单和窗口。

LabVIEW 包含三种选板：控件选板、函数选板和工具选板。LabVIEW 中还有启动窗口、即时帮助窗口、项目浏览器和导航窗口。控件和函数选板可以自定义，同时还可以设置多种工作环境选项。LabVIEW 选板、工具和菜单可用来创建VI 的前面板和程序框图。

1. LabVIEW 2013的启动界面

启动LabVIEW 2013 时将显示启动窗口，在启动窗口可以基于模板或范例创建新项目，或打开现有的LabVIEW文件。也可通过启动窗口访问LabVIEW的扩展资源和教程，如图1-10所示。

打开现有文件或创建新文件后启动窗口就会消失。关闭所有已打开的前面板和程序框图后启动窗口会再次出现。可通过选择“查看”菜单中的“启动窗口”显示该窗口。

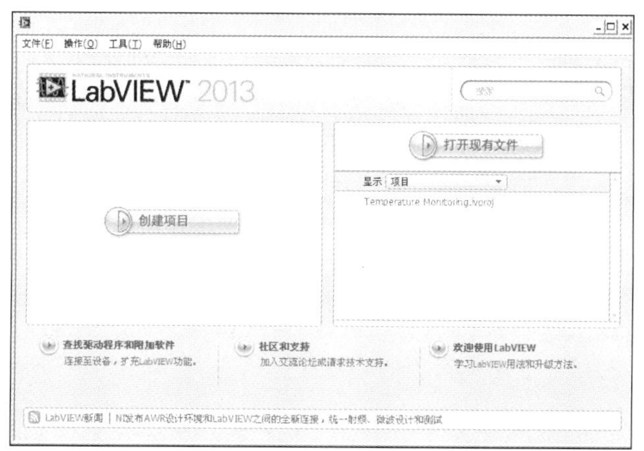

图1-10　LabVIEW 2013启动界面

第一篇　预备篇

2. LabVIEW 2013的菜单栏和工具栏

菜单和工具栏用于操作和修改前面板和程序框图上的对象。LabVIEW 2013的菜单分为两类：通用菜单和快捷菜单。

（1）通用菜单

窗口顶部的菜单为通用菜单，包括“文件”“编辑”“查看”“项目”“操作”“工具”“窗口”“帮助”，如图1-11所示。

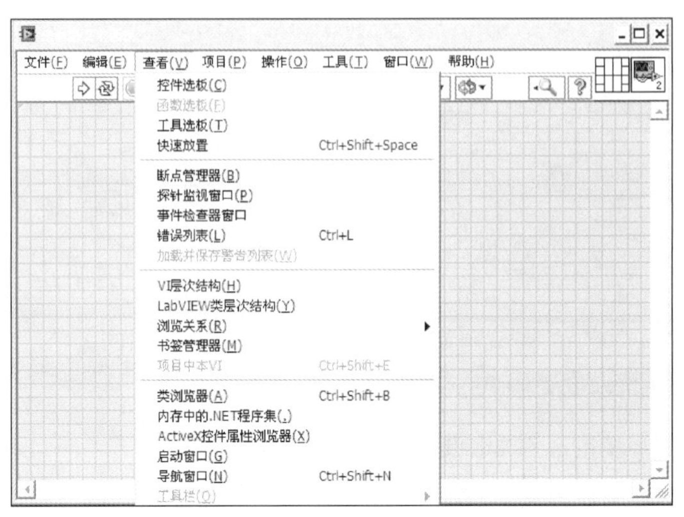

图1-11 LabVIEW通用菜单

“文件”菜单用于执行基本的文件操作（例如，打开、关闭、保存或打印文档）。也可用于打开、关闭、保存和创建LabVIEW项目。

“编辑”菜单用于查找和修改LabVIEW文件及其组件。

“查看”菜单包含用于显示LabVIEW开发环境窗口的选项，包括错误列表、启动窗口和导航窗口。同时也可显示选板以及与项目相关的工具栏。

“项目”菜单用于执行基本的文件操作，如打开、关闭、保存项目、根据程序生成规范创建程序，以及查看项目信息。

“操作”菜单包含控制VI操作的各类选项，也可用于调试VI。

“工具”菜单用于配置LabVIEW、项目或VI。

“窗口”菜单用于设置当前窗口的外观。

“帮助”菜单包含对LabVIEW功能和组件的介绍、全部的LabVIEW文档，以及NI技术支持网站的链接。

关于通用菜单的具体菜单命令功能可以查阅“LabVIEW帮助”文档。

（2）快捷菜单

右键单击对象可打开快捷菜单，又称即时菜单、弹出菜单。创建VI时，可使用快捷菜单上的选项改变前面板和程序框图上对象的外观或运行方式，如图1-12所示。不同的前面板和程序框图上对象其快捷菜单有所区别。VI 运行时或处于运行模式下，所有前面板对象都有一套精简的默认快捷菜单。可使用常用快捷菜单剪切、复制、粘贴对象的内容、将对象的值恢复为默认值或查看该对象的说明。

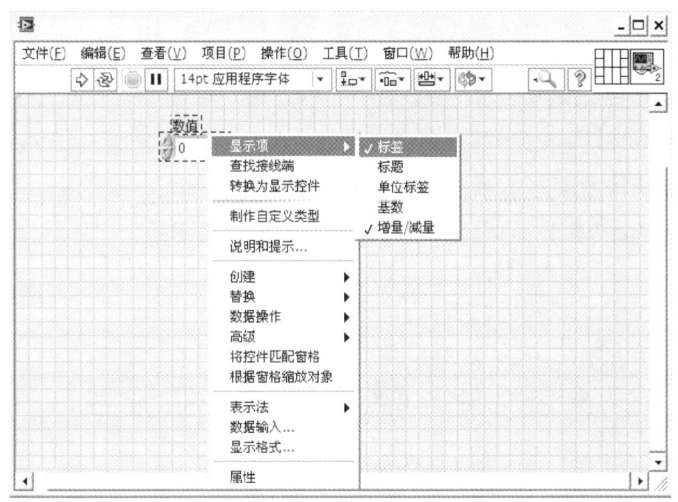

图1-12　LabVIEW快捷菜单

（3）工具栏

工具栏按钮用于运行、中断、终止、调试VI、修改字体、对齐、组合、分布对象。主要的工具有：

（运行VI）：按钮为白色实心箭头时表示VI可以运行。

（错误）：创建或编辑VI时，如VI存在错误，运行按钮将显示为断开，VI无法运行。

（连续运行）：连续运行VI直至中止或暂停操作。

（中止执行）：中止顶层VI的操作。可使用中止VI方法通过编程中止VI运行。

（暂停）：暂停或恢复执行。单击“暂停”按钮，程序框图中暂停执行的位置将高亮显示。再按一次可继续运行VI。运行暂停时，“暂停”按钮为红色。

（高亮显示执行过程）：单击“运行”按钮后可动态显示程序框图的执行过程。“高亮显示执行过程”按钮为黄色时，表示高亮显示执行过程已被启用。

12pt 应用程序字体 （文本设置）：为VI修改字体设置。

（对齐对象）：根据轴对齐对象。

（分布对象）：均匀分布对象。

（调整对象大小）：调整多个前面板对象的大小，使其大小统一。

（重新排序）：移动对象，调整其相对顺序。有多个对象相互重叠时，可选择重新排序下拉菜单，将某个对象置前或置后。

（显示即时帮助）：显示即时帮助窗口。

3．LabVIEW 2013的控件选板

控件选板仅位于前面板。控件选板包括创建前面板所需的输入控件和显示控件。控件按照不同类型归为若干子选板。将游标移至控件选板的图标上时，子选板或控件的名称会在图标下方的提示框中出现。

前面板控件有“银色”“新式”“经典”和“系统”四种样式，如图1-13所示。

银色、新式及经典控件：许多前面板对象具有高彩外观。为了获取对象的最佳外观，显示器最低应设置为16色位。位于“银色”和“新式”选板上的控件也有相应的低彩对象。“经典”选板上的控件适于创建低色显示器上显示的VI。

系统控件：位于系统选板上的系统控件可用在用户创建的对话框中。系统控件专为在对话框中使用而特别设计，包括下拉列表和旋转控件、数值滑动杆、进度条、滚动条、列表框、表格、字符串和路径控件、选项卡控件、树形控件、按钮、复选框、单选按钮等。这些控件仅在外观上与前面板控件不同，颜色与系统设置的颜色一致。

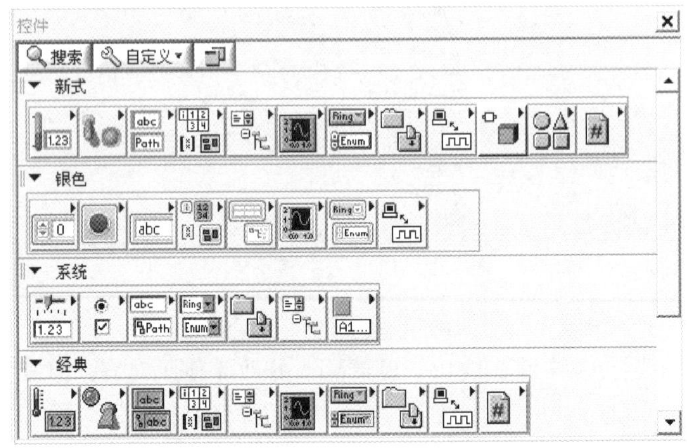

图1-13　4种样式的控件

这里，我们对新式样式中常用的控件加以说明，如表1-3所示。

表1-3 常用控件说明

序号	图　标	子模板名称	功　　能
1		数值	数值的控制和显示。包含数字式、指针式显示表盘及各种输入框
2		布尔	逻辑数值的控制和显示。包含各种布尔开关、按钮以及指示灯等
3		字符串与路径	字符串和路径的控制和显示
4		数组、矩阵与簇	数组和簇的控制和显示
5		列表、表格和树	列表和表格的控制和显示
6		图形	显示数据结果的趋势图和曲线图
7		下拉列表与枚举	下拉列表与枚举的控制和显示
8		容器	可用来组合各种控件，或在当前VI的前面板上显示另一个VI的前面板
9		I/O	输入/输出功能。用于操作OLE、ActiveX等功能
10		修饰	用于给前面板进行装饰的各种图形对象

4. LabVIEW 2013的函数选板

函数选板位于程序框图。函数选板中包含创建程序框图所需的VI 和函数。按照VI 和函数的类型，将VI 和函数归入不同子选板中。

如需显示函数选板，请选择“查看”菜单中的“函数选板”命令或在程序框图活动窗口右击。LabVIEW 将记住函数选板的位置和大小，因此当LabVIEW 重启时选板的位置和大小不变。在函数选板中可以进行内容修改。

函数选板如图1-14所示，以及最常用的编程子选板，如图1-15所示。

图1-14　函数选板

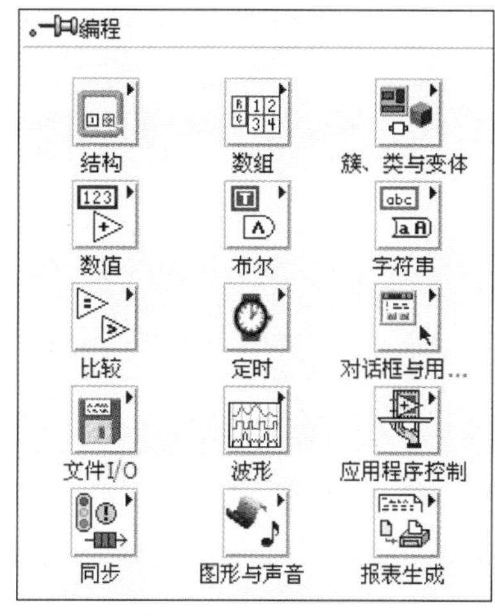

图1-15　编程子选板

函数选板中的子选板如下：

- 编程：编程VI和函数是VI的基本构件。
- 测量I/O：测量I/O VI和函数可与NI-DAQmx及其他数据采集设备交互。选板显示了已安装的硬件驱动程序的VI和函数。
- 仪器I/O：仪器I/O VI和函数可与GPIB、串行、模块、PXI及其他类型的仪器进行交互。
- 数学：数学VI用于进行各种数学分析。数学算法也可用于与实际测量任务相交互来解决实际问题。
- 信号处理：信号处理VI用于信号生成、数字滤波、数据窗和频谱分析。
- 数据通信：数据通信VI和函数用于在应用程序间交换数据。
- 互连接口：互连接口VI和函数与.NET对象、ActiveX应用程序、输入设备、寄存器地址、源代码控制，以及Windows注册表项配合使用。
- Express：ExpressVI和函数用于搭建常见的测量任务。
- 附加工具包：附加工具包类别用于定位LabVIEW中安装的其他模块或工具包。

这里，我们仅对编程子选板中的函数加以说明，如表1-4所示。

表1-4 编程子选板的函数说明

序号	图标	子模板名称	功能
1		结构	包括程序控制结构命令，例如循环控制等，以及全局变量和局部变量
2		数组	包括数组运算函数、数组转换函数，以及常数数组等
3		簇、类与变体	有关于簇、类与变体VI的操作
4		数值	包括各种常用的数值运算，还包括数制转换、三角函数、对数、复数等运算，以及各种数值常数
5		布尔	包括各种逻辑运算符以及布尔常数
6		字符串	包含各种字符串操作函数、数值与字符串之间的转换函数，以及字符(串)常数等
7		比较	包括各种比较运算函数，如大于、小于、等于
8		定时	包括定时、时间转换、获取计算机时钟的时间和日期等
9		对话框与用户界面	包含各类对话框操作和用户界面的设置等
10		文件输入/输出	包括处理文件输入/输出的程序和函数
11		波形	各种波形处理工具
12		应用程序控制	包括动态调用VI、标准可执行程序的功能函数
13		同步	用于同步并行执行的任务并在并行任务间传递数据的各类操作
14		图形与声音	包括3D、OpenGL、声音播放等功能模块
15		报表生成	用于LabVIEW应用程序中报表的创建及相关操作

5. LabVIEW 2013的工具选板

该选板提供了各种用于创建、修改和调试VI程序的工具。

如果自动工具选择已打开，当光标移到前面板或程序框图的对象上时，LabVIEW 将自动从工具选板中选择相应的工具。如果该模板没有出现，则可以选择“查看”菜单中“工具选板”命令打开工具选板。

工具选板包含以下工具，用于操作或修改前面板和程序框图对象，如图1-16所示。

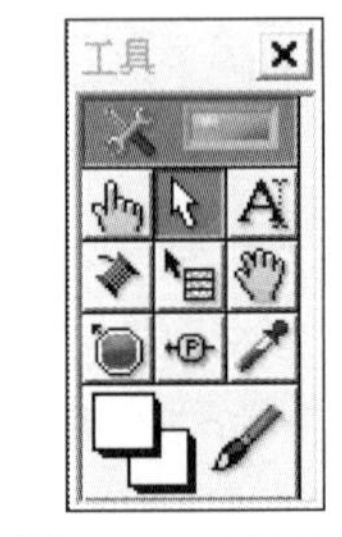

图1-16 工具选板

工具选板的工具说明如表1-5所示。

表1-5 工具选板中的工具

序号	图标	名称	功能
1		自动工具选择	打开自动工具选择，光标移到前面板或程序框图的对象上时，LabVIEW将从工具选板中自动选择相应的工具
2		操作值	用于操作前面板的控制和显示。使用它向数字或字符串控制中键入值时，工具会变成标签工具

续表

序　　号	图　　标	名　　称	功　　　　能
3		定位/调整大小/选择	用于选择、移动或改变对象的大小。当它用于改变对象的边框大小时，会变成相应形状
4		编辑文本	用于输入标签文本或者创建自由标签。当创建自由标签时它会变成相应形状
5		进行连线	用于在流程图程序上连接对象。如果联机帮助的窗口被打开时，把该工具放在任一条连线上，就会显示相应的数据类型
6		对象快捷菜单	用鼠标左键可以弹出对象的弹出式菜单
7		滚动窗口	使用该工具就可以不需要使用滚动条而在窗口中漫游
8		设置／清除断点	使用该工具在VI的流程图对象上设置断点
9		探针数据	可在框图程序内的数据流线上设置探针。通过控针窗口来观察该数据流线上的数据变化状况
10		获取颜色	使用该工具来提取颜色用于编辑其他的对象
11		设置颜色	用来给对象定义颜色。它也显示出对象的前景色和背景色

1.2.3　LabVIEW 2013的帮助选项

LabVIEW为用户提供了不同层次的方便而全面的帮助信息，使用这些信息不仅可以帮助我们解决LabVIEW使用过程中出现的各类问题，也能使我们更好地学习LabVIEW。图1-17所示为LabVIEW“帮助”菜单的选项。

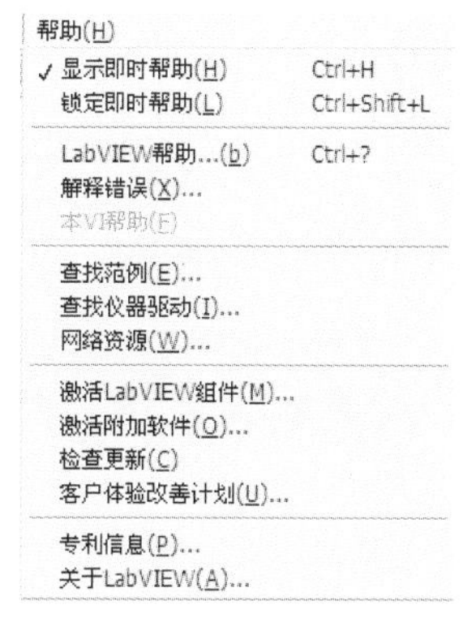

图1-17　LabVIEW“帮助”菜单

1．即时帮助和“LabVIEW帮助”文档

选择“帮助”菜单中“显示即时帮助”命令显示即时帮助窗口。在工具栏中单击“显示即时帮助窗口”按钮，也可打开即时帮助窗口。

将光标移至一个对象上，即时帮助窗口将显示该LabVIEW 对象的基本信息。VI、函数、常数、结构、选板、属性、方式、事件、对话框和项目浏览器中的项均有即时帮助信息。即时帮助窗口还可帮助确定VI 或函数的连线位置。

如图1-18所示，当在程序框图上添加For循环，即使帮助信息显示For循环的简单说明，如需要进一步了解其使用，单击“详细帮助信息”链接，打开“LabVIEW帮助”文档，如图1-19所示。

“LabVIEW帮助”文档包含LabVIEW全部的帮助信息，除了在即时帮助窗口中单击“详细帮助信息”链接外，也可以通过文档窗口左侧的目录、索引和搜索栏浏览整个帮助系统。

2．范例查找器

选择“帮助”菜单中“查找范例”命令打开“范例查找器”，如图1-20所示。使用NI范

例查找器可搜索或浏览基于VI或基于项目的LabVIEW范例，学习和研究这些范例，可以尽快地掌握LabVIEW编程思路和方法，也可以了解大量的应用实例。在范例的基础上，用户加以修改以后实现自己的函数功能和前面板设置，可以大大地缩短应用程序开发时间。除LabVIEW内置的范例VI之外，在NI Developer Zone中可查看到更多的范例VI。

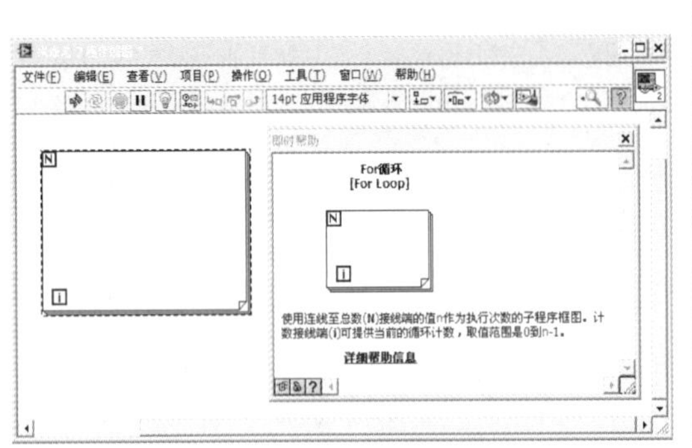

图1-18 即时帮助信息

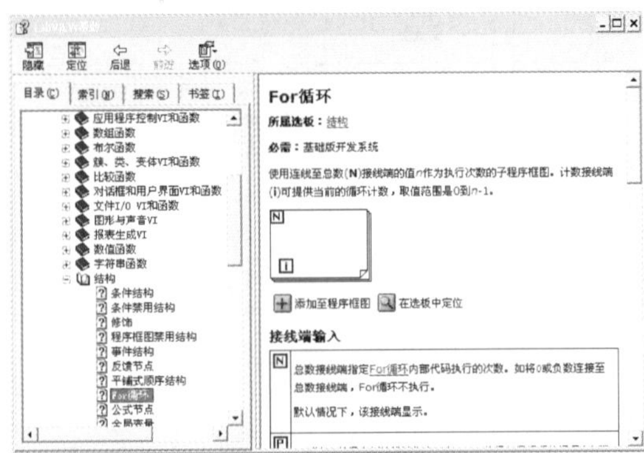

图1-19 “LabVIEW帮助”文档

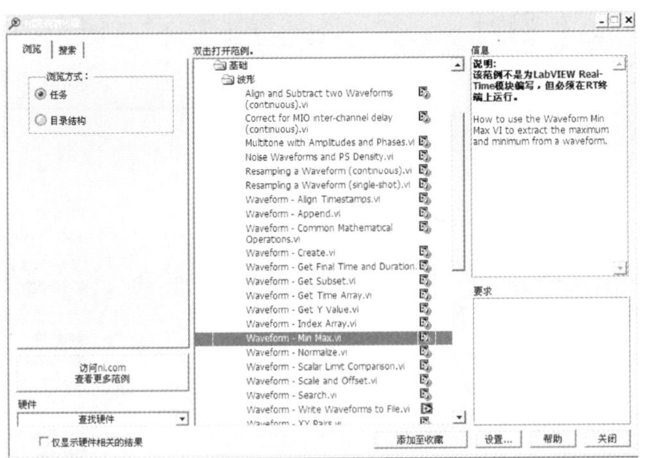

图1-20 范例查找器

3. 参考文档

使用LabVIEW时，可以参考以下文档：

① LabVIEW入门指南：帮助熟悉LabVIEW图形化编程环境，掌握一些创建数据采集和仪器控制应用程序的LabVIEW功能。

② LabVIEW快速参考：提供帮助文档资源、快捷键、数据类型及编辑、执行、调试工具的相关信息。

③ LabVIEW用户手册：包括LabVIEW的编程理论、技巧、功能、VI和函数，用于创建测试测量、数据采集、仪器控制、数据记录、测量分析和报表生成等各类程序。

④ LabVIEW安装向导：介绍如何安装LabVIEW，以及LabVIEW软件（包括LabVIEW应用程序生成器）对系统的要求。

⑤ LabVIEW升级说明：说明如何在Windows、Mac OS和Linux上将LabVIEW升级到最新

版本。升级说明还介绍了升级后的新功能和升级时可能出现的问题。

上述文档的PDF（中文）版本存放在..\National Instruments\LabVIEW 2013\manuals目录下，格式为PDF。

4. 网络资源

选择“帮助”菜单中“网络资源”命令，或者访问www.ni.com可以查到最新的LabVIEW版本信息、免费课程、技术资料、用户社区等各类资源，如图1-21所示。

图1-21 LabVIEW网络资源

1.2.4 LabVIEW 基本数据类型

与其他的文本式编程语言一样，LabVIEW提供了丰富的数据类型及其运算。不同的数据类型在LabVIEW中存储的方式和应用的方法是不一样的。选择合适的数据类型不但能提高程序的执行性能，而且能有效地利用内存空间。

在LabVIEW中，颇具特色的是，不同的数据类型的接线端用不同的图标和颜色加以区分，其连线也以不同的颜色和线型加以区分。

图1-22所示为一些基本数据类型对应的接线端、连线的线型和颜色。

		标量	一维数组	二维数组
整型数	蓝色			
浮点数	橙色			
布尔量	绿色			
字符串	粉色			
文件路径	青色			

图1-22 基本数据对应接线的线型和颜色

1. 数值数据类型（见表1-6）

表1-6 数值数据类型

控件接线端	数据类型	用　　途	默 认 值
SGL SGL	单精度浮点数	节省内存且不会造成数字溢出	0.0
DBL DBL	双精度浮点数	数值对象的默认格式	0.0
EXT EXT	扩展精度浮点数	执行因平台而异。仅在必要时使用	0.0
CSG CSG	单精度浮点复数	与单精度浮点数相同，带有实部和虚部	0.0 + 0.0i
CDB CDB	双精度浮点复数	与双精度浮点数相同，带有实部和虚部	0.0 + 0.0i
CXT CXT	扩展精度浮点复数	与扩展精度浮点数相同，带有实部和虚部	0.0 + 0.0i
FXP FXP	定点数值	不需要浮点表示法可使用定点数据类型	0.0
I8 I8	8位有符号整数	表示整数，可以为正也可以为负	0
I16 I16	16位有符号整数	（同上）	0
I32 I32	32位有符号整数	（同上）	0
I64 I64	64位有符号整数	（同上）	0
U8 U8	8位无符号整数	表示非负整数，正数范围比有符号整数大	0
U16 U16	16位无符号整数	（同上）	0
U32 U32	32位无符号整数	（同上）	0
U64 U64	64位无符号整数	（同上）	0

2. 布尔数据类型（见表1-7）

表1-7 布尔数据类型

控件接线端	数 据 类 型	用　　途	默 认 值
TF TF	布尔	存储布尔值(TRUE/FALSE)。	FALSE

3. 字符串数据类型（见表1-8）

表1-8 字符串数据类型

控件接线端	数 据 类 型	用　　途	默 认 值
abc abc	字符串	用于创建简单的文本信息、传递和存储数值数据等	空字符串

4. 路径数据类型（见表1-9）

表1-9 路径数据类型

控件接线端	数 据 类 型	用　　途	默 认 值
	路径	使用所在平台的标准语法存储文件或目录的地址	空路径

1.2.5 操练：LabVIEW软件的安装

参照1.2.1中的介绍，到NI网站下载LabVIEW试用版安装软件，操练完成LabVIEW软件的基本安装，并打开安装后的软件熟悉软件环境。

1.3 虚拟仪器硬件配置方案

数据采集（Data Acquisition，DAQ）是指从传感器和其他待测设备等模拟或数字被测单元中自动采集信息的过程。在计算机广泛应用的今天，数据采集的重要性是十分显著的，它是计算机与外部物理世界连接的桥梁。

1.3.1 数据采集系统的构成

一个完整的数据采集系统通常包括传感器或变送器、信号调理设备、数据采集和分析硬件、计算机、驱动程序和应用软件等，如图1-23所示。当然目前也有越来越多的产品将传感器与信号调理甚至数据采集卡做在了一起使得DAQ系统的搭建越来越容易。

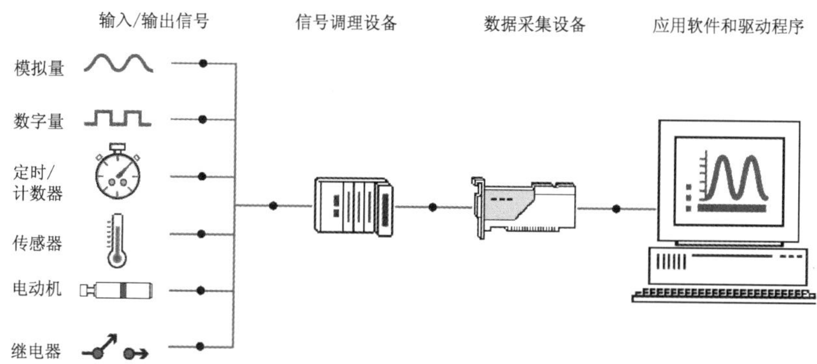

图1-23 数据采集系统的组成

1. 传感器和信号类型

传感器是将检测对象的物理或化学等信息转化为相应的可测电信号（如电压、电流、脉冲信号频率等）的器件。表1-10列出了部分常用传感器与其检测信号的对应关系。

表1-10 常用传感器列表

物理现象	传感器
温度	热电偶 RTD IC传感器 热敏电阻器
光	光电传感器
声	传声器（麦克风）
力和压力	应变仪 压电传感器

同一种物理量往往有多种传感器可供选择，应根据实际需要综合考虑测量范围、检测精

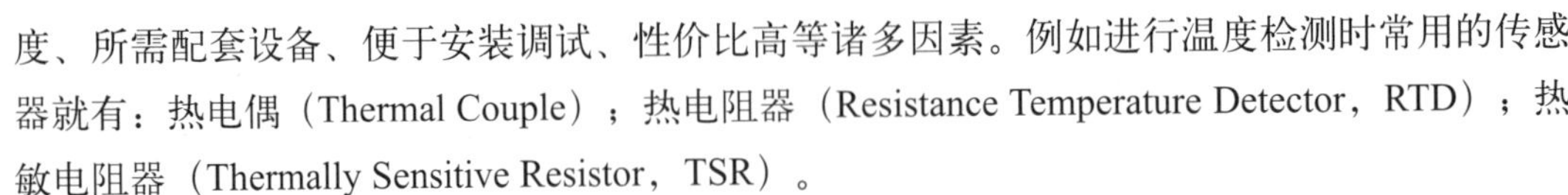

度、所需配套设备、便于安装调试、性价比高等诸多因素。例如进行温度检测时常用的传感器就有：热电偶（Thermal Couple）；热电阻器（Resistance Temperature Detector，RTD）；热敏电阻器（Thermally Sensitive Resistor，TSR）。

三者的比较如表1-11所示。

表1-11　常用温度传感器比较

热电偶	热电阻器	热敏电阻器
不需额外供电 便宜 可靠 温度范围大	非常精确 非常稳定	高阻抗 温度敏感 低热量
小电压 冷端补偿 精度变化	价格高 电流激励 小电阻 本身会发热	输出非线性 有限工作范围 电流激励 本身会发热

目前常见的信号类型有5类，如图1-24所示。

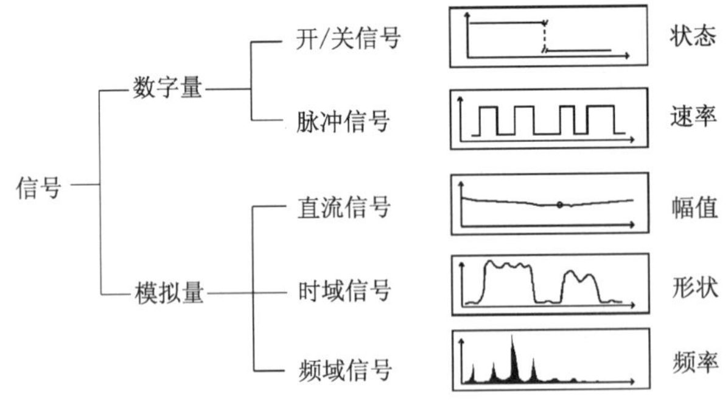

图1-24　常见信号类型

任意一个信号是随时间而改变的物理量。一般情况下，信号所运载信息是很广泛的，比如：状态（state）、速率(rate)、电平(level)、形状(shape)、频率成分(frequency content)。根据信号运载信息方式的不同，可以将信号分为模拟或数字信号。数字(二进制)信号分为开关信号和脉冲信号。模拟信号可分为直流、时域、频域信号。

（1）数字信号

第一类数字信号是开/关信号。一个开/关信号运载的信息与信号的瞬间状态有关。TTL信号就是一个开/关信号，一个TTL信号如果在2.0～5.0 V之间，就定义它为逻辑高电平，如果在0～0.8 V之间，就定义为逻辑低电平。

第二类数字信号是脉冲信号。这种信号包括一系列的状态转换，信息就包含在状态转化发生的数目、转换速率、一个转换间隔或多个转换间隔的时间里。安装在马达轴上的光学编码器的输出就是脉冲信号。有些装置需要数字输入，比如一个步进式马达就需要一系列的数字脉冲作为输入来控制位置和速度。

（2）模拟直流信号

模拟直流信号是静止的或变化非常缓慢的模拟信号。直流信号最重要的信息是它在给定区间内运载的信息的幅度。常见的直流信号有温度、流速、压力、应变等。采集系统在采集模拟直流信号时，需要有足够的精度以正确测量信号电平，由于直流信号变化缓慢，用软件计时就够了，不需要使用硬件计时。

（3）模拟时域信号

模拟时域信号与其他信号不同在于，它在运载信息时不仅有信号的电平，还有电平随时间的变化。在测量一个时域信号时，也可以说是一个波形，需要关注一些有关波形形状的特性，比如斜度、峰值等。为了测量一个时域信号，必须有一个精确的时间序列，序列的时间间隔也应该合适，以保证信号的有用部分被采集到。要以一定的速率进行测量，这个测量速率要能跟上波形的变化。用于测量时域信号的采集系统包括一个A/D转换器、一个采样时钟和一个触发器。A/D转换器的分辨率要足够高，保证采集数据的精度，带宽要足够高，用于高速率采样；精确的采样时钟，用于以精确的时间间隔采样；触发器使测量在恰当的时间开始。存在许多不同的时域信号，比如心脏跳动信号、视频信号等，测量它们通常是因为对波形的某些方面特性感兴趣。

（4）模拟频域信号

模拟频域信号与时域信号类似，然而从频域信号中提取的信息是基于信号的频域内容，而不是波形的形状，也不是随时间变化的特性。用于测量一个频域信号的系统必须有一个A/D转换器、一个简单时钟和一个用于精确捕捉波形的触发器。系统必须有必要的分析功能，用于从信号中提取频域信息。为了实现这样的数字信号处理，可以使用应用软件或特殊的DSP硬件来迅速而有效地分析信号。模拟频域信号也很多，比如声音信号、地球物理信号、传输信号等。

上述信号分类不是互相排斥的。一个特定的信号可能运载有不只一种信息，可以用几种方式来定义信号并测量它，用不同类型的系统来测量同一个信号，从信号中取出需要的各种信息。

2. 信号调理

数据采集系统中由传感器或物理电路产生信号后在进入数据采集卡前往往需要考虑是否需要信号调理。以下情况需要信号调理：传感器输出信号很微弱，或者含有大量的噪声，或是非线性的，需要通过信号调理使难以测量的信号易于测量并提高测量精度；前端电路与采集卡间需要电气隔离以确保设备安全性；某些传感器需要特定激励等等。信号调理功能包括放大、隔离、滤波、激励、线性化等，常用的信号调理类型如图1-25所示。由于不同传感器有不同的特性，因此，除了这些通用功能，还要根据具体传感器的特性和要求来设计特殊的信号调理功能。下面仅介绍信号调理的通用功能。

（1）放大

微弱信号都要进行放大以提高分辨率和降低噪声，使调理后信号的电压范围和A/D转换器的电压范围相匹配。信号调理模块应尽可能靠近信号源或传感器，使得信号在受到传输信号的环境噪声影响之前已被放大，使信噪比得到改善。

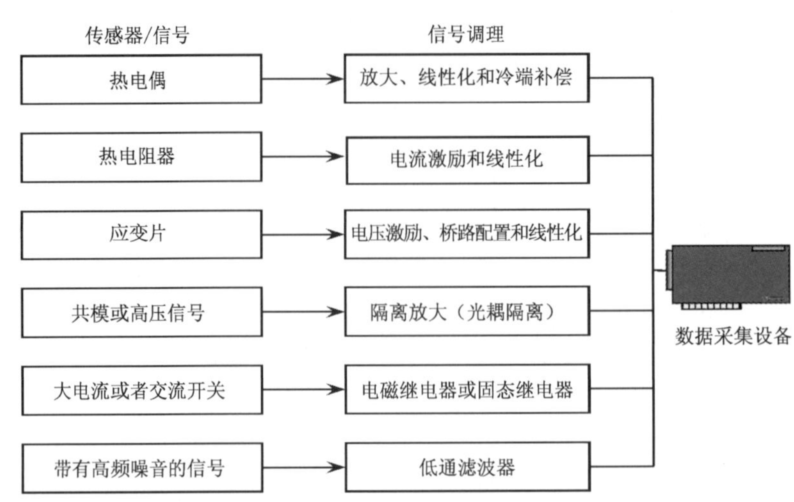

图1-25　常用信号调理类型

（2）隔离

隔离是指使用变压器、光或电容器耦合等方法在被测系统和测试系统之间传递信号，避免直接的电连接。使用隔离的原因有两个：一是从安全的角度考虑；另一个原因是隔离可使从数据采集卡读出来的数据不受地电位和输入模式的影响。如果数据采集卡的地与信号地之间有电位差，而又不进行隔离，那么就有可能形成接地回路，引起误差。

（3）滤波

滤波的目的是从所测量的信号中除去不需要的成分。大多数信号调理模块有低通滤波器，用来滤除噪声。通常还需要抗混叠滤波器，滤除信号中感兴趣的最高频率以上的所有频率的信号。某些高性能的数据采集卡自身带有抗混叠滤波器。

（4）激励

信号调理也能够为某些传感器提供所需的激励信号，比如应变传感器、热敏电阻等需要外界电源或电流激励信号。很多信号调理模块都提供电流源和电压源以便给传感器提供激励。

（5）线性化

许多传感器对被测量的响应是非线性的，因而需要对其输出信号进行线性化，以补偿传感器带来的误差。但目前的趋势是，数据采集系统可以利用软件来解决这一问题。

（6）数字信号调理

即使传感器直接输出数字信号，有时也有进行调理的必要。其作用是将传感器输出的数字信号进行必要的整形或电平调整。譬如，不能将工业环境中的数字信号直接接入DAQ卡，接入之前必须经过隔离来防止可能的高压放电对设备造成损伤，或经过削减来调整电平以适应DAQ卡的输入要求。

另外大多数数字信号调理模块还提供其他一些电路模块，使得用户可以通过数据采集卡的数字I/O直接控制电磁阀、电灯、电动机等外围设备。

3．数据采集卡

通过信号调理后的信号就可以与数据采集设备连接了，用户应根据计算机的配置情况和信号输入/输出通道的数量、类型、采样精度、采样速率等实际应用的需求选择合适的采集设备。通常情况下数据采集设备是一个数据采集卡，与计算机连接的数据采集卡有多种接口方式。常用的总线类型包括PCI、PCI Express、PXI、USB、PCMCIA、CompactFlash、Ethernet（以太网）、相线（火线）等。

1.3.2 数据采集卡的功能、技术指标与选购

一个典型的数据采集卡的功能包括模拟量输入、模拟量输出、数字量I/O、触发采集和定时计数器等。在使用数据采集卡时需要考虑通道数、采样率、分辨率、输入范围、绝对精度、稳定时间等各项技术指标。

1. 数据采集卡的功能

（1）模拟量输入

模拟输入（简称模入）是采集最基本的功能。它一般由多路开关（MUX）、放大器、采样保持电路以及A/D转换器来实现，通过这些部分，一个模拟信号就可以转化为数字信号。A/D转换器的性能和参数直接影响着模拟输入的质量，要根据实际需要的精度来选择合适的A/D转换器。

模拟输入主要考虑的基本参数包括通道数、采样率、分辨率和输入范围等。

（2）模拟量输出

模拟输出（简称模出）通常是为采集系统提供激励。输出信号受数模 /（D/A）转换器的建立时间、转换率、分辨率等因素影响。建立时间和转换率决定了输出信号幅值改变的快慢。建立时间短、转换率高的D/A转换器可以提供一个较高频率的信号。如果用D/A转换器的输出信号去驱动一个加热器，就不需要使用速度很快的D/A转换器，因为加热器本身就不能很快地跟踪电压变化。应该根据实际需要选择D/A转换器的参数指标。

（3）数字I/O

数字I/O通常用来控制过程、产生测试信号、与外围设备通信等。它的重要参数包括：数字口路数（line）、接收 (发送)率、驱动能力等。如果输出去驱动电动机、灯、开关型加热器等用电器，就不必用较高的数据转换率。路数要能同控制对象配合，而且需要的电流要小于采集卡所能提供的驱动电流。但加上合适的数字信号调理设备，仍可以用采集卡输出的低电流的TTL电平信号去监控高电压、大电流的工业设备。数字I/O常见的应用是在计算机和外围设备如打印机、数据记录仪等之间传送数据。另外一些数字口为了同步通信的需要还有“握手”线。路数、数据转换速率、“握手”能力都是应理解的重要参数，应依据具体的应用场合而选择有合适参数的数字I/O。

（4）触发采集

许多数据采集的应用过程需要基于一个外部事件启动或停止一个数据采集的工作。触发涉及初始化、终止或同步采集事件的任何方法。触发器通常是一个数字或模拟信号，其状态可确定动作的发生。软件触发最容易，你可以直接用软件，例如使用布尔面板控制去启动/停止数据采集。硬件触发让板卡上的电路管理触发器，控制了采集事件的时间分配，有很高的

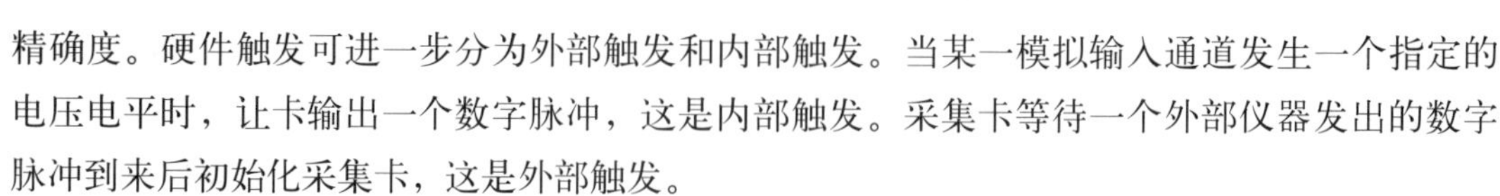

精确度。硬件触发可进一步分为外部触发和内部触发。当某一模拟输入通道发生一个指定的电压电平时，让卡输出一个数字脉冲，这是内部触发。采集卡等待一个外部仪器发出的数字脉冲到来后初始化采集卡，这是外部触发。

（5）定时计数器

许多场合都要用到计数器，如定时、产生方波等。计数器包括三个重要信号：门限信号、计数信号、输出。门限信号实际上是触发信号——使计数器工作或不工作；计数信号也即信号源，它提供了计数器操作的时间基准；输出是在输出线上产生脉冲或方波。计数器最重要的参数是分辨率和时钟频率，高分辨率意味着计数器可以计更多的数，时钟频率决定了计数的快慢，频率越高，计数速度就越快。

2. 数据采集卡的技术指标

在使用数据采集卡时需要考虑通道数、采样率、分辨率、输入范围、绝对精度、稳定时间等各项技术指标。

（1）通道数（Number of Channels）和信号连接方式（Terminal Configuration）

各种型号的数据采集卡的模拟量输入/输出通道数和数字量输入/输出通道数各不相同，在选用采集卡时可根据实际应用的需求查阅相关公司的产品手册或咨询相关技术销售人员，选择通道数足够又价位适中的产品。

对于采用单端和差分两种输入方式的设备，模拟输入通道数可以分为单端输入通道数和差分输入通道数。在单端输入中，输入信号均以共同的地线为基准。这种输入方式主要用于信号电压较高（高于1V），信号源到模拟输入硬件的导线较短（小于5 m），且所有的输入信号共用一个基准地线。当信号达不到上述条件时应采用差分输入，对于差分输入，每一个信号都有自有的基准地线可以消除共模干扰减少噪声误差。

模拟量输入通道使用时应根据信号特点选择合适的信号的连接方式。

一个电压信号可以分为接地和浮动两种类型。测量系统可以分为差分（Differential）、参考地单端（RSE）、无参考地单端（NRSE）三种类型。

① 接地信号和浮动信号：

- 接地信号：就是将信号的一端与系统地连接起来，如大地或建筑物的地。因为信号用的是系统地，所以与数据采集卡是共地的。接地最常见的例子是通过墙上的接地引出线，如信号发生器和电源。
- 浮动信号：一个不与任何地（如大地或建筑物的地）连接的电压信号称为浮动信号，浮动信号的每个端口都与系统地独立。一些常见的浮动信号的例子有电池、热电偶、变压器和隔离放大器。

② 测量系统分类：

- 差分测量系统（DEF）：差分测量系统中，信号输入端分别与一个模入通道相连接。具有放大器的数据采集卡可配置成差分测量系统。图1-26描述了一个8通道的差分测量系统，用一个放大器通过模拟多路转换器进行通道间的转换。标有AIGND（模拟输入地）的管脚就是测量系统的地。

一个理想的差分测量系统仅能测出+和-输入端口之间的电位差，完全不会测量到共模电压。然而，实际应用的板卡却限制了差分测量系统抵抗共模电压的能力，数据采集卡的共模电压的范围限制了相对与测量系统地的输入电压的波动范围。共模电压的范围关系到一个数据采集卡的性能，可以用不同的方式来消除共模电压的影响。如果系统共模电压超过允许范围，需要限制信号地与数据采集卡的地之间的浮地电压，以避免测量数据错误。

- 参考地单端（RSE）测量系统：一个RSE测量系统，也叫做接地测量系统，被测信号一端接模拟输入通道，另一端接系统地AIGND。图1-27描绘了一个16通道的RSE测量系统。

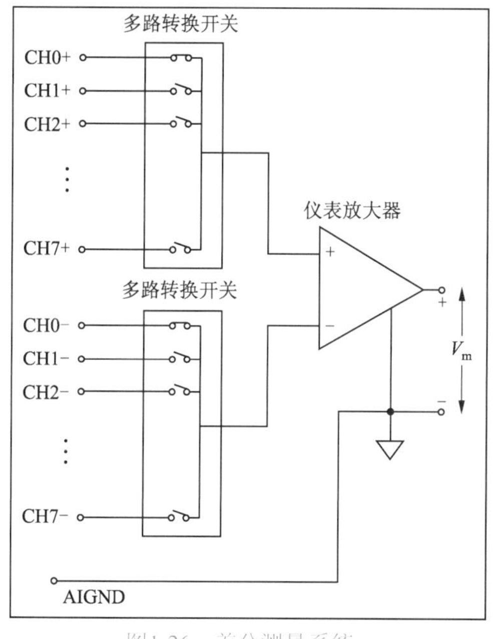

图1-26　差分测量系统

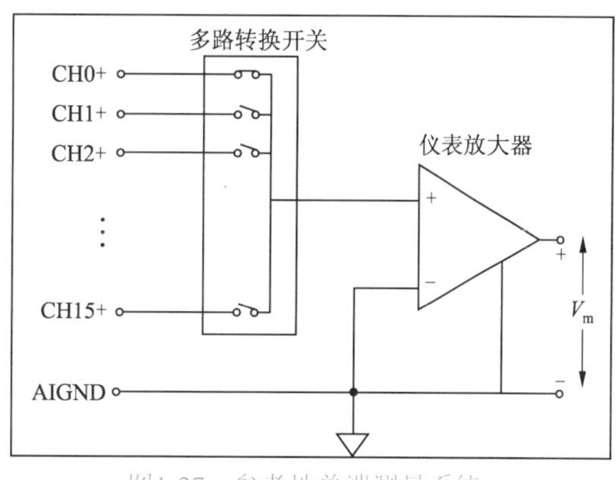

图1-27　参考地单端测量系统

- 无参考地单端（NRSE）测量系统：在NRSE测量系统中，信号的一端接模拟输入通道，另一端接一个公用参考端，但这个参考端电压相对于测量系统的地来说是不断变化的。图1-28说明了一个NRSE测量系统，其中AISENSE是测量的公共参考端，AIGND是系统的地。

③ 选择合适的测量系统：两种信号源和三种测量系统一共可以组成六种连接方式，如表1-12所示。

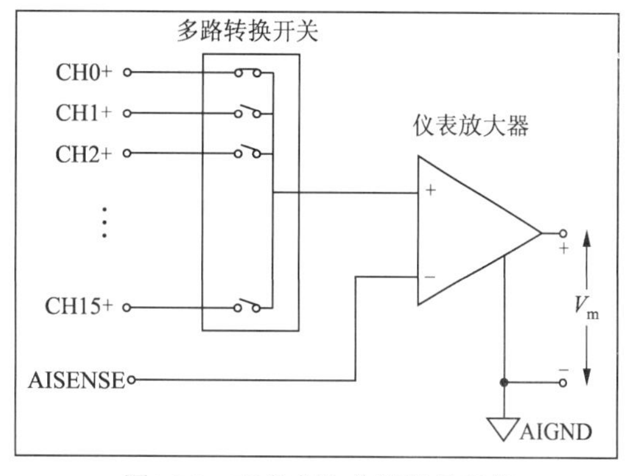

图1-28　无参考地单端测量系统

表1-12 信号源和测量系统的连接方式

系统类型	接地信号	浮地信号
DEF	*	*
RSE		*
NRSE	*	*

其中，不带*号的方式不推荐使用。一般说来，浮动信号和差动连接方式可能较好。但实际测量时还要看情况而定。

• 测量接地信号：测量接地信号最好采用差分或NRSE测量系统。如果采用RSE测量系统时，将会给测量结果带来较大的误差。图1-29展示了用一个RSE测量系统去测量一个接地信号源的弊端。在本例中，测量电压V_m是测量信号电压V_s和电位差DV_g之和，其中DV_g是信号地和测量地之间的电位差，这个电位差来自于接地回路电阻，可能会造成数据错误。一个接地回路通常会在测量数据中引入频率为电源频率的交流和偏置直流干扰。一种避免接地回路形成的办法就是在测量信号前使用隔离方法，测量隔离之后的信号。

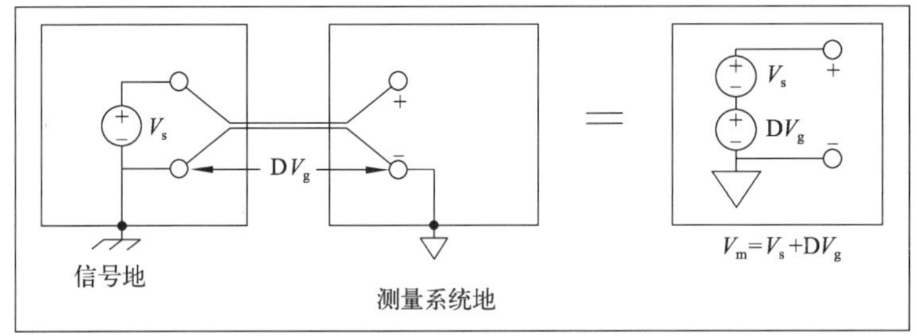

图1-29 RSE测量系统引入接地回路电压

如果信号电压很高并且信号源和数据采集卡之间的连接阻抗很小，也可以采用RSE系统，因为此时接地回路电压相对于信号电压来说很小，信号源电压的测量值受接地回路的影响可以忽略。

• 测量浮动信号：可以用差分、RSE、NRSE方式测量浮动信号。在差分测量系统中，应该保证相对于测量地的信号的共模电压在测量系统设备允许的范围之内。如果采用差分或NRSE测量系统，放大器输入偏置电流会导致浮动信号电压偏离数据采集卡的有效范围。为了稳住信号电压，需要在每个测量端与测量地之间连接偏置电阻，如图1-30所示。这样就为放大器输入到放大器的地提供了一个直流通路。这些偏置电阻的阻值应该足够大，这样使得信号源可以相对于测量地浮动。对低阻抗信号源来说，10 kΩ到100 kΩ的电阻比较合适。

如果输入信号是直流，就只需要用一个电阻将“-”端与测量系统的地连接起来。然而如果信号源的阻抗相对较高，从免除干扰的角度而言，这种连接方式会导致系统不平衡。在信号源的阻抗足够高的时候，应该选取两个等值电阻器，一个连接信号高电平“+”到地，一个连接信号低电平“-”到地。如果输入信号是交流，就需要两个偏置电阻，以达到放大器的直流偏置通路的要求。

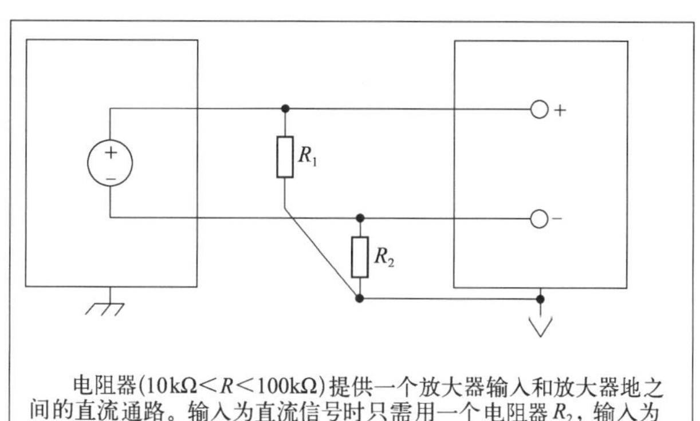

图1-30　浮动信号测量中偏置电阻的使用

总的来说，不论测接地还是浮动信号，差分测量系统是很好的选择，因为它不但避免了接地回路干扰，还避免了环境干扰。相反的，RSE系统却允许两种干扰的存在，在所有输入信号都满足以下指标时，可以采用RSE测量方式：输入信号是高电平（一般要超过1 V）；连线比较短（一般小于5 m）并且环境干扰很小或屏蔽良好；所有输入信号都与信号源共地。当有一项不满足要求时，就要考虑使用差分测量方式。

另外需要明确信号源的阻抗。电池、RTD、应变片、热电偶等信号源的阻抗很小，可以将这些信号源直接连接到数据采集卡上或信号调理硬件上。直接将高阻抗的信号源接到插入式板卡上会导致出错。为了更好地测量，输入信号源的阻抗与插入式数据采集卡的阻抗相匹配。

（2）采样率（Sampling Rate）和采样方式（Acquisition Mode）

数据采集卡的最高采样率决定了每秒最多能进行的模数转换次数。高的采样率在给定时间内能采集更多的数据，因此能更好地反映原始信号，通常在进行动态信号采集尤其是对信号波形、频率较为关注时一定要选择采样率足够高的采集卡。

① 采样率的设定：数据采集卡在实际使用中往往要根据实际采样信号的情况设定相应的采样率，这一点对于时域或频域模拟量的采集尤为重要。

频率是反映信号变化快慢的物理量，现实生活中有各种不同频率的信号需要采集，而任何一种信号都可以转换成一组正弦波的迭加。

不同的信号频率不同：

- 语音：<4 kHz。
- 音乐：<20 kHz。
- 超声：>20 kHz。
- FM收音机：87～108 MHz。
- 雷达：700 MHz～40 GHz。

……

采样频率是采样周期的倒数，是表示采样快慢的物理量，两者的区别在于采样周期决定了多少时间采一个点，采样频率决定了每秒采样多少个点。根据Nyquist采样定律只有当采样频率f_s大于信号最高频率f_{max}的2倍时才能正确还原被样采信号的频率，而在工程上为了能更好地还原出原有信号通常要取f_s≥（6~8）*f_{max}甚至更高。

假设现在对一个模拟信号$x(t)$每隔Δt时间采样一次。时间间隔Δt称为采样间隔或采样周期。它的倒数$1/\Delta t$称为采样频率，单位是采样点/s。$t=0,\Delta t,2\Delta t,3\Delta t$，等等，$x(t)$的数值称为采样值。所有$x(0),x(\Delta t),x(2\Delta t)$都是采样值。这样信号$x(t)$可以用一组分散的采样值来表示：

$$\{x(0),\ x(\Delta t),\ x(2\Delta t),\ x(3\Delta t),\ \cdots,\ x(k\Delta t),\ \cdots\}$$

图1-31显示了一个模拟信号和它采样后的采样值。采样间隔是Δt，注意，采样点在时域上是分散的。

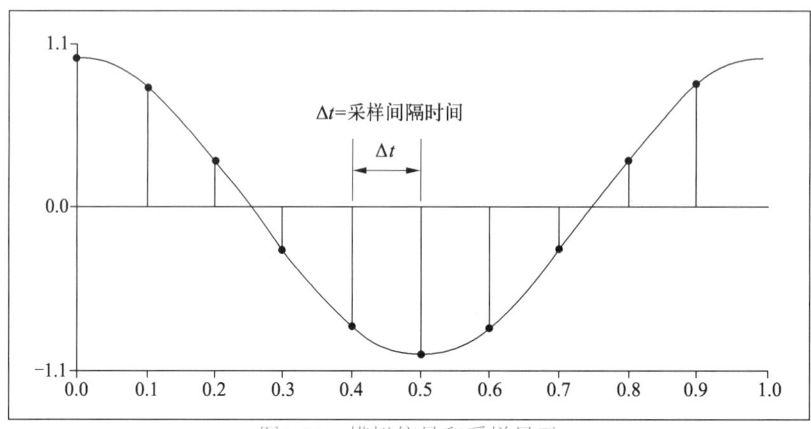

图1-31　模拟信号和采样显示

如果对信号$x(t)$采集N个采样点，那么$x(t)$就可以用下面这个数列表示：

$$X=\{x[0],\ x[1],\ x[2],\ x[3],\ \cdots,\ x[N-1]\}$$

这个数列被称为信号$x(t)$的数字化显示或者采样显示。注意这个数列中仅仅用下标变量编制索引，而不含有任何关于采样率（或Δt）的信息。所以如果只知道该信号的采样值，并不能知道它的采样率，缺少了时间尺度，也不可能知道信号$x(t)$的频率。

图1-32显示了一个信号分别用合适的采样率和过低的采样率进行采样的结果。采样率过低的结果是还原的信号的频率看上去与原始信号不同。

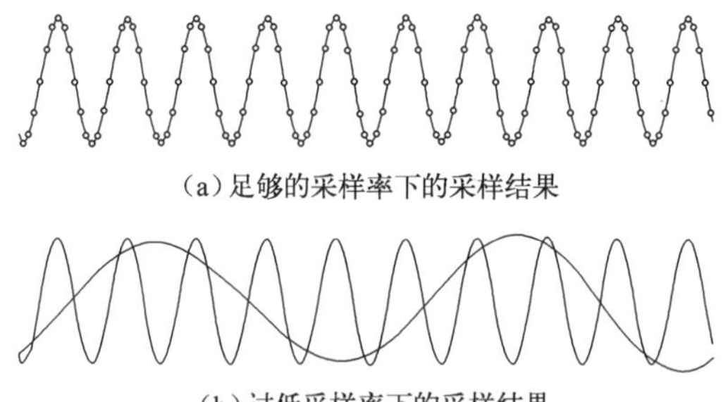

图1-32　不同采样率的采样结果

Nyquist频率：能够正确显示信号而不发生畸变的最大频率，它是采样频率的一半

混叠（Alias）：信号中包含频率高于Nyquist频率的成分，使得采样还原出的信号在直流和Nyquist频率之间发生畸变，称为混叠（Alias）。

混频偏差（Alias Frequency）：输入信号的频率和最靠近的采样率整数倍的差的绝对值。即：混频偏差＝ABS（采样频率的最近整数倍－输入频率），其中ABS表示绝对值。

采样频率应当怎样设置呢？也许你会首先考虑用采集卡支持的最大频率。但是，较长时间使用很高的采样率可能会导致没有足够的内存或者硬盘存储数据太慢。理论上设置采样频率为被采集信号最高频率的 2 倍就够了，实际上工程中选用6～8倍，有时为了较好地还原波形，甚至更高一些。

② 采样方式（Acquisition Mode）和样本数（Samples To Read）：通常，信号采集后都要做适当的信号处理，例如FFT等。这样对样本数又有一个要求，一般不能只提供一个信号周期的数据样本，需要有5～10个周期，甚至更多的样本，并且所提供的样本总数最好是整周期个数的。

采样方式通常有单点采样（1 Sample）、多点采样（*N* Samples）和连续采样(Continuous Samples)等方式，单点采样时也可设定一个触发条件（软件触发或硬件触发）以控制初始化、终止或同步采集事件的发生。多点采样或连续采样时往往要设定样本数，样本数设得过低将不能采集到足够多周期的信号，样本数设得过高又会消耗过多的系统资源和时间。因此要根据实际需要设定采样方式与样本数。

（3）分辨率和采样精度（Resolution）

分辨率就是用来进行模数转换的位数，A/D转换的位数越多，分辨率就越高，可区分的最小电压就越小。如图1-33所示，分辨率要足够高，数字化信号才能有足够的电压分辨能力，才能比较好地恢复原始信号。目前分辨率为8的采集卡属于较低的，12位属中档，16位的卡就比较高了。它们可以分别将模入电压量化为256、4 096、65 536份。

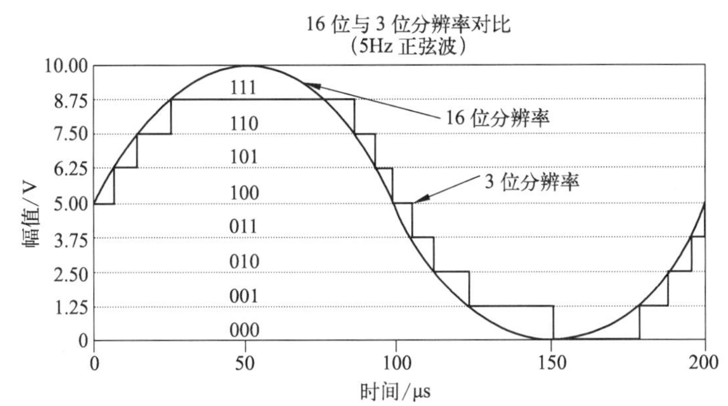

图1-33　不同分辨率下正弦信号的还原效果对比图

采样精度是用户关心的最小可测电压值，可计为采样数据最低位所代表的模拟量的值。

$$\text{Resolution}=\text{输入范围}/2^n$$

式中：n为采集卡ADC位数。

举例：假如10 V的输入信号用12位数据来表示，则最小可分辨的电压为$10\text{V}/2^{12}=2.44\ \text{mV}$。

（4）电压范围(Range)和增益（Gain）

电压范围由A/D转换能数字化的模拟信号的最高和最低的电压决定。一般情况下，采集卡的电压范围是可调的，所以可选择和信号电压变化范围相匹配的电压范围以充分利用分辨率范围，得到更高的精度。比如，对于一个3位的A/D转换，在选择0～10 V范围时，它将10 V进行8等分；如果选择范围为-10～+10 V，同一个A/D转换就得将20 V分为8等分，能分辨的最小电压就从1.25 V上升到2.50 V，这样信号复原的效果就更差了。

增益主要用于在信号数字化之前对衰减的信号进行放大。使用增益，可以等效地降低A/D转换的输入范围，使它能尽量将信号分为更多的等份，基本达到满量程，这样可以更好地复原信号。因为对同样的电压输入范围，大信号的量化误差小，而小信号时量化误差大。当输入信号不接近满量程时，量化误差会相对加大。如：输入只为满量程的1/10时，量化误差相应扩大10倍。一般使用时，要通过选择合适的增益，使得输入信号动态范围与A/D转换的电压范围相适应。当信号的最大电压加上增益后超过了板卡的最大电压，超出部分将被截断而读出错误的数据。以下是使用增益的特点：

- 适当增益的使用可有效：提高信噪比(SNR)；可以利用ADC的全部量程，利用全部的分辨率。
- 系统增益 = 信号调理增益 × 板上放大器增益。
- 为增加信噪比，测量小信号时，应在近传感器处放置放大器。

对于NI公司的采集卡选择增益是在LabVIEW中通过设置信号输入限制（Input Limits）来实现的，LabVIEW会根据选择的输入限制和输入电压范围的大小来自动选择增益的大小。

一个采集卡的分辨率、范围和增益决定了可分辨的最小电压，它表示为1LSB。例如，某采集卡的分辨率为12位，范围取0～10 V，增益取100，则有1LSB=10V/ (100 × 4096)≈24μV。这样，在数字化过程中，最小能分辨的电压就为24μV。

选择合适的增益和输入范围要与实际被测信号匹配。如果输入信号的改变量比采集卡的精度低，就可以将信号放大，提高增益。选择一个大的输入范围或降低增益可以测量大范围的信号，但这是以精度的降低为代价的。选择一个小的输入范围或提高增益可以提高精度，但这可能会使信号超出A/D转换允许的电压范围。

（5）绝对精度和稳定时间（Settling Time）

我们总是希望测量结果能够等于真实值，但在真正测量中结果又如何呢？实际测量时，测量结果总是会和输入值之间有一定的偏差，有一个不确定范围。对于每次测量，这种不确定度是不固定的。但这种不确定会有一个范围，这个不确定范围可以看做是产品说明书（Specification）上所允许的最大误差，也就是绝对精度，如图1-34所示。

（6）缓冲(Buffers)和触发（Triggering）

① 缓冲：这里的缓冲指的是PC内存的一个区域（不是数据采集卡上的FIFO缓冲），它用来临时存放数据。例如，需要每秒采集几千个数据，并在在1 s内显示或图形化所有数据是困难的。但是将采集卡的数据先送到Buffer，就可以先将它们快速存储起来，稍后再重新找回它们显示或分析。需要注意的是Buffer与采集操作的速度及容量有关。如果你的卡有DMA性能，模拟输入操作就有一个通向计算机内存的高速硬件通

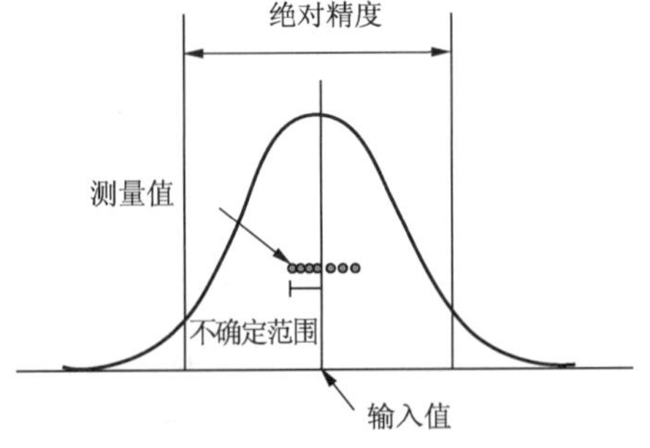

图1-34　绝对精度示意图

道，这就意味着所采集的数据可以直接送到计算机的内存。

不使用Buffer意味着对所采集的每一个数据都必须及时处理（图形化、分析等），因为这里没有一个场合可以保持你着手处理的数据之前的若干数据点。

下列情况需要使用Buffer I/O：

- 需要采集或产生许多样本，其速率超过了实际显示、存储到硬件或实时分析的速度。
- 需要连续采集或产生AC数据（>10样本／s），并且要同时分析或显示某些数据。
- 采样周期必须准确、均匀地通过数据样本。

下列情况可以不使用Buffer I/O：

- 数据组短小，例如每秒只从两个通道之一采集一个数据点。
- 需要缩减存储器的开支。

② 触发：许多仪器提供数字输出（常称为Trigger Out）用于触发特定的装置或仪器，在这里，就是数据采集卡。

下列情况使用软件触发：用户需要对所有采集操作有明确的控制，并且事件定时不需要非常准确。

下列情况使用硬件触发：

- 采集事件定时需要非常准确。
- 用户需要削减软件开支。
- 采集事件需要与外部装置同步。

3. 数据采集相关概念

将外界信号通过采集卡转化为计算机中的数据是一个复杂的过程，在此过程中需要面对许多电气、软件基本概念，下面将对一些常见概念进行解释。

数据采集中模拟量输入的关键参数如表1-13所示。

表1-13 模拟量输入的名词解释

概念	解释	备注
通道数	指采集模拟量时的路数。注意输入信号为差分信号还是单端信号，差分信号每路需占用采集卡的两个模拟通道	单端信号输入个数=采集卡通道数；差分信号输入个数=采集卡通道数/2
单端输入	单端输入时，输入信号均以共同的地线为基准，所测量值即检测信号与GND的电压差值	
差分输入	差分输入时，信号两端均浮地，所采集的是两个信号线的电压差。信号受干扰时，差分输入的两线会同时受影响，但是两线之间的电压差变化不大，即抗共模干扰较好	一般采集卡均支持单端和差分两种信号输入方式
单极信号	该信号电平均大于0 V	典型值为0~10 V
双极信号	该信号电平可以为正负两种极性	属于双极性输入，典型值为-5~+5 V
模拟输入阻抗	较高的输入阻抗可以保证干扰电流不会影响流入的信号，从而大大提高数据精确度	一般输入阻抗大于10 MΩ
PGA可编程增益放大器	可编程增益放大器是指增益通过独立的输入（通常是数字量）进行编程控制的芯片	采集卡在设置输入范围时，其实就是在设置板卡上的PGA的放大倍数

续表

概　　念	解　　　　释	备　　　　注
采样/保持	该参数用于将输入的连续标准模拟信号，变换成时间上离散的采样信号	
A/D转换器	用于在经过了采样/保持后，将幅值在采样时间内仍然是连续的模拟信号转换成数字信号，并将采样信号的幅值用二进制代码来表示	
FIFO（先进先出缓冲器）	经过A/D转换后，数字信号首先会暂存在采集板卡上的FIFO。FIFO保证了数据的完整新，有效减小了在完成了A/D转换后数据丢失的可能性	FIFO的大小关系到板卡最高采样率和计算机总线时间，一般由板卡生产商计算好，工程师只要知道FIFO大小以备编程之需
采样速率	用于设置单位时间内数据采集卡对模拟信号的采样次数，是数据采集卡的重要技术指标	采样速率一般以Hz为单位
多路复用	多路复用是使用单个测量设备来测量多个信号的常用技术。常对温度这样缓慢变化的信号使用多路复用方式。ADC采集一个通道后，转换到另一个通道并进行采集，然后再转换到下一个通道，如此往复	一般采集卡都是多路复用形式。例如，采集卡的采集频率为100 kHz，如果采集10个通道的数据，则每个通道最快采样率只有10 kHz
分辨率	分辨率是指A/D转换器所能分辨的模拟输入信号的最小变化量。设A/D转换器的位数为n，满量程电压为FSR，则A/D转换器的分辨率定义为 分辨率=1LSB=FSR/2^n 式中：1LSB即量化单位。A/D转换器分辨率的高低取决于位数的多少	一般常见的采集卡A/D转换器位数为12、16、18和24位
精度	精度是反映一个实际n位A/D转换器与一个理想n位A/D转换器差距的重要指标之一，分为绝对精度和相对精度两种。通常以误差的形式来给出精度	精确度反应的是测量值与真实值之间的偏差
隔离	为了安全，把传感器的信号和计算机相隔离。被检测的系统可能产生瞬态的高压，如果不使用信号调理，这种高压会对计算机造成损害	

表1-14列出了模拟量输出的相关概念，这些是将计算机数字信号转化为外界所需模拟量的过程中需要了解的相关概念。

表1-14　模拟量输出的相关概念

概　　念	解　　　　释
D /A转换器	用于将计算机中的二进制代码转换为相应的模拟电压信号，与A/D转换相反
D /A分辨率	D/A分辨率与输入分辨率类似，它是产生模拟输出的数字量的位数。较大的D/A分辨率可以缩小输出电压增量的量值，因此可以产生更平滑的变化信号。对于要求动态范围宽、增量小的模拟输出应用，需要有高分辨率的电压输出
标称满量程	指相当于数字量标称值2^n的模拟输出量
稳定时间	指达到规定精度时需要的时间。稳定时间一般是由电压的满量程变化时间来判定的
转换速率	D /A转换器所产生的输出信号的最大变化速率

表1-15列出了数字量输入的相关概念，这些是将计算机外部要采集的开关量信号转换为计算机所“认识”的数据所需要了解的相关概念。

表1-15　数字量输入的相关概念

概　　念	解　　　　释	备　　注
TTL输入	用于设置输出电平。例如，一般室温下的输出高电平是3.5 V，输出低电平是0.2 V。输入高电平≥2.0 V，输入低电平≤0.8 V，噪声容限为0.4 V	TTL电平传输距离不宜超过10 m
CMOS输入	逻辑电平电压接近于电源电压，0逻辑电平接近于0V，而且具有很宽的噪声容限	
晶体管输入的漏端和源端	漏端和源端分别表示所用到的数字输入和输出的类型。漏端的数字I/O提供一个地，而源端的数字I/O提供一个电压源。以一个由数字输入与数字输出相连而成的简单电路为例，该电路由电压源、地和负载组成。源端数字I/O为该电路提供所需电压，漏端数字I/O提供所需的接地，数字输入提供这个电路工作所需的负载。 由于构成一个完整的电路既需要电压源又需要地，因此，源端输入必须和漏端的输出相连；相反，源端输出必须和漏端输入相连。如果需要将同样是源端或漏端的输入和输出相连，就需要增加额外的电阻器	

表1-16列出了数字量输出的相关概念，这些是将计算机内部的数据转换为外部开关量信号所要了解的相关概念。

表1-16　数字量输出的相关概念

概　　念	解　　　　释	备　　注
电磁式继电器输出	一般由铁芯、线圈、衔铁、触点簧片等组成。只要在线圈两端加上一定的电压，线圈中就会流过一定的电流，从而产生电磁效应。这时，衔铁会在电磁力吸引的作用下克服返回弹簧的拉力吸向铁芯，从而带动衔铁使常开触点吸合。当线圈断电后，电磁的吸力也随之消失。这时衔铁就会在弹簧的反作用力下返回原来的位置，常闭触点吸合。这种触点的吸合、释放，达到了在电路中的导通、切断的目的	电磁式继电器可以用于驱动交流负载，也可以用于驱动直流负载。它的适用电压范围较宽、导通压小，同时承受瞬时过电压和过电流的能力较强。虽然如此，因为它属于有触点元件，所以动作响应速度慢、寿命短、可靠性差
固态继电器（Solidstate Relays）	一种全部由固态电子元件组成的新型无触点开关器件。它利用电子元件（如开关三极管、双向晶闸管等半导体器件）的开关特性，以达到无触点、无火花地接通和断开电路的目的	开关三极管只能用于直流负载

4. 数据采集卡的选购

选择数据采集卡应以功能够用为原则，选择性价比较高的产品。通常精度要求不高、采样频率较低时，PCI和USB总线的数据采集卡便可满足要求，若工作环境比较恶劣，可考虑用工控机。当采样精度要求较高，采样频率很高，工作环境比较恶劣时可优先考虑采用PXI类的数据采集产品。选用采集设备时可根据表1-17中所列选项来考虑相应产品类型。

表1-17　选择采集设备

项　　名	选　　　　择	备　　　　注
总线类型	PCI、PXI、USB、PCMCIA	
采集信号类型	模拟量、数字量	是否需要模拟量或数字量的输出

续表

项　名	选　择	备　注
模拟量、数字量的输入/输出通道数	8、16、32等	当需要采用差分方式输入时，采集卡通道数应达到实际信号通道数的2倍
模拟信号输入类型	电压、电流	
模拟信号所需前端调理	应变、压力、温度等	采集卡前端是否需要特殊的调理模块
分辨率及采样精度	12位、16位、18位等	注意分辨率和采样精度的概念
每通道所需最低采样速率	10 Hz、100 Hz、100 kHz等	
所用通道的采样速率	10 Hz、100 Hz、100 kHz等	如果为非同步采集卡，所有通道的采样速率=每通道采样速率×通道数 所用通道的采样速率要小于或等于非同步采集卡的最高采样率
模拟信号的量程	−5 V~+5 V、0~10 V、0~5 V、0~20 mA、−10~+10 mA等	信号是否超过10 V或20 mV，如果超过需要调理
是否隔离	无隔离、分组隔离和通道与通道隔离	
数字输入/输出的量程类型	TTL、24 V、220 V等	注意输出是机械继电器还是固态继电器
是否需要计数或需要定时信号	带PFI和计数器功能	
软件操作系统	Windows、Linux、Mac OS等	
其他	成本、品牌效益、售后服务等	

例如：某系统要求在生产现场随机抽检产品，单个产品需要同时测量12路0~10 V的直流电压，测量误差不大于满量程的0.01%。现场环境良好，检测地点分散（各地点不要求同时检测）。采集设备可按如下思路来选择：

① 选择总线类型：因检测地点分散，环境良好可用USB总线结构的多功能卡。

② 确定通道数：需同时检测12路信号，故模拟输入通道应不少于12个，因为信号为直流信号，且采样率没有特殊要求，所以只要采用一般的多功能卡。

③ 选择量程与精度：被检测信号量程为10 V，测量误差最大值为10 V×0.01%=1 mV，而在10 V量程下，14位ADC的分辨率为0.61 mV，小于1 mV，能够满足要求。

1.3.3　数据采集卡的安装与使用

数据采集卡作为数据采集系统中的重要组成部分，其正确的安装和使用是整个系统能正常工作的保证。

根据所选系统方案的不同，数据采集卡可选择PCI、USB、PXI、PCI Express等不同接口的板卡。通常各类板卡在与计算机正确连接后还要安装相应的驱动程序方可使用。

数据采集设备的作用是将模拟的电信号转换为数字信号送给计算机进行处理，或将计算机编辑好的数字信号转换为模拟信号输出。计算机上安装了驱动和应用软件，方便我们与硬件交互，完成采集任务，并对采集到的数据进行后续分析和处理。

对于数据采集应用来说，使用的软件主要分为三类，如图1-35所示。首先是驱动。NI的数据采集硬件设备对应的驱动软件是DAQmx，它提供了一系列API函数供我们编写数据采集程序时调用。并且，DAQmx不光提供支持NI的应用软件LabVIEW，LabWindows/CVI的API函数，它对于VC、VB、.NET也同样支持，方便将数据采集程序与其他应用程序整合在一起。

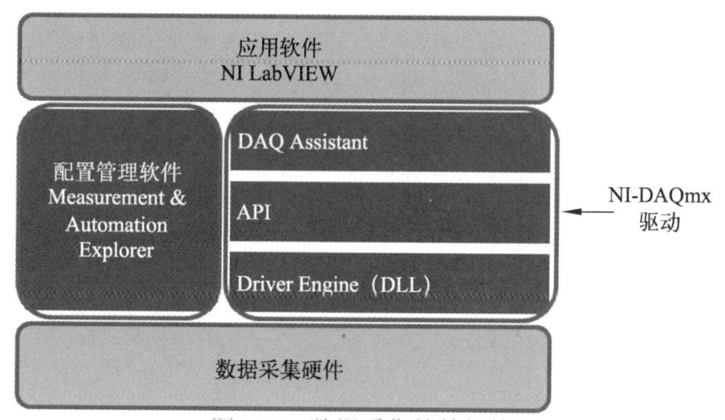

图1-35　数据采集软件架构

同时，NI也提供了一款配置管理软件 Measurement and Automation Explorer，方便人们与硬件进行交互，并且无须编程就能实现数据采集功能；还能将配置出的数据采集任务导入LabVIEW，并自动生成LabVIEW代码。

位于最上层的是应用软件。在此推荐使用NI的LabVIEW。

一般说来，数据采集卡都有自己的驱动程序，该程序控制采集卡的硬件操作，当然这个驱动程序是由采集卡的供应商提供，用户一般无须通过低层就能与采集卡硬件进行交互。

NI公司还提供了一个数据采集卡的配置工具软件——Measurement & Automation Explorer，它可以配置NI公司的软件和硬件，比如执行系统测试和诊断、增加新通道和虚拟通道、设置测量系统的方式、查看所连接的设备等。

1．学习使用配置管理软件MAX

Measurement & Automation Explorer，简称MAX，是NI 提供的方便与NI 硬件产品交互的免费配置管理软件。MAX 可以识别和检测NI 的硬件；可以通过简单的设置，无须编程就能实现数据采集功能；在MAX 中还可以创建数据采集任务，直接导入LabVIEW，并自动生成LabVIEW 代码。所以，熟练掌握MAX 的使用方法，对加速数据采集项目的开发很有帮助。那么，如何获取MAX 软件呢？如果购买了NI 的硬件产品，驱动光盘中会包含MAX 软件。NI 的数据采集硬件产品对应的驱动是DAQmx，在安装DAQmx 驱动时，默认会附带安装上MAX，所以，DAQmx 驱动安装成功后，在计算机桌面上会出现一个像地球一样的蓝色图标，这就是MAX 的快捷方式。

双击该图标进入MAX，在位于左边的配置树形目录中，展开 “我的系统”→“设备和接口”文件夹，找到“NI-DAQmx 设备”一项。连接在本台计算机上的NI 数据采集硬件设备都会罗列在这里。例如计算机上连接了USB 接口的9211A 热电偶温度采集模块，和PCI接口的6251多功能数据采集模块，所以在“NI DAQmx 设备”的下方，出现了NI USB　9211A和NI PCI　6251，默认的设备名为“Dev *”，如图1-36所示。

右击设备，可以进行一系列操作，如图1-37所示。

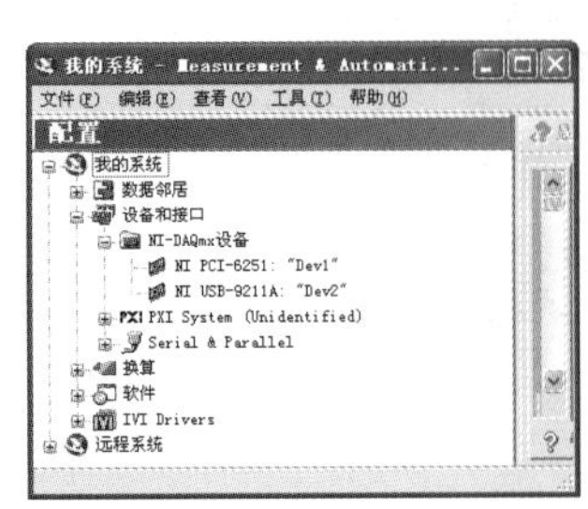

图1-36　MAX 下的DAQmx 设备

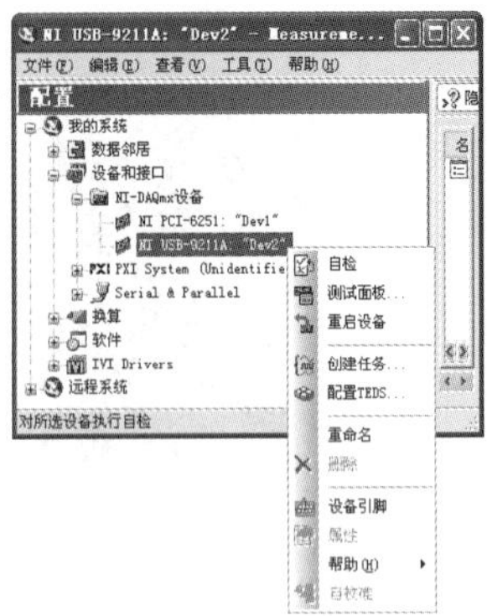

图1-37　右键快捷菜单功能

首先可以对产品进行自检，通过自检说明板卡工作在正常状态，如果板卡发生了硬件损坏，MAX 将报出自检失败的信息。同时，可以更改设备名，当系统中使用多个数据采集模块时，给每个模块一个有意义的命名，可以帮助我们区分模块，并且在编程选择设备的时候提高程序的可读性。另外，选择“设备引脚”命令，将显示硬件引脚定义图，便于连线。鼠标单击设备名，在窗口中会显示硬件相关信息。属性：产品序列号；设备连线：硬件内部连接；校准：校准信息，如图1-38所示。

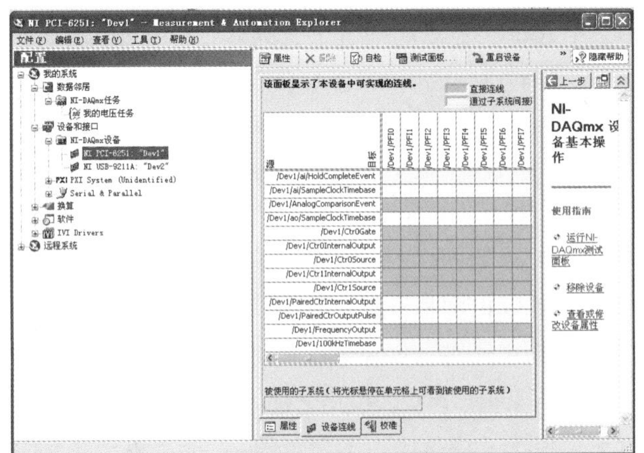

图1-38　属性、设备连线和校准信息

如果没有现成的数据采集硬件设备，需要运行LabVIEW 程序验证一下硬件功能，可以在MAX 中仿真一块硬件。方法是鼠标右击“NI-DAQmx 设备”，选择“创建NI-DAQmx仿真设备”，选择指定型号，如图1-39所示。真实的板卡是绿色的，仿真的板卡是黄色的。

如何在MAX 下无须编程实现数据采集功能呢？MAX 提供了两种方便易用的工具：

第一种工具是Test Panels（测试面板）。通过PCI 6251演示，AO0连续输出一个频率1Hz，幅度-5~+5V 的正弦电压信号；并用AI0回采，如图1-40所示。由于AI、AO 共地，所以选择单端接地RSE 的输入模式。如果待采集的信号和数据采集板卡不共地，则推荐使用差分输入的模式，以去除共模电压。

第二种方法是创建数据采集任务，如图1-41所示，通过USB-9211A 演示。数据采集任务创建完毕后，拖放到VI 的程序框图中，右击“生成代码”，可自动转换为LabVIEW 程序。

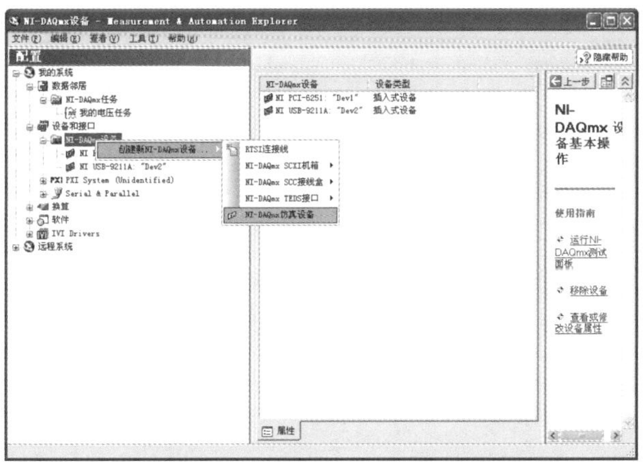

图1-39　创建仿真DAQmx 设备

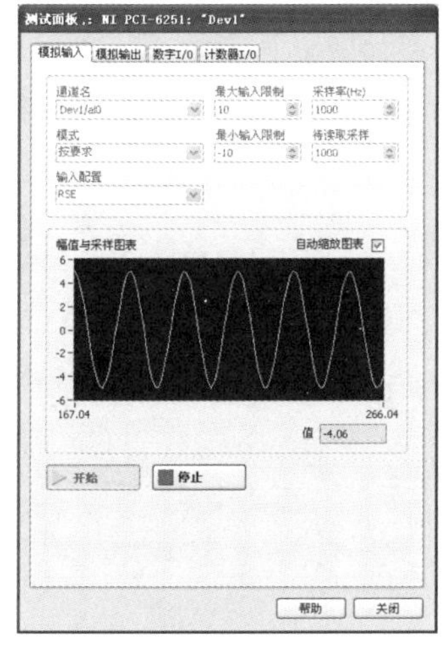

图1-40　测试面板的使用

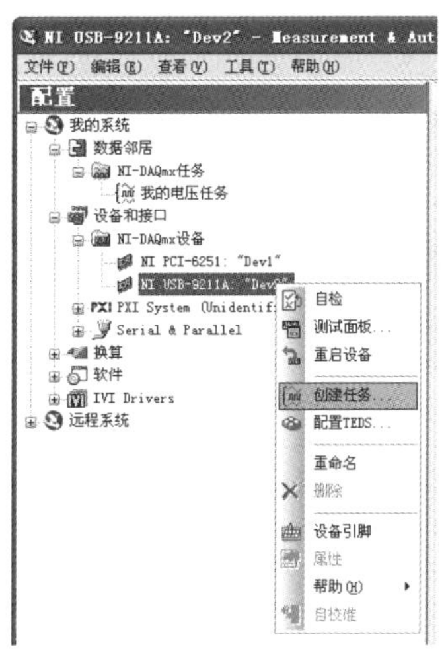

图1-41　在MAX 中创建数据采集任务

与此同时，选择MAX 下数据采集任务中的“连线图”选项卡，还可以看到硬件连接示意图。在本次演示中，热电偶的两级分别与9211A 差分输入通道AI0 的正、负极相连，如图1-42所示。

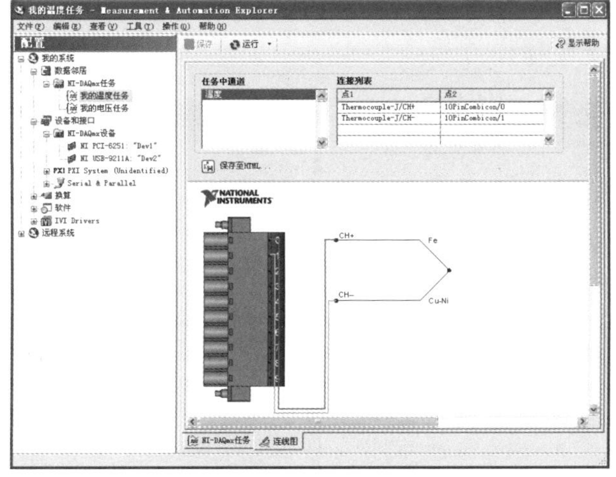

图1-42　数据采集任务对应的物理连线图

第

篇　预备篇

2. 学习使用DAQ 助手Express VI-DAQ Assistant

通道和任务：

在LabVIEW的DAQ程序设计过程中，有两个基本概念就是通道和任务。

通道分物理通道和虚拟通道。物理通道是指用于测量或产生信号的终端和引脚，每一个DAQ设备上的物理通道应该有唯一的名字；而虚拟通道实际上是一些属性的集合，包括名字、物理通道、输入连接、测量或产生的信号的类型等。

任务在DAQ中是一个或多个虚拟通道的集合，包括了通道的时间特性、触发特性和其他的一些属性，一个任务的实质就是要执行的测量或产生信号的操作。

随着LabVIEW的推出，NI推出了新型的驱动，即DAQ-mx。在LabVIEW中，也相应的增加了DAQ Assistant，即DAQ助手。以下即以DAQ-mx驱动及DAQ Assistant为例，说明添加DAQ-mx任务及通道的过程。

使用DAQ Assistant添加DAQ-mx任务及通道的过程如下：

① 在程序框图中，选择DAQ Assistant，可以创建DAQ-mx任务，如图1-43所示。

② 出现DAQ Assistant图标和初始化界面，如图1-44所示。

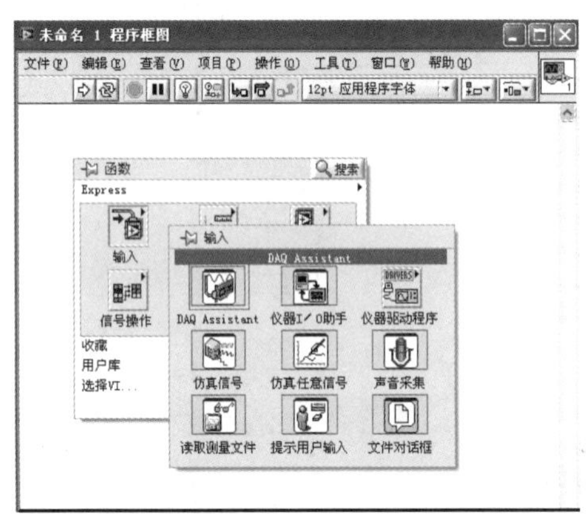

图1-43 DAQ-mx任务设置--选择DAQ Assistant

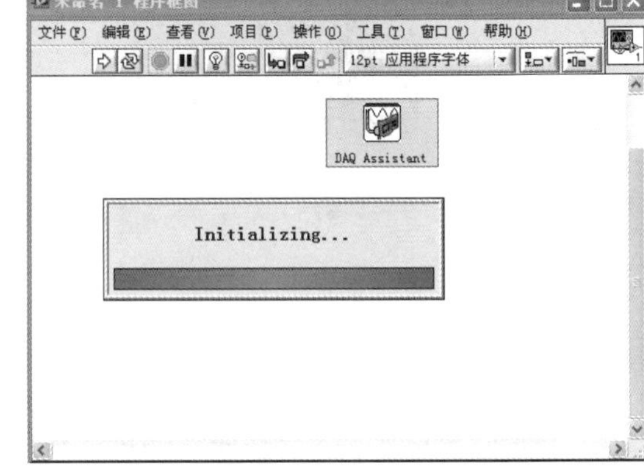

图1-44 DAQ-mx任务设置—图标和初始化界面

③ 选择测量类型，如图1-45所示。

④ 选择物理通道，如图1-46所示。

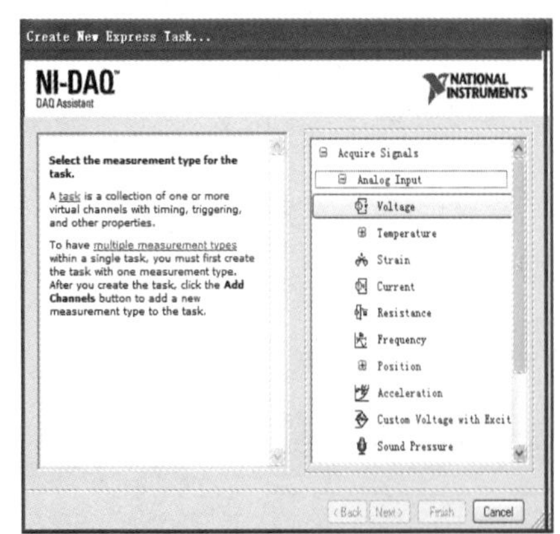

图1-45 DAQ-mx任务设置—测量类型选择

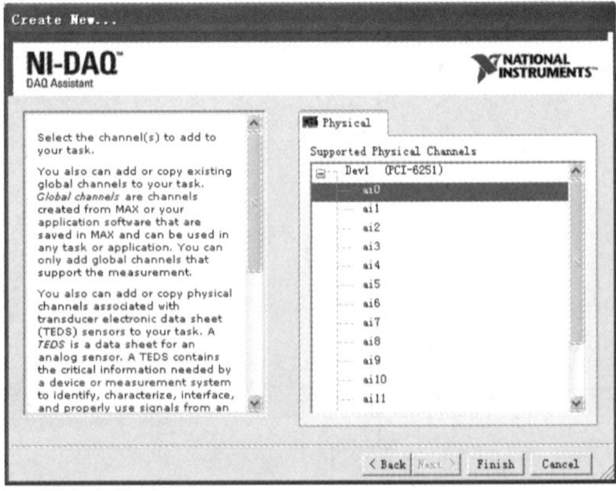

图1-46 DAQ-mx任务设置—测量通道选择

⑤ 配置通道，设置采样最大最小值，信号连接方式，任务定时和任务触发等，如图1-47所示。

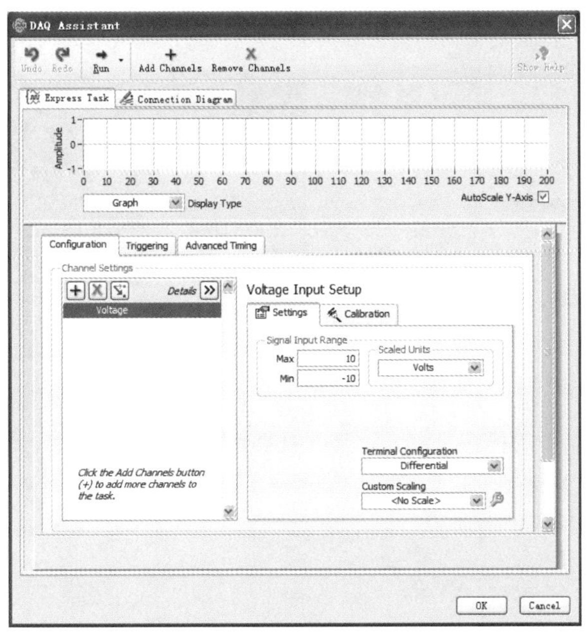

图1-47　DAQ-mx任务设置—配置通道参数

⑥ 测试DAQmx任务，如图1-48所示。

⑦ 确定，完成配置，如图1-49所示。

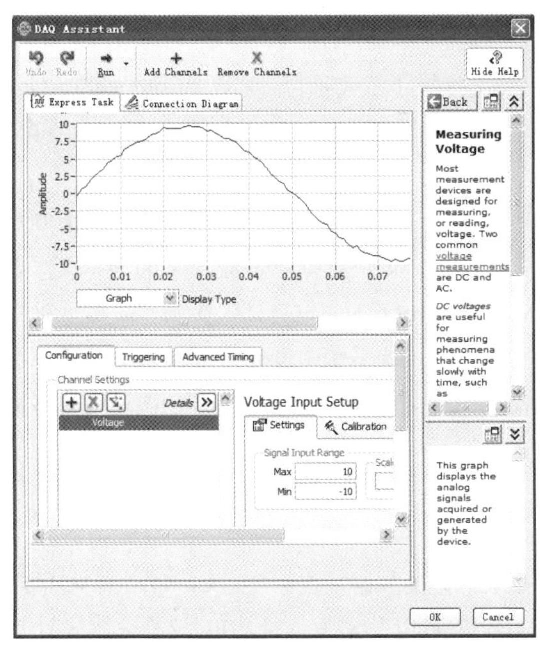

图1-48　DAQ-mx任务设置—测试DAQmx任务

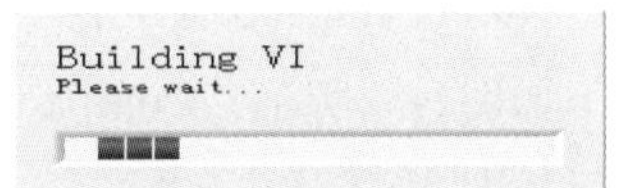

图1-49　DAQ-mx任务设置—完成配置

⑧ 在前面板添加图形控件，可以看到模拟量输入的程序运行结果，如图1-50所示。

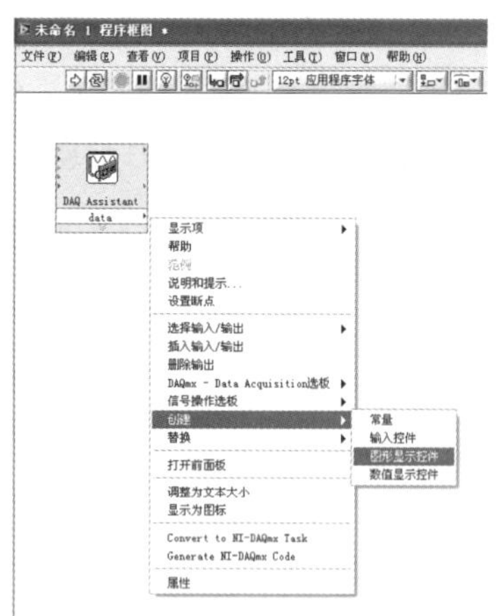

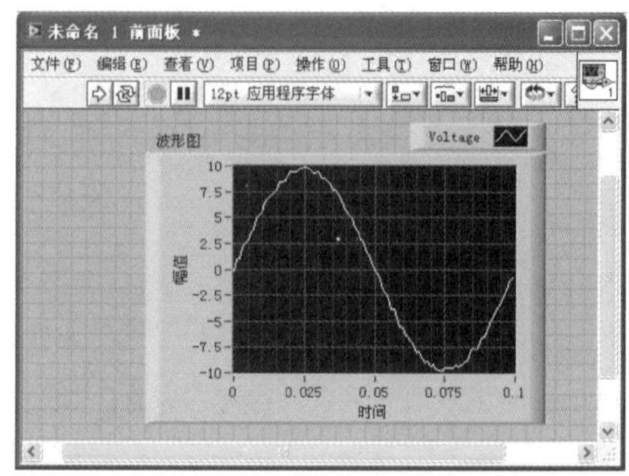

图1-50　DAQ-mx任务设置—前面板显示

至此，完成一个简单的模拟量输入通道、任务配置并显示过程。

1.3.4　NI数据采集产品介绍

1. 产品介绍

凭借在过去10年中售出超过5千万条I/O通道的佳绩，NI成为基于PC的数据采集(DAQ)产品全球翘楚，并为用户提供着最完备的DAQ产品，运用于台式、便携式、工业和嵌入式应用系统。用户可在多种主流总线（包括：USB、PCI、PCI Express、PXI、PXI Express、无线和以太网）中进行选择。简单易用的驱动软件适用于诸多不同的操作系统，如：Windows、Linux OS、Mac OS X和实时OS。

首先，针对系统级的数据采集应用项目，NI 提供了三大平台：PXI、CompactDAQ以及CompactRIO 平台。

（1）PXI 平台

如图1-51，PXI 提供了一个基于PC 的模块化平台。位于最左边的1 槽插入PXI 控制器，它使得PXI 系统具备同PC一样强大的处理能力，该控制器还可以同时支持Windows 操作系统和RT 实时操作系统。NI 提供最大18 槽的PXI 机箱，剩下的槽位可插入多块PXI 数据采集板卡，满足多通道、多测量类型应用的需求，所以PXI 系统是大中型复杂数据采集应用的理想之选。并且，PXI 总线在PCI 总线的基础上增加了触发和定时功能，更适用于多通道或多机箱同步的数据采集应用。同时，PXI 系统具有宽泛的工作温度范围和良好的抗振能力，适用于环境较为恶劣的工业级应用。

（2）CompactDAQ 平台

如图1-52所示，CompactDAQ的中文全称是：紧凑数据采集系统。CompactDAQ平台提供即插即用的USB连接，只需要1根USB 据线，就可以非常方便地与PC或笔记本式计算机连接在一起。1个CompactDAQ 机箱中最多可以放置8个CompactDAQ数据采集模块。整个CompactDAQ 平台的特点是体积小巧，低功耗，便于携带，并且成本比较低。

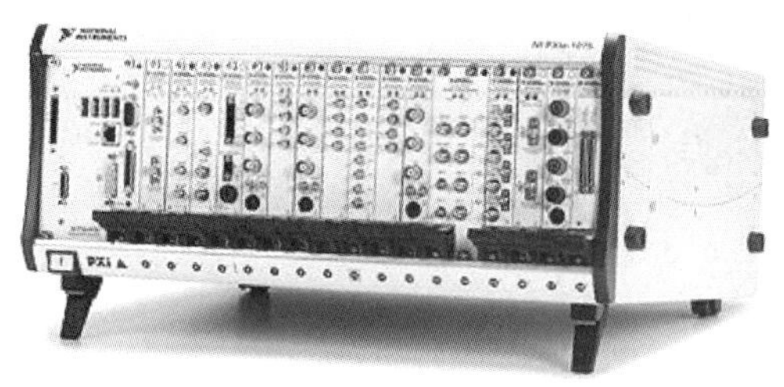

图1-51　PXI 平台数据采集系统

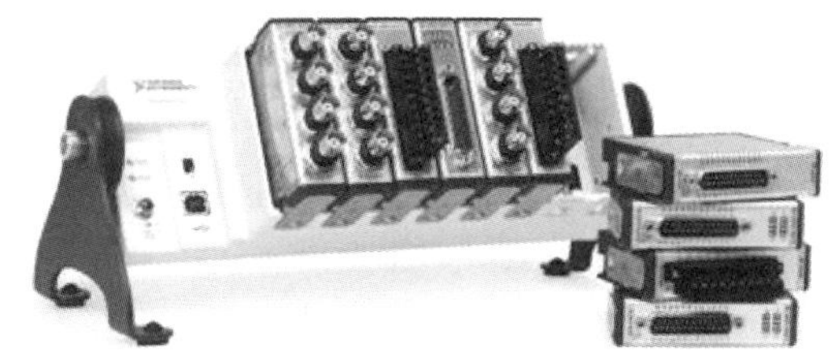

图1-52　CompactDAQ平台数据采集系统

（3）CompactRIO 平台

CompactRIO 平台和CompactDAQ 在外形上类似，如图1-53所示。它们的数据采集模块是兼容的，即同样的模块，既可以插入CompactDAQ机箱，也可以插入CompactRIO机箱。但与CompactDAQ 平台不同的是，CompactRIO系统配备了实时处理器和丰富的可重配置的FPGA 资源，可脱离PC独立运行，也可通过以太网接口跟上位机进行通信，适用于高性能的、独立的嵌入式或分布式应用。除此以外，CompactRIO平台具有工业级的坚固和稳定性，它有-40~70 ℃的操作温度范围，可承受高达50 *g*的冲击力，同时具备了体积小巧、低功耗和便于携带的优点，因此被广泛应用在了车载数据采集、建筑状态监测、PID 控制等领域。

除此以外，NI 还提供基于其他标准总线接口的数据采集模块，如PCI 数据采集卡，如图1-54所示，它直接插入计算机的PCI 插槽使用。

图1-53　CompactRIO 平台数据采集系统

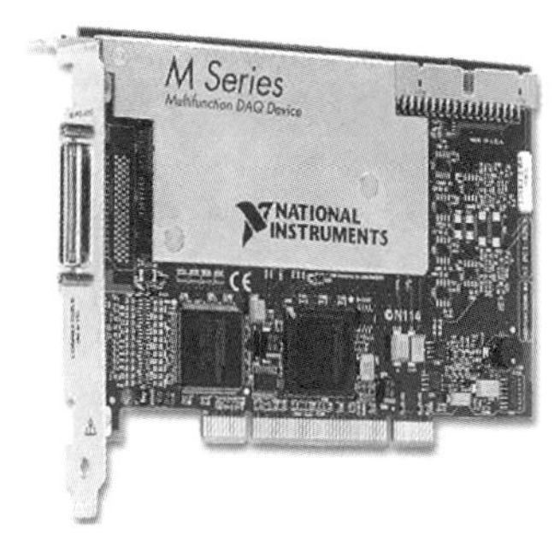

图1-54　PCI 总线接口数据采集卡

USB 数据采集模块，如图1-55所示，通过USB 数据线与PC 或笔记本式计算机连接。

基于Wi-Fi的无线传输数据采集模块，如图1-56所示。这些数据采集模块可以灵活地满足不同的数据采集应用的需求。

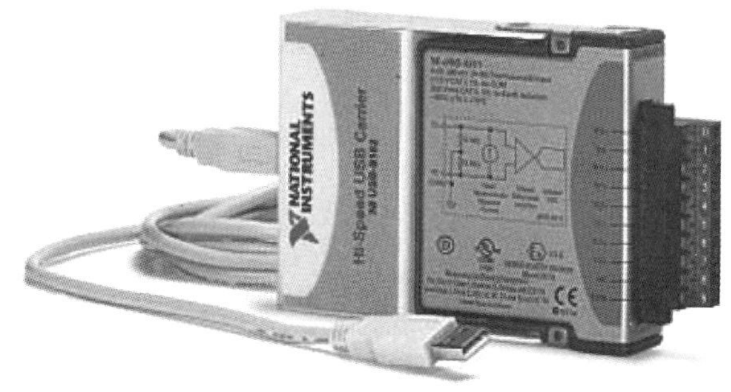

图1-55　USB 总线接口数据采集模块

图1-56　基于Wi-Fi 的无线传输数据采集模块

2. 硬件选型重要参数

在选定了系统平台和传输总线的基础上，面对种类繁多的数据采集设备，如何针对应用进行硬件选型呢？选型时需要重点考虑如下几个参数：

首先，通道数目，能否满足应用需要。

其次，待测信号的幅度是否在数据采集板卡的信号幅度范围以内。

除此以外，采样率和分辨率也是非常重要的两个参数。

采样率决定了数据采集设备的ADC 每秒进行模数转换的次数。采样率越高，给定时间内采集到的数据越多，就能越好地反映原始信号。根据奈奎斯特采样定理，要在频域还原信号，采样率至少是信号最高频率的2 倍；而要在时域还原信号，则采样率至少应该是信号最高频率的5~10 倍。我们可以根据这样的采样率标准，来选择数据采集设备。

分辨率对应的是ADC用来表示模拟信号的位数。分辨率越高，整个信号范围被分割成的区间数目越多，能检测到的信号变化就越小。因此，当检测声音或振动等微小变化的信号时，通常会选用分辨率高达24 bit的数据采集产品。

除此以外，动态范围、稳定时间、噪声、通道间转换速率等等，也可能是实际应用中需要考虑的硬件参数。这些参数都可以在产品的规格说明书中查找到。

1.3.5 练习：数据采集卡的安装与使用

1. PCI–6251的安装

① 在计算机中安装硬件驱动。

② 如图1-57所示，将PCI–6251采集卡插入计算机的PCI插槽中。

③ 测试硬件。

图1-57 PCI–6251的安装

2. USB–6009的安装

① 如图1-58所示，将USB–6009的连接电缆接至计算机USB接口。

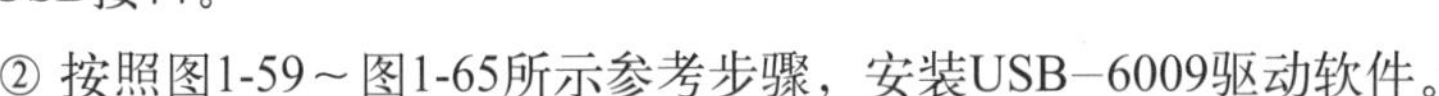

② 按照图1-59～图1-65所示参考步骤，安装USB–6009驱动软件。

图1-58 USB–6009的安装

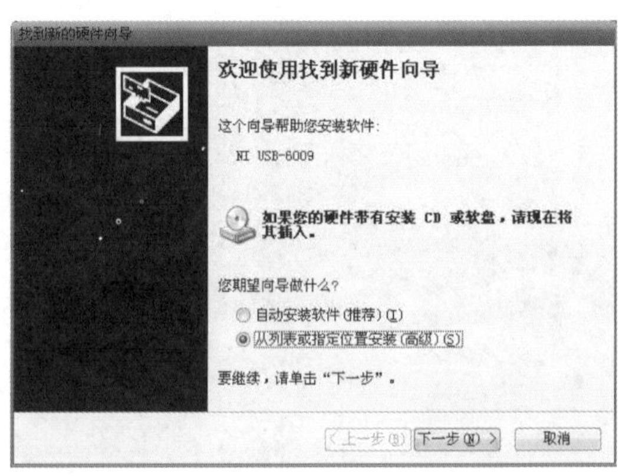

图1-59 USB–6009驱动软件安装1

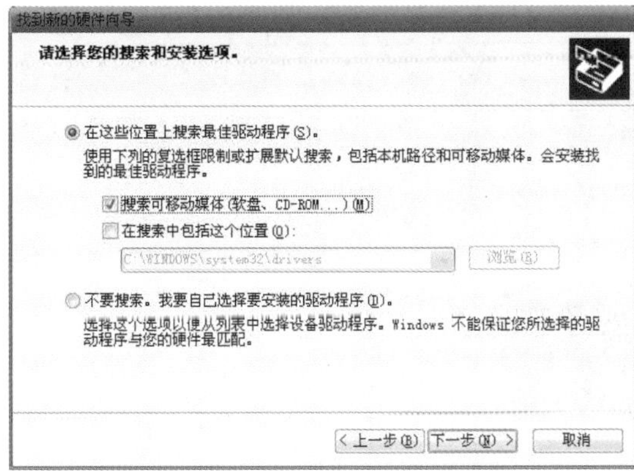

图1-60 USB-6009驱动软件安装2

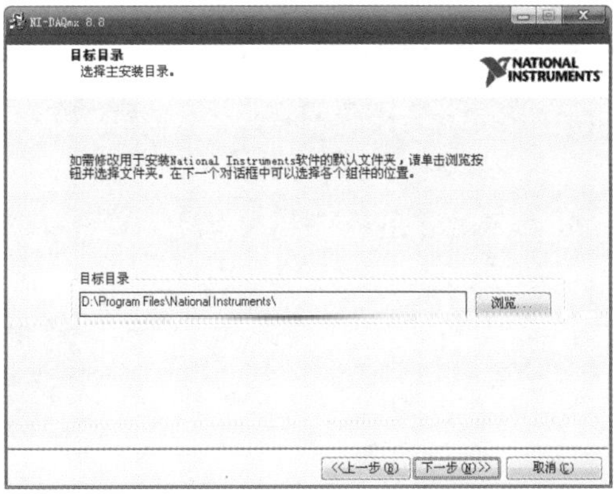

图1-61 USB-6009驱动软件安装3

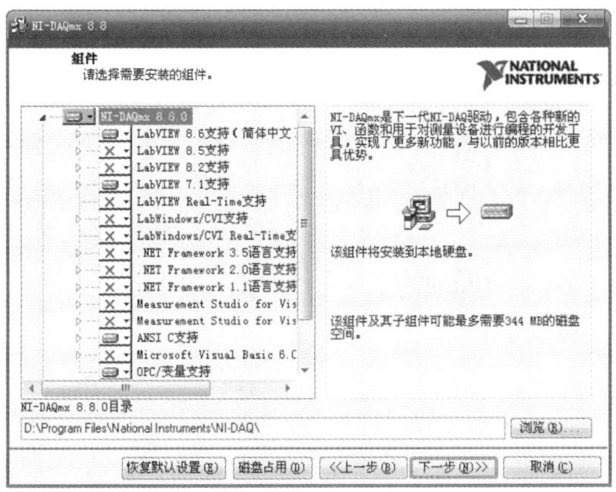

图1-62 USB-6009驱动软件安装4

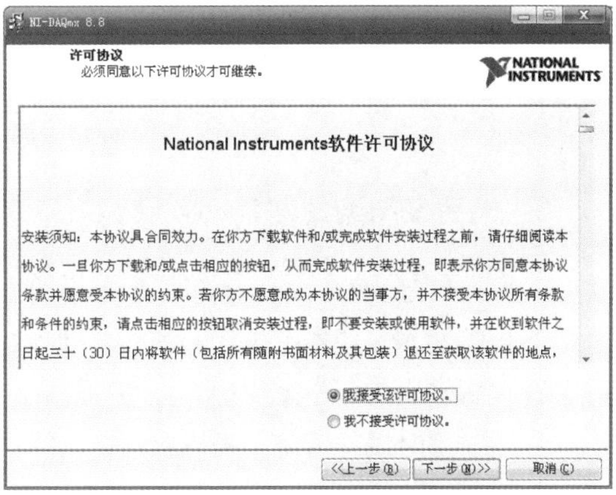

图1-63 USB-6009驱动软件安装5

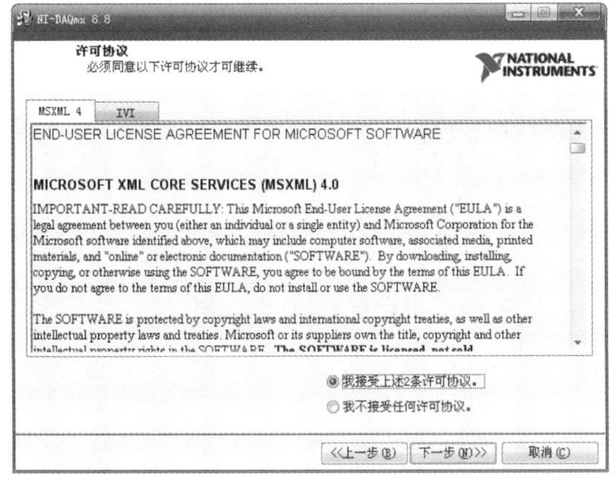

图1-64 USB-6009驱动软件安装6

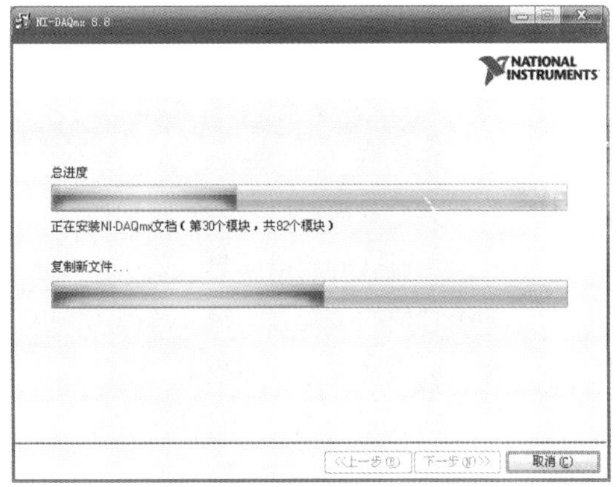

图1-65 USB-6009驱动软件安装7

③ 如图1-66所示，利用Measurement & Automation测试硬件。

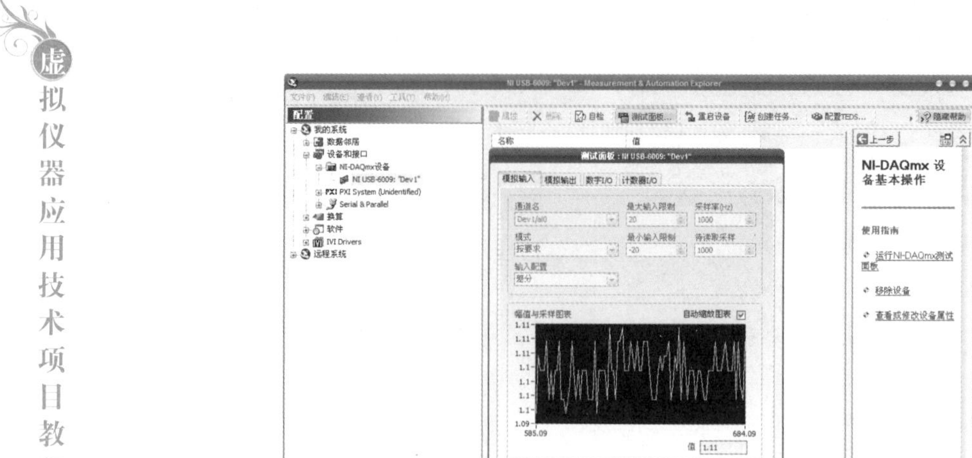

图1-66 利用Measurement & Automation测试硬件

3. 请登录NI网站搜索一款满足以下条件的采集卡

① 有8路模拟输入通道、2路模拟输出通道、1路数字I/O通道、1个计时器/定时器；

② 模拟输入采样率至少100 kS/s、模拟输入分辨率为16位；

③ 模拟输出更新率至少1 kS/s，模拟输出分辨率至少16位；

④ 支持实时操作系统、带模拟触发功能；

⑤ 数字I/O逻辑电平为3.3 V、总线类型为PCI Express的采集卡。

提示

NI产品网址http://www.ni.com/dataacquisition/zhs/。

思考与练习

1．一个典型的虚拟仪器系统通常由________等部分组成。

2．一个16通道的数据采集卡采用差分输入方式最多可采集________路信号。

3．一个12位的采集卡，输入范围为0~10 V的电压,最小可分辨的电压是________。

4．用与被采样信号最高频率一致的采样率进行信号的采集是否可以正常还原原有信号?

5．调整DAQ通道增益的最佳位置是（　　）。

A．DAQ助手的增益输入端

B．Measurement and Automation Explorer (MAX)

C．DAQmx VI选板上的“设置增益”VI

D．设置DAQ助手的输入规范

6．DAQmx通道和虚拟通道是属性设置的集合，但是不包括（　　）。

A．测量类型

B．基本I/O地址

C．物理通道

D．换算信息

7．DAQ助手无法进行的操作是（　　）。

A．数字输入

B．频率测量

C．生成任意波形

D．模拟输入

8．关于图1-67所示代码的输出结果，正确表述是（　　）。

A．显示DAQ助手中最后3个值

B．显示所有测量值的平均值

C．显示最后4个测量值的平均值

D．以上均不正确

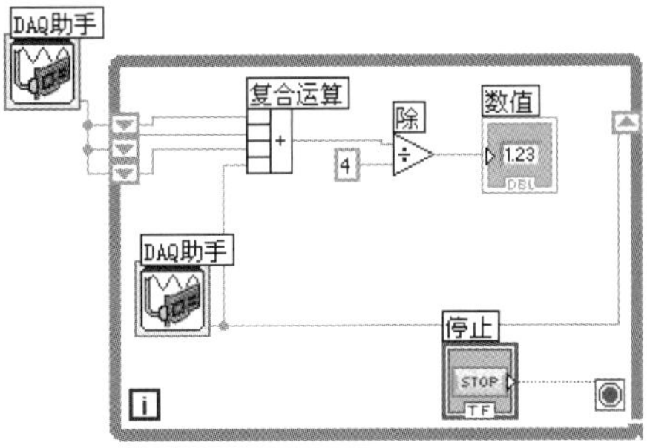

图1-67　题8图

9．在NI-DAQmx应用中何时应使用任务？（　　）

A．按照离散顺序使用通道采集数据

B．按照相同的换算使用通道采集数据

C．按照相同的定时和触发使用通道采集数据

D．以上均不正确

10．下列哪种设置下，信号无法应用增益？（　　）

A．10 V信号，ADC范围0～10 V

B．10 V信号，ADC范围0～5 V

C．1 V信号，ADC范围0～10 V

D．5 V信号，ADC范围0～10 V

11．电压范围为0～10 V时，哪种DAQ板卡可以检测信号中2.1 mV的变化？（　　）

A．12位板卡

B．16位板卡

C．A和B

D．以上均不正确

12．电压范围由0～10 V更改为-10～10 V时，DAQ板卡可检测的最小电压更改如何变化？（　　）

A．可检测的电压更改为原有值的一半

B．可检测的电压更改为原有值的2倍

C．不影响可检测的电压更改

D．可检测的电压更改与板卡精度成反比

13．电压范围为0～10 V时，哪种DAQ板卡可以检测信号中2.6 mV的变化？（　　）

A．12位板卡　　B．16位板卡

C．a和b　　D．以上均不正确

第二篇

体验篇

项目一 认识和使用虚拟仪器产品——ELVIS

项目简介

本章将介绍如何使用NI ELVIS的各个模块化仪器测试元器件特性参数、分析电路电压、电流信号。读者通过实际体验将对虚拟仪器产生一定的感性认识，还可熟悉后续章节中常用仪器设备的使用方法以便其他项目的开展。

教学目标

1. 能力目标

① 能熟练使用ELVIS设备的万用表功能。

② 能熟练使用ELVIS设备的可调电源、函数发生器提供信号源。

③ 能熟练使用ELVIS设备的示波器功能测试相关信号。

④ 能使用阻抗分析仪、伯德分析仪、二线$I-V$分析仪、三线$I-V$分析仪等分析相关信号。

2. 知识目标

① 掌握虚拟仪器概念、组成及特点。

② 掌握ELVIS万用表、示波器、函数发生器等常规仪器使用常识。

3. 素质目标

① 实训室5S操作素养。

② 培养团队协作、交流沟通能力。

③ 培养自学能力、文献检索能力及独立工作能力。

④ 培养工作责任感。

任务进阶

任务 认识和使用虚拟仪器产品——NI ELVES

2.1 NI ELVIS简介

NI ELVIS虚拟仪器教学实验套件（Educational Laboratory Virtual Instrumentation Suite，ELVIS）是NI公司于2004年在NI 数据采集设备和LabVIEW设计软件的基础上推出的集成了实验常用仪器功能的虚拟仪器套件。

作为一款为教学实验定制的虚拟仪器产品，其灵活便捷的操作方式、开放且可自定义的功能设计充分体现出了虚拟仪器的特点。尤其是它在数据的记录、分析处理和显示方面与传统仪器相比具有明显优势。

通过使用NI ELVIS读者可以切身体会虚拟仪器与传统仪器的区别，从而加深对虚拟仪器的认识。

NI ELVIS包括了12款最常用的仪器组合，包括示波器、数字万用表、函数发生器、可调电源、动态信号分析仪（DSA）、伯德分析仪、二线/三线$I-V$分析仪、任意波形发生器、数字读写器及阻抗分析仪等。这个功能强大的仪器能为实验室节省成本，包括节省实验室空间及降低维护成本。此外，NI ELVIS仪器均由LabVIEW图形化系统设计语言设计，教学时可以快速重定义以满足特殊需要。传统仪器与NI ELVIS系统的实验环境对比如图2-1所示。

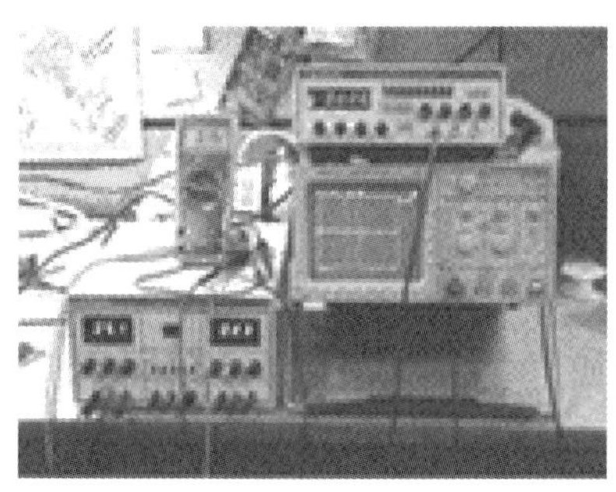

(a) 传统仪器

(b) NI ELVIS系统

图2-1 传统仪器与NI ELVIS系统的实验环境对比

NI ELVIS (教学实验虚拟套件) 目前有两代产品——ELVIS及ELVIS Ⅱ。两代产品均需与计算机配合使用，计算机中需安装包括LabVIW开发环境，NI-ELVIS驱动等一系列软件。与NI ELVIS的硬件一起，NI公司同时提供NI ELVIS的驱动程序和应用程序及源代码，用户无须编程可直接使用仪器的功能，也可在此平台上开发新的仪器功能，设计新的实验。不仅如此，用户还可在LabVIEW下编写特定的应用程序以适合各自的设计实验。NI ELVIS用于在测量仪器、电路、信号处理、控制设计、通信、机械电子、物理等课程及实验。在该仪器的上面可插入一块原型实验面包板，非常适合教学实验和电路原型设计及测试。

一代的ELVIS平台配有一块外置的多功能数据采集卡PCI-6251，通过68针E系列电缆线相连接，如图2-2所示，其原型设计面板与实验工作台可通过插拔分离。

第二代ELVIS——ELVIS Ⅱ采用USB接口，数据采集卡集成在了ELVIS机箱内部。它具有更轻的重量、更好的控制布局、更多的接口、集成数据采集设备及高速USB连接性，如图2-3所示。

注：由于ELVIS Ⅱ自2008年推出以来，已在高校实验室中逐步占据了的主要份额，本书的相关内容主要基于二代ELVIS平台来编写，同时兼顾一代ELVIS，对部分差异性较大的内容进行了说明。

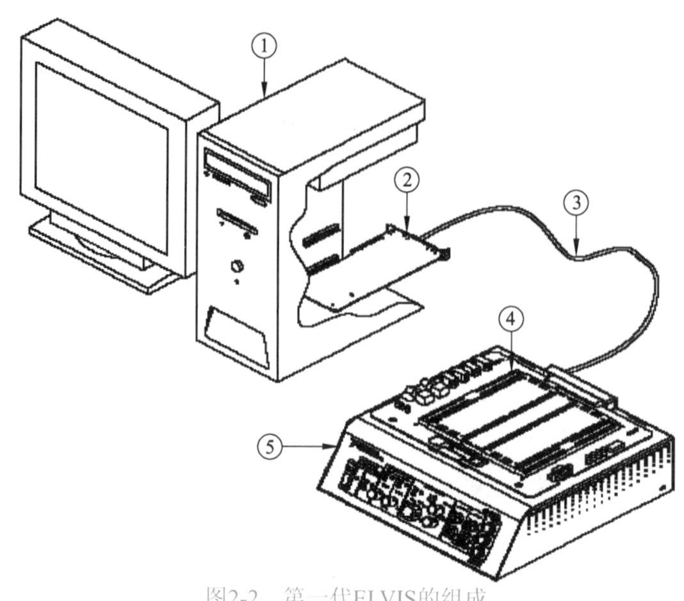

图2-2　第一代ELVIS的组成

① 安装LabVIEW软件的计算机　　② DAQ数据采集卡；
③ 68针E系列连接电缆；　④ ELVIS原型设计面板；　⑤ ELVIS实验工作台

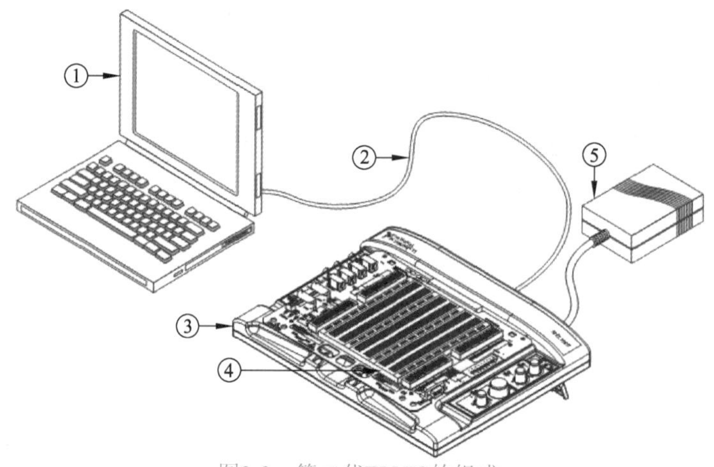

图2-3　第二代ELVIS的组成

①装软件的计算机；② USB连接电缆；③ ELVIS Ⅱ 实验工作台；
④ ELVIS原型设计面板；⑤电源适配器；⑥连接至电源插座

1. ELVIS工作台（硬件部分）介绍

（1）NI ELVIS实验台

一代ELVIS工作台的控制面板如图2-4所示。

一代ELVIS工作台的控制面板详细说明如下：

① 系统电源指示灯（System Power）：指示NI ELVIS设备是否已正常供电。

② 面板电源开关（Prototyping Board Power）：控制原形实验板的电源通断。

③ 通信开关（Communications）：禁用NI ELVIS软件控制请求，可通过将此开关置于Bypass状态（Communications指示灯亮）以便直接访问DAQ设备的DIO口，正常情况应置于

Normal状态（Communications指示灯不亮），否则其部分功能将不可用。详情请参阅ELVIS用户手册中第3章Hardware Overview部分相关内容或NI ELVIS Help。

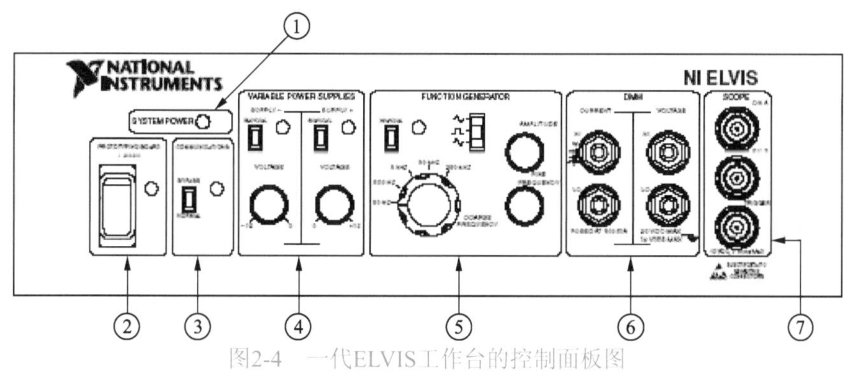

图2-4　一代ELVIS工作台的控制面板图

①系统电源LED；②面板电源开关；③通信开关；④可调电源控制；
⑤函数发生器（FGEN）控制；⑥数字万用表（DMM）连接端；⑦示波器(Scope)连接端

④ 可调电源（Variable Power Supplies）控制：分别提供了正、负两路可调电源（Supply+和Supply–），两路电源均通过各自的Manual开关置于不同位置可选择手动模式（Manual开关灯亮）和软件模式（Manual开关灯不亮）两种控制方式，电源可调范围分别是0~+12 V及–12~0 V。

⑤ 函数发生器（Function Generator，FGEN）控制：通过其MANUAL开关选择采用手动模式或软件模式来控制其输出信号，当MANUAL开关处于手动模式时（MANUAL开关灯亮）以下开关就可用于调节函数发生器输出信号波形、幅度及频率。

- 波形选择开关：正弦波、方波、三角波选择。
- 幅度调节旋钮（Amplitude）：调解函数发生器所产生波形的幅度。
- 频率粗调旋钮（Coarse Frequency）：设定函数发生器所能产生的频率范围。
- 频率细调旋钮（Fine Frequency）：调解函数发生器的输出频率。

⑥ 数字万用表（DMM）连接端：提供万用表香蕉型连接插孔。

注意

① 如果把不同的信号同时连接到原型实验板上的DMM端子和控制面板上的DMM连接端上，就会造成短路，可能损坏原型实验板上的电路；

② NI ELVIS Ⅱ 以前的设备使用DMM测量信号必须以NI ELVIS GROUND为参考地，不支持浮动信号测量；

电压测量端：VOLTAGE HI 电压正端输入；
　　　　　　VOLTAGE LO 电压负端输入。
电流测量端：CURRENT HI 电流正端输入；
　　　　　　CURRENT LO 电流负端输入。
电阻、电容、电感测量：采用电流端子。

⑦ 示波器（Scope）连接端：提供A、B两路输入信号及一路触发信号输入的BNC输入接线端。

注意

如果把不同的信号同时连接到原型实验板上的示波器端子和控制面板上的示波器连接端上，就会造成短路，可能损坏原型实验板上的电路。

二代ELVIS Ⅱ工作台的俯视图如图2-5所示。

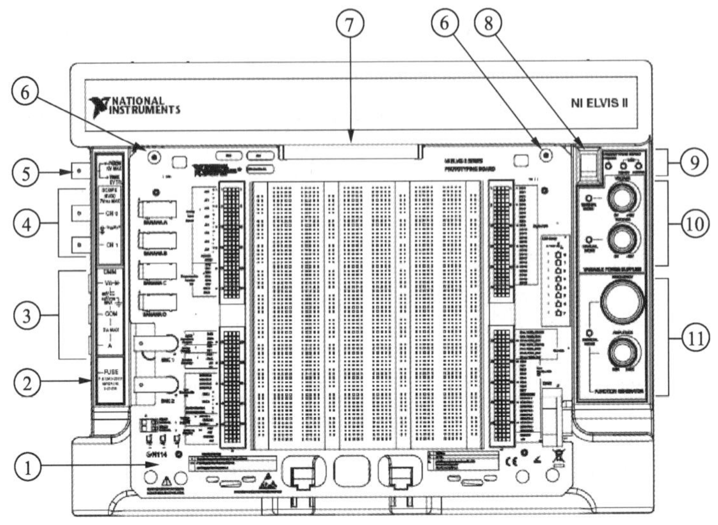

图2-5　二代NI ELVIS Ⅱ工作台俯视图

①NI ELVIS Ⅱ原型面板；②数字万用表熔断器；③数字万用表接口；④示波器接口；⑤函数发生器输出/数字触发脉冲输入；⑥原型面板安装螺钉孔；⑦原型面板接口；⑧原型面板电源开关；⑨状态指示灯；⑩电源手动控制旋钮；⑪函数发生器手动控制旋钮

（2）原型设计面板的各组成部分

一代ELVIS的原型设计面板如图2-6所示。

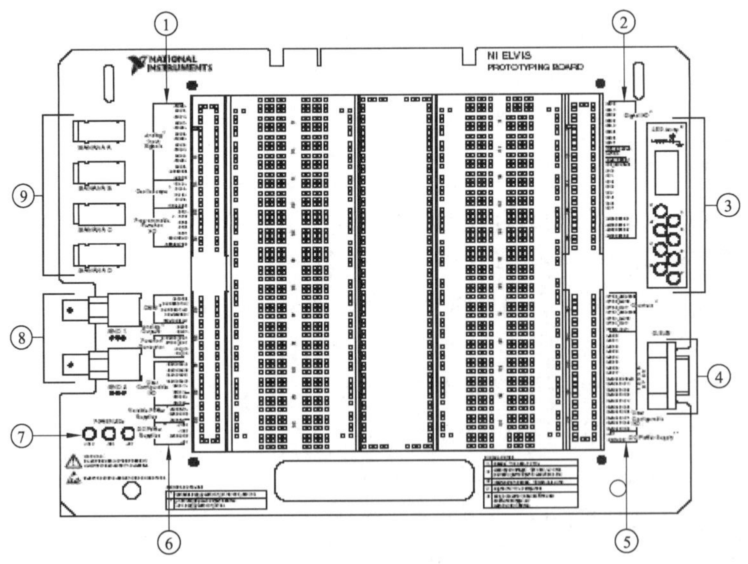

图2-6　一代ELVIS原型设计面板

①模拟输入，示波器，可编程函数输入/输出信号排；②数字输入/输出信号排；③LED灯；④D-SUB连接器；⑤计数器/时钟，用户可编程I/O，直流电源信号排；⑥数字万用表，函数发生器，用户可编程I/O，可调电源信号排；⑦电源指示灯；⑧BNC连接器；⑨香蕉插孔连接器

二代ELVIS Ⅱ的原型设计面板如图2-7所示。

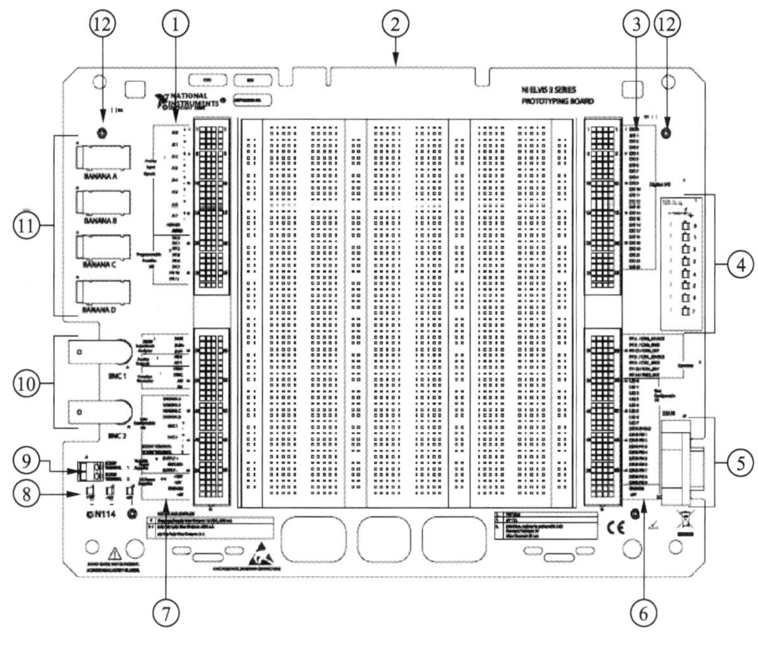

图2-7 NI ELVIS Ⅱ原型设计面板

①AI and PFI 信号列；②工作台接口连接器；③DIO信号列；④用户可配置LEDs；⑤用户可配置D-SUB连接器；⑥计数器/定时器、用户可配置的I/O口、直流电源信号列；⑦DMM（数字万用表）、AO（模拟量输出）、函数发生器、用户可配置的I/O口、可调直流电源信号列；⑧直流电源指示灯；⑨用户可配置连接螺纹端子；⑩用户可配置BNC同轴电缆端子；⑪用户可配置香蕉头接线端；⑫锁定螺钉位置

原型设计面板的具体信号描述见表2-1。

表2-1 原型设计面板具体信号描述

信 号 名	类 型	描 述
AI<0～7>+	模拟输入	常规正差分模拟输入通道
AI<0～7>–	模拟输入	常规负差分模拟输入通道
AI SENSE	模拟输入	模拟输入时非参考单端（NRSE）模式的基准端
AI GND	模拟输入	模拟输入地线参考端
PFI<0..2>,<5..7>,<10..11>	可编程I/O引脚	用于可编程静态数字I/O或产生时钟信号
BASE	3线分析仪	连接晶体管基极
DUT+	数字万用表，阻抗分析仪，2线/3线分析仪	电容和电感测量时提供激励(数字万用表)，阻抗分析仪，2–Wire分析仪，3–Wire分析仪
DUT–	数字万用表，阻抗分析仪，2线/3线分析仪	电容和电感测量时提供地及电流测量回路(数字万用表)，阻抗分析仪，2–Wire分析仪，3–Wire分析仪
AO <0..1>	模拟输出	模拟输出通道0和1，可用于任意波形发生器
FGEN	函数发生器	函数发生器输出
SYNC	函数发生器	TTL 输出信号同步到 FGEN
AM	函数发生器	调幅输入 —— 模拟输入用来调制FGEN信号的幅度
FM	函数发生器	调频输入——模拟输入用于调制FGEN信号的频率
BANANA <A..D>	用户可配置的I/O	香蕉插口 A到 D—— 连接到香蕉插口

续表

信号名	类型	描述
BNC <1..2> ±	用户可配置的I/O	BNC连接器1和 2 ±—— 正极连接到BNC连接器的中心轴上，负极连接到 BNC连接器的外壳上
SCREW TERMINAL<1..2>	用户可配置的I/O	连接螺纹端子
SUPPLY+	可调电源	正可调电源，提供0～12 V电压
GROUND	可调电源	可调电源地
SUPPLY-	可调电源	负可调电源，提供-12～0 V电压
+15V	直流电源	直流+15 V
-15V	直流电源	直流-15 V
GROUND	直流电源	地
+5V	直流电源	直流+5 V
DIO<0..23>	DIO	数字线0到23，提供通用的DIO线，用来读或写
PFI8 /CTR0_SOURCE	可编程函数界面	静态数字I/O， P2.0 PFI8，Default函数：计数器0 源
PFI9 /CTR0_GATE	可编程函数界面	静态数字I/O， P2.1 PFI9，Default函数：计数器0 门
PFI12 /CTR0_OUT	可编程函数界面	静态数字I/O， P2.4 PFI12，Default函数：计数器0 输出
PFI13 /CTR1_ SOURCE	可编程函数界面	静态数字I/O， P1.3 PFI13，Default函数：计数器1 源
PFI14 /FREQ _ OUT	可编程函数界面	静态数字I/O， P2.6 PFI14，Default函数：频率输出
LED<0..7>	用户可配置I/O	LED灯0到7——采用5 V或10 mA驱动
DSUB SHIELD	用户可配置的I / O	连接到D-SUB的外壳
DSUB PIN <1..9>	用户可配置的I / O	连接到D-SUB的插脚
+5 V	直流电源	+5 V电源
GROUND	直流电源	地

NI ELVISI Ⅱ系列原型板有八个可用的差分AI 通道 —— AI<0..7>。可以将其配置为参考单端（RSE）或非参考单端（NRSE）模式。在参考单端下，每个信号均参考模拟地AIGND端。在非参考单端模式下，每个信号参考的是浮地参考端AISENSE端。表2-2显示了三种模式下的通道映射关系。

表2-2　模拟输入通道在3种接线方式下的通道映射

NI ELVIS Ⅱ 系列原型板接线端子	差分（Differential）模式（默认）	单端（RSE/NRSE）模式
AI0+	AI0+	AI0
AI0-	AI0-	AI8
AI1+	AI1+	AI1
AI1-	AI1-	AI9
AI2+	AI2+	AI2
AI2-	AI2-	AI10
AI3+	AI3+	AI3
AI3-	AI3-	AI11
AI4+	AI4+	AI4

续表

NI ELVIS Ⅱ系列原型板接线端子	差分（Differential）模式（默认）	单端（RSE/NRSE）模式
AI4-	AI4–	AI12
AI5+	AI5+	AI5
AI5-	AI5–	AI13
AI6+	AI6+	AI6
AI6-	AI6–	AI14
AI7+	AI7+	AI7
AI7-	AI7–	AI15
AISENSE	–	AI SENSE
AIGND	AI GED	AI GND

2. ELVIS的启动界面（软件部分）

图2-8和图2-9标注出了ELVIS和ELVIS Ⅱ所集成的多个虚拟仪器功能。包括数字万用表、示波器、函数信号发生器、可调电源和数字信号监视仪及记录仪等常规仪器；也包括动态信号分析仪、伯德分析仪和阻抗分析仪等一些专用的仪器。

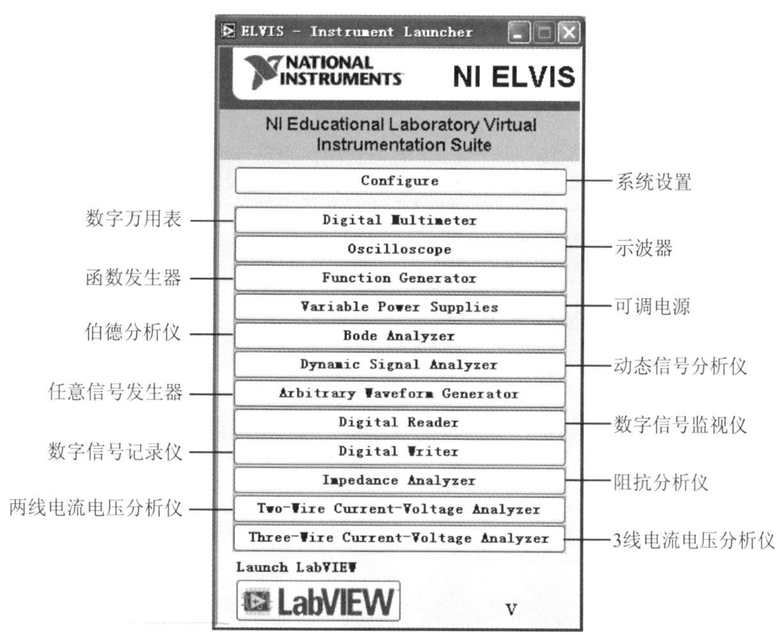

图2-8 ELVIS的启动软件界面

由LabVIEW开发的虚拟仪器可以称为软件前面板（Soft Front Panel，SFP）仪器，这些仪器已经是可执行文件，不必进行任何修改。而且该SFP仪器的LabVIEW源代码都是公开的，用户可以在其基础上进行设计，开发一些增强功能的自定义SFP仪器。

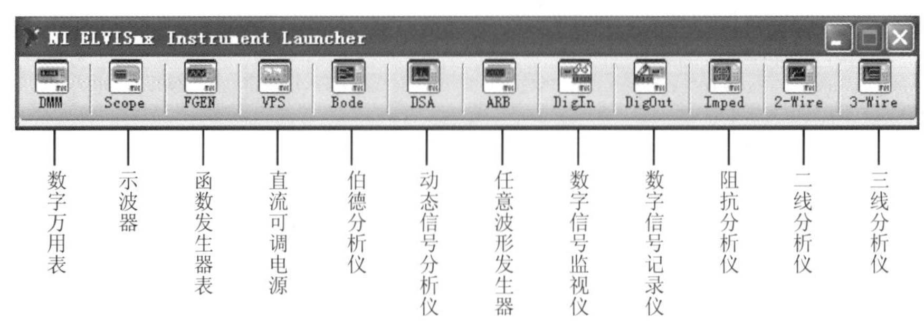

图2-9　ELVIS Ⅱ的启动软件界面

3．LabVIEW开发的常规仪器

LabVIEW结合DAQ卡等相应的硬件设备，就可以开发出数字万用表、函数发生器、示波器、数字I/O和电源等一些简单的常规仪器。

（1）数字万用表（Digital Multimeter，DMM）

ELVIS中的数字万用表，其软件操作面板如图2-10所示。用户可以直接选择测量功能、设置量程，还可以执行测量和观察测量的结果。DMM能够完成的功能和相应的接线如表2-3所列。

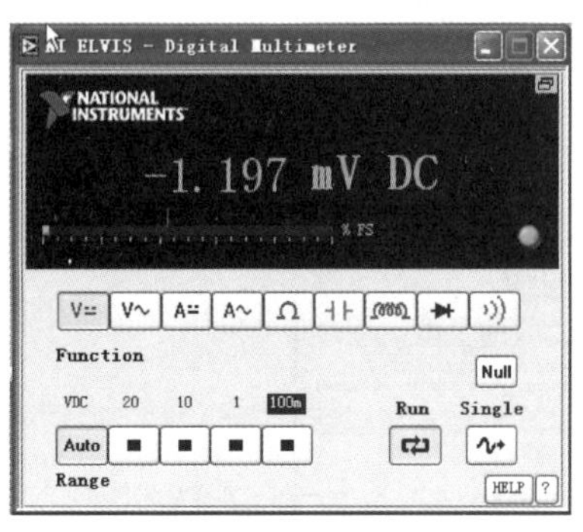

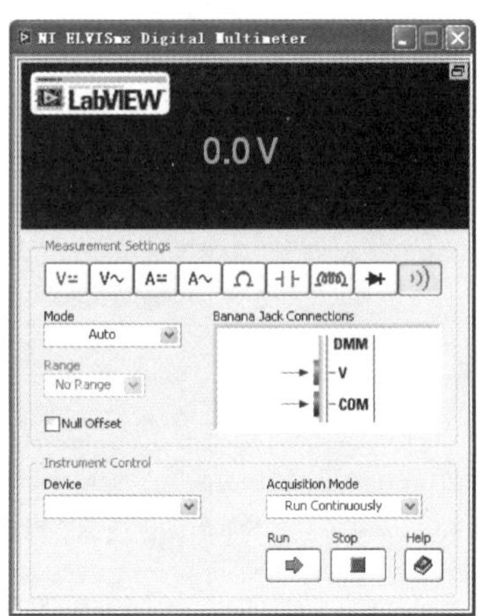

图2-10　数字万用表的软件操作面板（左图：ELVIS，右图：ELVIS Ⅱ）

表2-3　数字万用表DMM的功能及接线

功　能	接　线　端	量　程
DC或AC电压表	eVoltage 和COM接线端	DMM V COM
DC或AC电流表	Current 和 COM接线端	DMM COM A

功　　能	接　线　端	量　　程
电阻测量	Voltage 和COM接线端	DMM -V -COM
电容测量	原型设计面板上的DUT+ and DUT–接线端子	DMM/ Impedance Analyzer BASE DUT+ DUT–
电感测量	原型设计面板上的DUT+ and DUT–接线端子	DMM/ Impedance Analyzer BASE DUT+ DUT–
二极管测试	Voltage 和COM接线端	DMM -V -COM
电路连续性测试	Voltage 和COM接线端	DMM -V -COM

（2）函数信号发生器（Function Generator）

在函数信号发生器的操作面板上，可以选择产生正弦波、方波和三角波三类标准信号，可以设置输出信号的最高幅度和直流偏置，还提供输出信号频率的粗调和细调及输出扫频信号（起始和终止频率可设，步长可调）。函数信号发生器的操作面板如图2-11所示。当选择手动模式时，将禁用软件面板上的部分旋钮功能，只允许通过工作台右侧的旋钮进行调节。（注：一代ELVIS通过工作台上Function Generator的Manual开关设置进入手动模式，二代ELVIS通过软件操作面板上勾选Manual Mode进入手动模式。

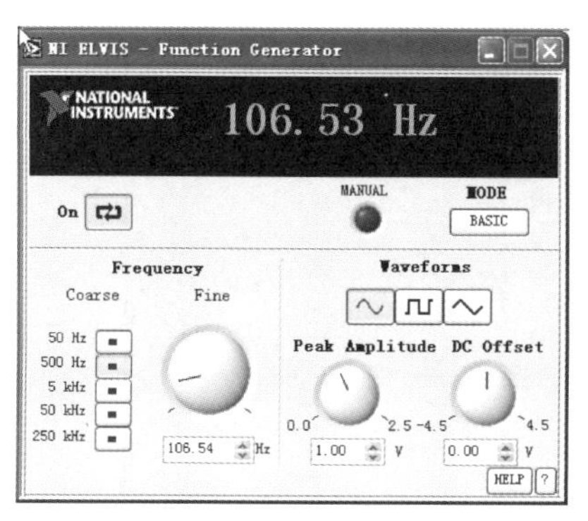

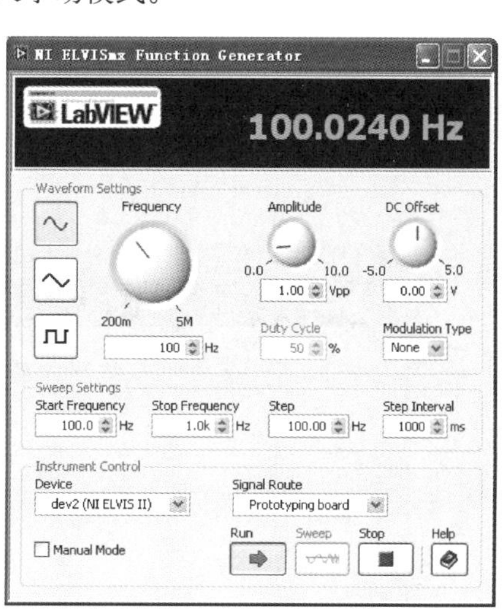

图2-11　函数信号发生器的软件操作面板（左图：ELVIS，右图：ELVIS II）

（3）数字示波器（Oscilloscope）

数字示波器是NI ELVIS可实现的另外一个重要的仪器，基本可以实现大学实验室标准台式示波器的所有功能。

NI ELVIS示波器的操作面板如图2-12所示，该仪器共有两个数据通道，提供可调节的量程、位置和时基，以及可选择的触发源和触发模式。该示波器的源代码包括了参数设置、数据采集控制和数据显示控制几个部分。用户根据需要，可在其源代码的基础上开发四通道的示波器，甚至具有更多其他功能的示波器。（注：一代ELVIS的示波器通道称为Channel A和Channel B，二代ELVIS的示波器通道称为Channel 0和Channel 1。）

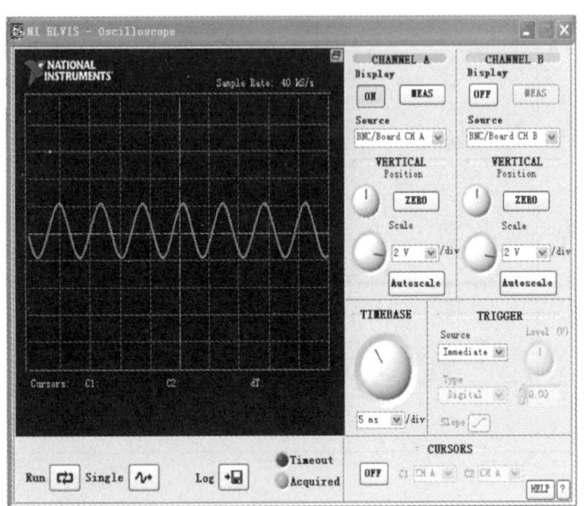

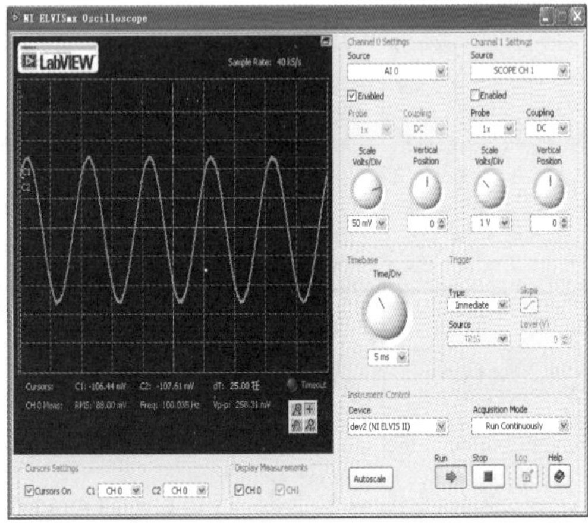

图2-12　示波器的软件操作面板（左图：ELVIS，右图：ELVIS Ⅱ）

（4）可调电源（Variable Power Supplies）

利用LabVIEW和DAQ卡还可以构造一个电源可控型的虚拟仪器，完成可变输出电压的功能。如图2-13所示是可调电源的软件操作面板，可实现正负电源输出。图中左侧为负电源，电压的范围是-12~0 V，右侧为正电源，电压的范围为0~12 V。其电源输出为12 V时，电流最大可以是450 mA，该电源的功率受限于DAQ卡和总线。

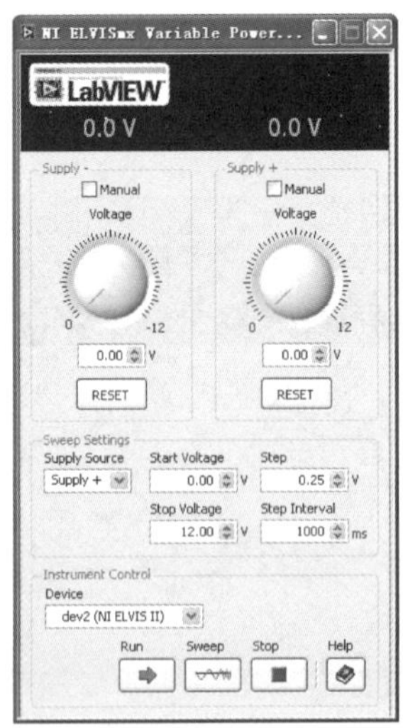

图2-13　可调电源的软件操作面板（左图：ELVIS，右图：ELVIS Ⅱ）

（5）数字I/O（Digital Bus Reader 、Digital Bus Writer）

利用LabVIEW和带有数字I/O的DAQ设备，可以方便地实现数字信号的输入与输出。能够产生数字信号并输出到数据总线上的虚拟仪器可称其为数字信号记录仪（Digital Bus Writer），如图2-14所示。

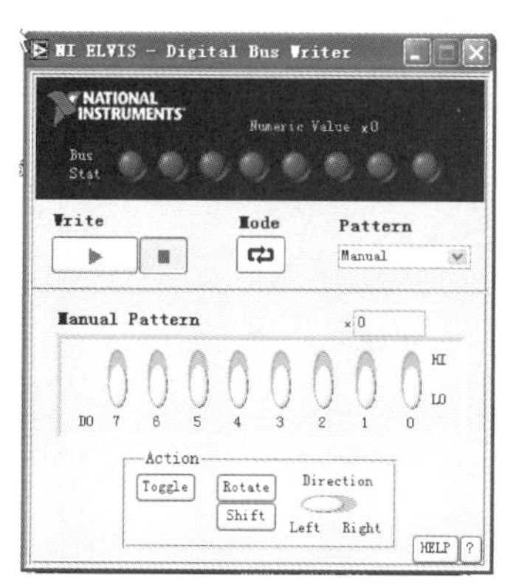

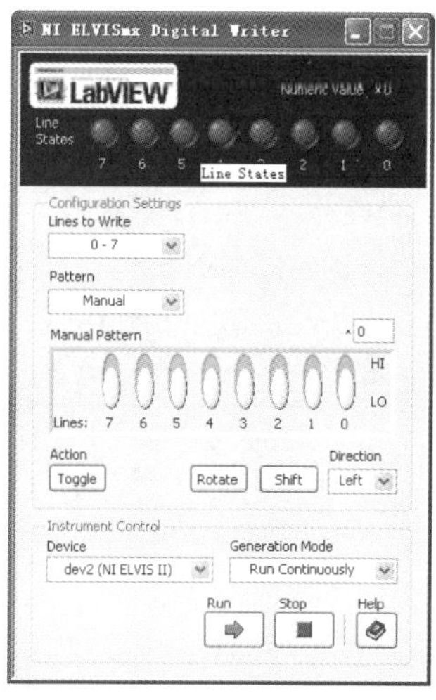

图2-14　数字信号记录仪软件操作面板（左图：ELVIS，右图：ELVIS Ⅱ）

能够从数据总线上读取各条数据线的高低电平状态的虚拟仪器可称其为数字信号监视仪（Digital Bus Reader），如图2-15所示。

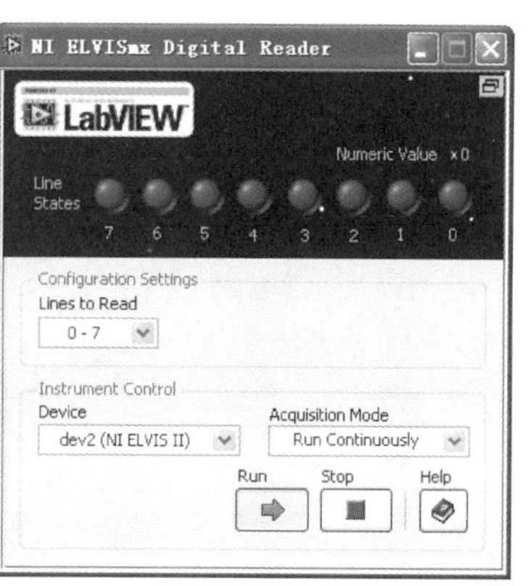

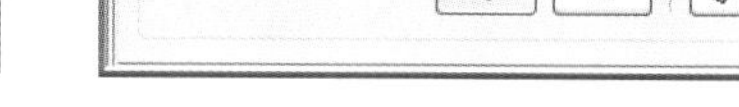

图2-15　数字信号监视仪软件操作面板（左图：ELVIS，右图：ELVIS Ⅱ）

2.2　任务　认识和使用虚拟仪器产品——NI ELVIS

通过使用NI ELVIS的几个典型仪器设备(万用表、阻抗分析仪、示波器、函数发生器、可调电源、伯德图分析仪、2线I－V 分析仪、3线I－V分析仪)测试简单电路的参数或波形，了解ELVIS设备的使用方法以及虚拟仪器的特点及组成。具体任务见表2-4。

表2-4　认识和使用虚拟仪器产品——NI ELVIS

任务名称	认识和使用虚拟仪器产品——NI ELVIS
任务描述	NI ELVIS设备的仪器功能使用： 用万用表测电路中电阻、电容、二极管、电压、电流等电路参数； 用阻抗分析仪进行电路阻抗分析； 用示波器观测可调直流电源及函数发生器信号； 用2线I－V分析仪、3线I－V分析仪分析元器件特性
预习要点	传统万用表、示波器的使用（测电压、电流、电阻、电容）； 基本电路分析及参数测量； 虚拟仪器的概念理解； 虚拟仪器的硬件和软件构成； 填写领用元器件清单与工作计划表
材料准备	1.0 kΩ电阻器R_1（棕，黑，红）； 2.2 kΩ电阻器R_2（红，红，红）； 1.0 MΩ电阻器R_3（棕，黑，绿）； 2个10 μF电容器C_1、C_2； 1个硅二极管； 1个红色发光二极管； 2N3904 NPN晶体管； NI ELVIS教学设备（学生每组一套）、导线若干
参考学时	4

1．简单电路的电压、电流及阻抗分析

（1）两电阻器串联电路（见图2-16）

两电阻器串联总的电阻为

$$R=R_1+R_2$$

分压关系为

$$\frac{U_1}{U_2}=\frac{R_1}{R_2}$$

电流关系为

$$I_1=I_2$$

（2）两电阻器并联电路（见图2-17）

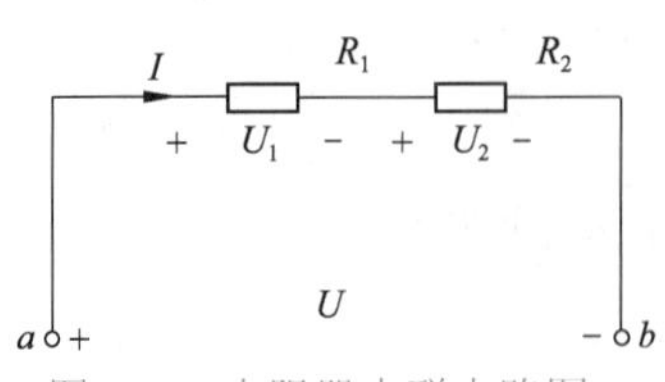

图2-16　电阻器串联电路图

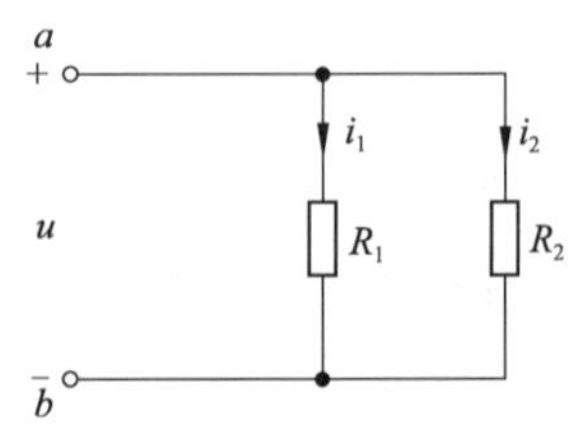

图2-17　电阻器并联电路图

两电阻器并联总的电阻为

$$R=\frac{1}{\frac{1}{R_1}+\frac{1}{R_2}}$$

分流关系为

$$\frac{I_1}{I_2}=\frac{R_1}{R_2}$$

电压关系为

$$U_1=U_2$$

（3）两电容器串联电路（见图2-18）

两电容器串联总的电容为

$$C=\frac{1}{\frac{1}{C_1}+\frac{1}{C_2}}$$

（4）两电容器并联电路（见图2-19）

两电容器并联总的电容为

$$C=C_1+C_2$$

（5）电阻器与电容器串联电路（见图2-20）

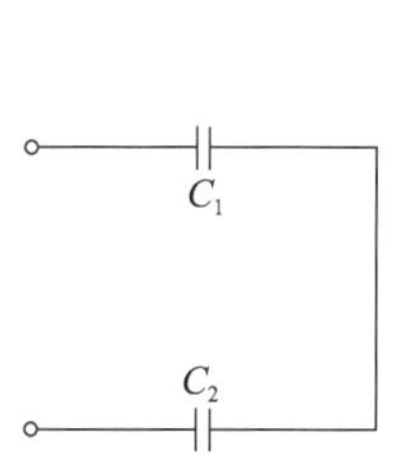

图2-18　电容器串联电路图

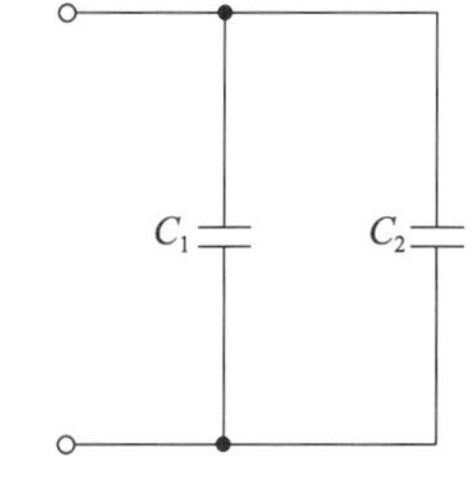

图2-19　电容器并联电路图

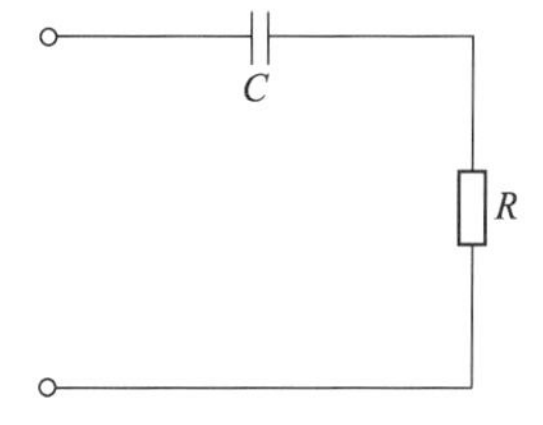

图2-20　电阻器电容器串联电路图

电阻器与电容器串联电路的阻抗为

$$Z=R+X_C=R+1/\mathrm{j}\omega C$$

式中：X_C是电容器的容抗，ω为角频率（$\omega=\frac{1}{2\pi f}$），f为电源频率。

幅值为

$$M=\sqrt{R^2+X_C^{\ 2}}$$

相位为

$$\theta=\arctan(X_C/R)$$

2．二极管特性分析

（1）二极管的特性

二极管最主要的特性是单向导电性，其伏安特性曲线如图2-21所示。

① 正向特性。在二极管两端的正向电压（P为正、N为负）很小时（锗管小于0.1 V，硅管小于0.5 V），管子不导通处于“死区”状态，当正向电压超过一定数值后，管子才导

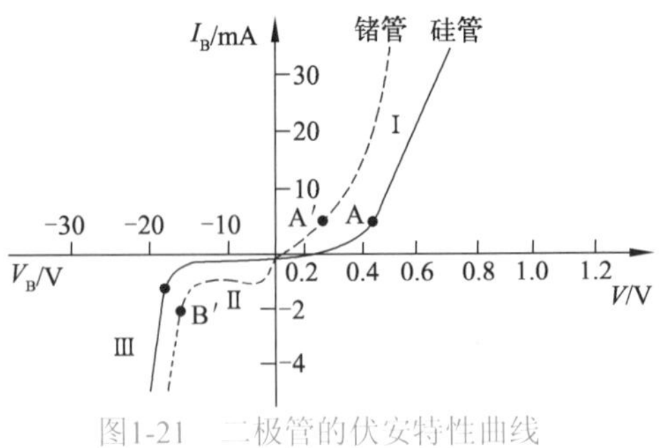

图1-21 二极管的伏安特性曲线

通，电压再稍微增大，电流急剧增加（见曲线I段）。不同材料的二极管，起始电压不同，硅管为0.5～0.7 V，锗管为0.1～0.3 V。

② 反向特性。二极管两端加上反向电压时，反向电流很小，当反向电压逐渐增加时，反向电流基本保持不变，这时的电流称为反向饱和电流（见曲线II段）。不同材料的二极管，反向电流大小不同，硅管约为1 μA到几十微安，锗管则可高达数百微安，另外，反向电流受温度变化的影响很大，锗管的稳定性比硅管差。

③击穿特性。当反向电压增加到某一数值时，反向电流急剧增大，这种现象称为反向击穿（见曲线III)。这时的反向电压称为反向击穿电压，不同结构、工艺和材料制成的管子，其反向击穿电压值差异很大，可由1 V到几百伏，甚至高达数千伏。

（2）二极管的简易测试方法

二极管的极性通常在管壳上注有标记，如无标记，可用指针式万用表电阻档测量其正反向电阻来判断（一般用R×100或×1k档）。具体方法如图2-22所示。也可用数字式万用表的二极管档位直接测试。

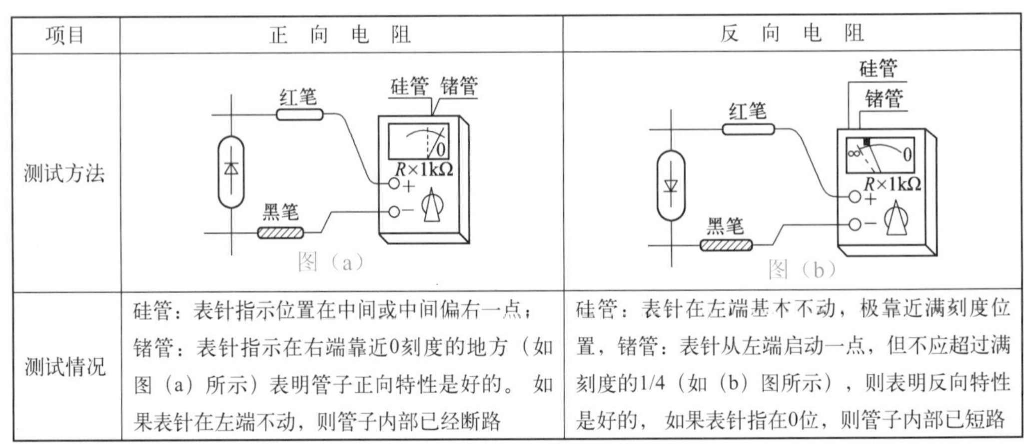

项目	正　向　电　阻	反　向　电　阻
测试方法	红笔　硅管 锗管　R×1kΩ　黑笔 图（a）	红笔　硅管　锗管　R×1kΩ　黑笔 图（b）
测试情况	硅管：表针指示位置在中间或中间偏右一点；锗管：表针指示在右端靠近0刻度的地方（如图（a）所示）表明管子正向特性是好的。如果表针在左端不动，则管子内部已经断路	硅管：表针在左端基本不动，极靠近满刻度位置，锗管：表针从左端启动一点，但不应超过满刻度的1/4（如（b）图所示），则表明反向特性是好的，如果表针指在0位，则管子内部已短路

图2-22 二极管简易测试方法

3. 三极管特性分析

三极管的特性曲线是描述三极管各个电极之间电压与电流关系的曲线，它们是三极管内部载流子运动规律在管子外部的表现。三极管的特性曲线反映了管子的技术性能，是分析放大电路技术指标的重要依据。三极管特性曲线可在晶体管图示仪上直观地显示出来，也可从手册上查到某一型号三极管的典型曲线。

三极管共发射极放大电路的特性曲线有输入特性曲线和输出特性曲线。

（1）输入特性曲线

输入特性曲线是描述三极管在管压降U_{CE}保持不变的前提下，基极电流i_B和发射结压降u_{BE}之间的函数关系，即

$$i_B=f(u_{BE})|U_{CE=const}$$

三极管的输入特性曲线如图2-23所示。由图可见NPN型三极管共射极输入持性曲线的特点是：

① 在输入特性曲线上也有一个开启电压，在开启电压内，u_{BE}虽已大于零，但i_B几乎仍为零，只有当u_{BE}的值大于开启电压后，i_B的值与二极管一样随u_{BE}的增加按指数规律增大。硅晶体管的开启电压约为0.5 V，发射结导通电压Von约为0.6～0.7 V；锗晶体管的开启电压约为0.2 V，发射结导通电压约为0.2～0.3 V。

② 三条曲线分别为U_{CE}=0V，U_{CE}=0.5V和U_{CE}=1V的情况。当U_{CE}=0V时，相当于集电极和发射极短路，即集电结和发射结并联，输入特性曲线和PN结的正向特性曲线相类似。当U_{CE}=1V，集电结已处在反向偏置，管子工作在放大区，集电极收集基区扩散过来的电子，使在相同u_{BE}值的情况下，流向基极的电流i_B减小，输入特性随着U_{CE}的增大而右移。当U_{CE}>1V以后，输入特性几乎与U_{CE}=1V时的特性曲线重合，这是因为V_{cc}>1 V后，集电极已将发射区发射过来的电子几乎全部收集走，对基区电子与空穴的复合影响不大，i_B的改变也不明显。

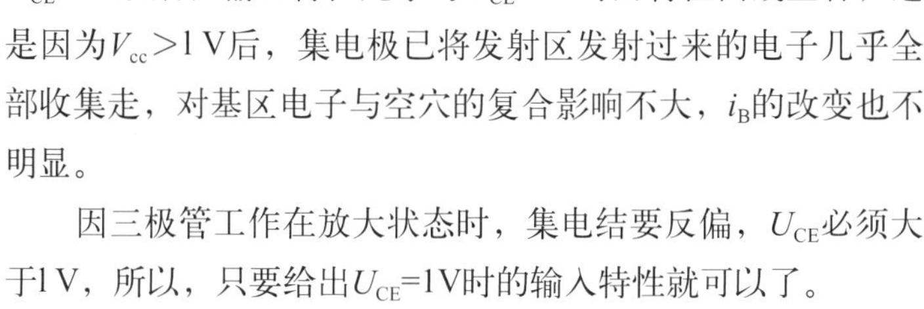

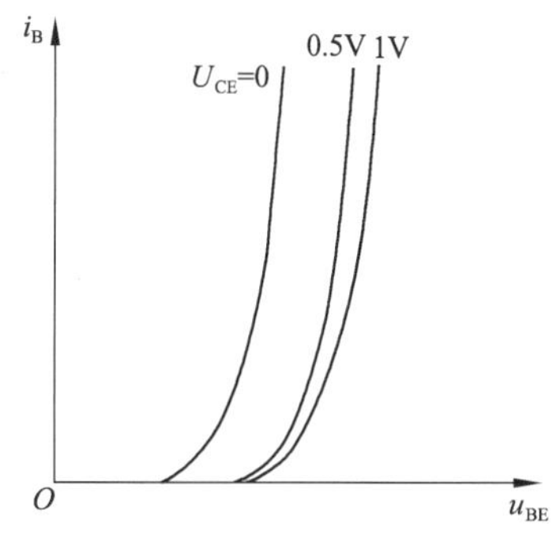

图2-23　三极管输入特性图

因三极管工作在放大状态时，集电结要反偏，U_{CE}必须大于1V，所以，只要给出U_{CE}=1V时的输入特性就可以了。

（2）输出特性曲线

输出特性曲线是描述三极管在输入电流i_B保持不变的前提下，集电极电流i_C和管压降u_{BE}之间的函数关系，即

$$i_C=f(u_{CE})|i_{S=const}$$

三极管的输出特性曲线如图2-24所示。由图可见，当I_B改变时，i_C和u_{CE}的关系是一组平行的曲线簇，并有截止、放大、饱和3个工作区。I_B=0特性曲线以下的区域称为截止区。

处在截止状态下的三极管，发射极和集电结都是反偏，在电路中犹如一个断开的开关。图中的虚线为临界饱和线，当管子两端的电压U_{CE}＜U_{CES}时，三极管将进入深度饱和的状态，在深度饱和的状态下，$i_C=\beta i_B$的关系不成立，三极管的发射结和集电结都处于正向偏置会导电的状态下，在电路中犹如一个闭合的开关。

三极管截止和饱和的状态与开关断、通的特性很相似，数字电路中的各种开关电路就是利用三极管的这种特性来制作的。三极管输出特性曲线饱和区和截止区之间的部分就是放大区。工作在放大区的三极管才具有电流的放大作用。此时三极管的发射结处在正偏，集电结处在反偏。由放大区的特性曲线可见，特性曲线非常平坦，当i_B等量变化时，i_C几乎也按一定比例等距离平行变化。由于i_C只受i_B控制，几乎与u_{CE}的大小无关，说明处在放大状态下的三极管相当于一个输出电流受I_B控制的受控电流源。

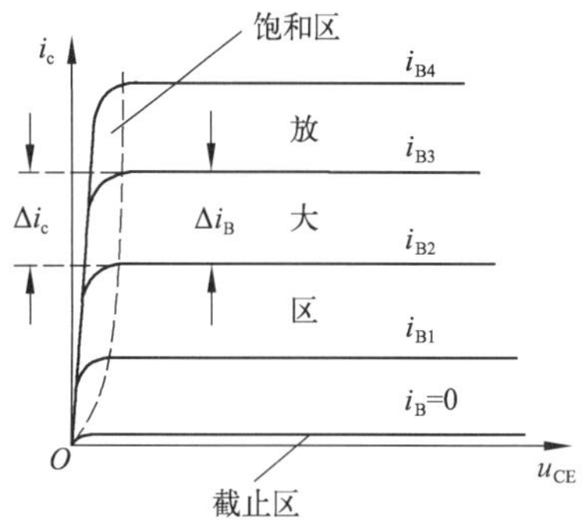

图2-24　三极管输出特性图

上述讨论的是NPN型三极管的特性曲线，PNP型三极管特性曲线是一组与NPN型三极管特性曲线关于原点对称的图像。

任务实施

1. 使用万用表测量电路基本参数

（1）电路元件参数的测量

分别借助DMM（数字万用表）测试所发元器件R_1、R_2、C_1、C_2的参数并记录。

电阻器R_1=________Ω、R_2=________Ω、电容器C_1=________μF、电容器C_2=________μF；

两电阻器串联阻值：R_1串联R_2器阻值为________Ω；

两电阻器并联阻值：R_1并联R_2器阻值为________Ω；

两电容器串联电容量：C_1串联C_2电容量为________μF；

两电容器并联电容量：C_1并联C_2电容量为________μF。

（2）电压、电流的测量

测量图2-25所示两电阻R_1、R_2串联电路的电压：

电源电压为________V，R_2分压为________V，理论计算电压值为________V。

注意

由于第一代ELVIS的VOLTAGE LO端子内部接地，建议只测R_2上的分压及电源电压，不测R_1上的电压，另外注意正负不可接反。

根据图2-26测得电流为________A，理论计算电流值为________A。

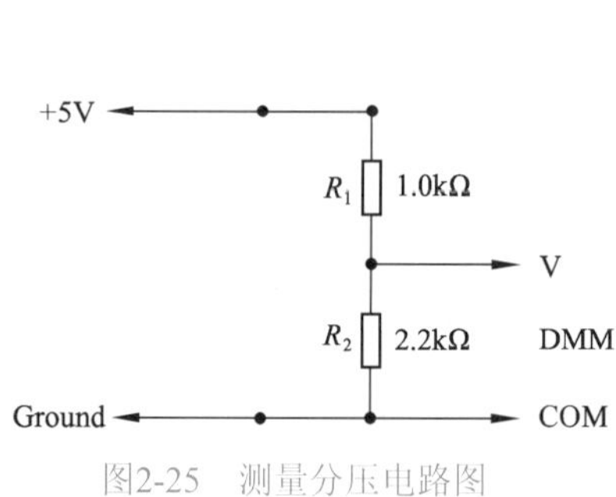

图2-25　测量分压电路图

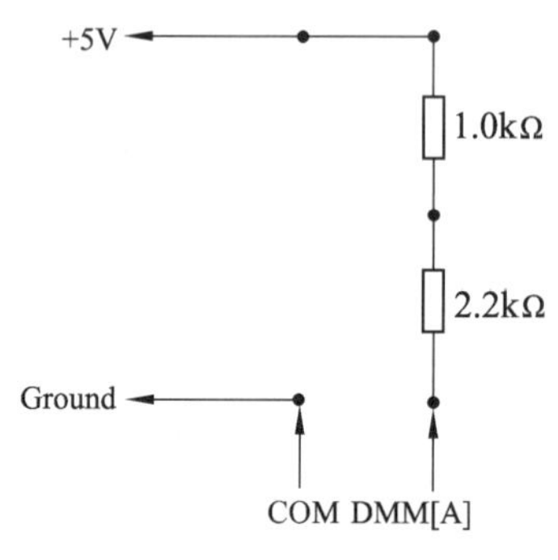

图2-26　测量电流电路图

2. 使用阻抗分析仪分析电路阻抗

测量图2-27所示电阻器R_1、电容器C串联电路的阻抗Z。

对于电阻器而言，其阻抗与直流电阻相等。可以在二维图上，将其表示为一条沿着X轴的直线，通常称为实分量。对于电容器而言，其阻抗（或更具体地称为电抗）X_C是一个与频率相关的纯虚数，在二维图上通常表示为沿着Y轴的直线，称为虚分量。用数学语言，电容器的电抗可以表示为以下方程：

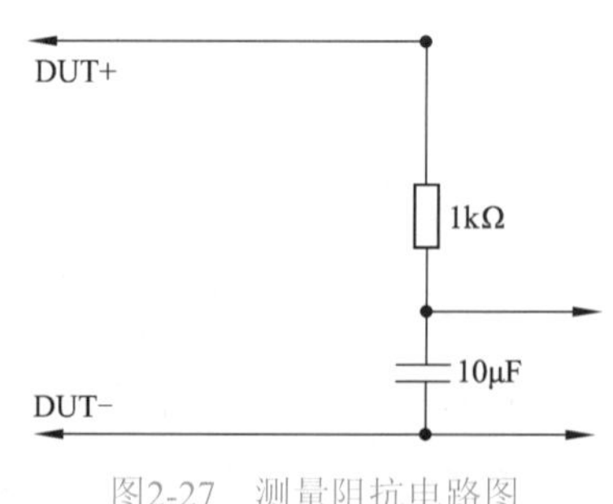

图2-27　测量阻抗电路图

$$X_C=\frac{1}{\mathrm{j}\omega C} \qquad \omega=2\pi f$$

式中，ω是角频率（单位是rad/s），j是表示纯虚数的符号。RC串联电路的阻抗是两个元件阻抗之和，其中R是电阻性（实数）元件，X_C是电抗性（纯虚数）元件。

$$Z=R+X_C=R+\frac{1}{\mathrm{j}\omega C}$$

还可以在极坐标图中表示为相量：

幅值：

$$M=\sqrt{R^2+X_C^{\ 2}}$$

相位：

$$\theta=\arctan(X_C/R)$$

电阻的相位矢量沿着X实轴。电容的相位矢量沿着负虚Y轴。根据复代数有：

$$1/\mathrm{j}=-\mathrm{j}$$

完成以下步骤将相位矢量进行实时可视化如图2-28所示。

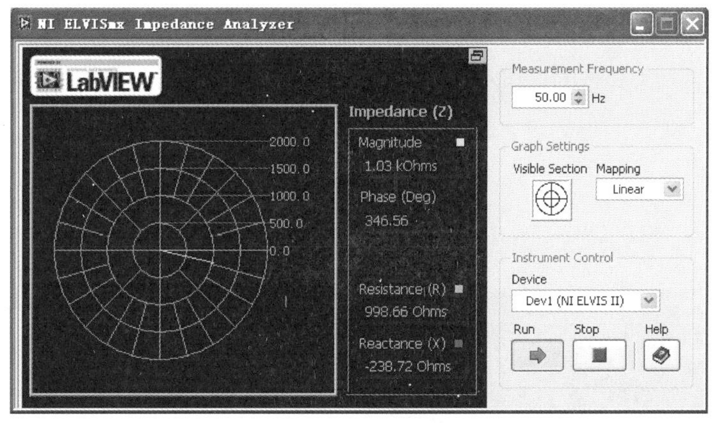

图2-28　RC电路在50Hz时的阻抗分析图

① 选择NI ELVIS 仪器启动界面菜单中的阻抗分析仪Impedance Analyzer。

② 将前面板的DMM（电流）输入接头连接至1 kΩ电阻器，确认其相位矢量沿着实轴，并且相位为零。

③ 将接头连接至电容器，确认其相位矢量沿着负虚轴，并且相位为270°或−90°。

④ 调节频率测量控制工具箱，观察电抗大小（即相位矢量的长度）。当增加频率时，电抗减小；当减小频率时，电抗增加。

⑤ 将接头连接至电阻器和电容器串联电路的两端（确认电路没有接地）。电路相位矢量同时具有实分量和虚分量。

⑥ 改变频率观察相位矢量的移动。

⑦ 调节频率直到电抗分量（X）的绝对值与电阻分量（R）的绝对值相等。在这个特殊频率下，相位矢量的相位是45°。在这个频率或相角下的幅度同样也有特殊意义。试写出在这个频率下，相位矢量的幅度大小。

第二篇　体验篇

⑧ 关闭阻抗分析仪窗口。

3. 使用二线I-V分析仪分析二极管特性

半导体二极管是一种极性元件，通常其一端有带状标记注明是负极；另一端则为正极。尽管根据二极管的封装不同，有多种方法标注极性，但是有一点始终不变——即如果在正极加上正电压使二极管正向导通，电流能够流通。可以使用NI ELVIS 找出二极管的极性。

（1）测试二极管并确定其极性

操作步骤：

① 启动NI ELVIS 仪器启动界面，选择DMM。

② 单击按钮。

③ 将一个发光二极管的两端连接到Voltage 和COM接线端。

当二极管阻止电流通过时，发光二极管不亮。当二极管导通时，发光二极管发光。试着在两个方向使电流通过发光二极管。如果看到发光二极管发光，二极管中连接到COM 即黑色香蕉接头的一端是阴极。

继续使用这个简单的测试方法测试其他二极管，确定它们的极性。对于整流二极管，在其正向导通时，显示器显示的电压小于0.6 V，并且显示单词Good，如图2-29所示。

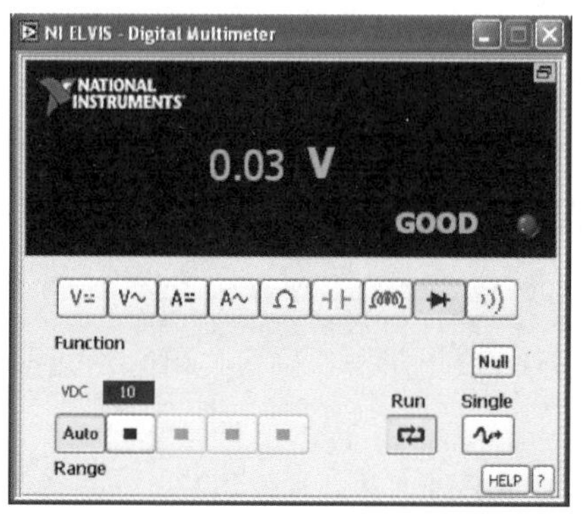

（a）ELVIS

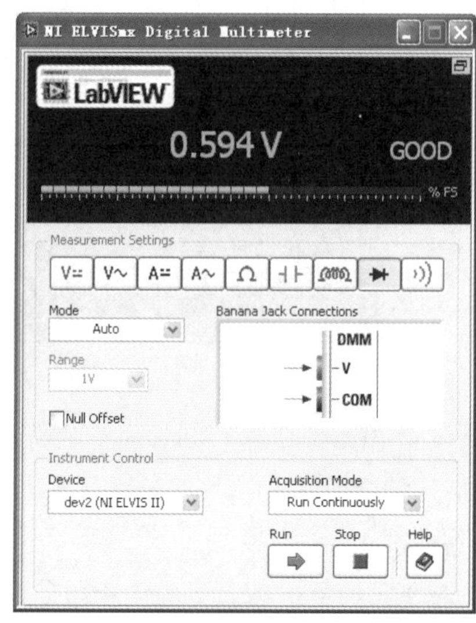

（b）ELVIS Ⅱ

图2-29 二极管导通测试显示图

在其反向截止时，显示器显示开路电压，并且显示单词Open，如图2-30所示。

（2）利用二线*I*–*V*分析仪(Two Wire Current-Voltage Analyzer)分析二极管的特性曲线

二极管的特性曲线是通过元件的电流关于二极管两端电压的函数图像，它能够很好地展示二极管的电子特性。

操作步骤：

① 将一个硅二极管两端连接到原型设计面板的DUT+ 和DUT–接线端（注意阴极、阳极不要接反），确定阳极接到DUT+端。

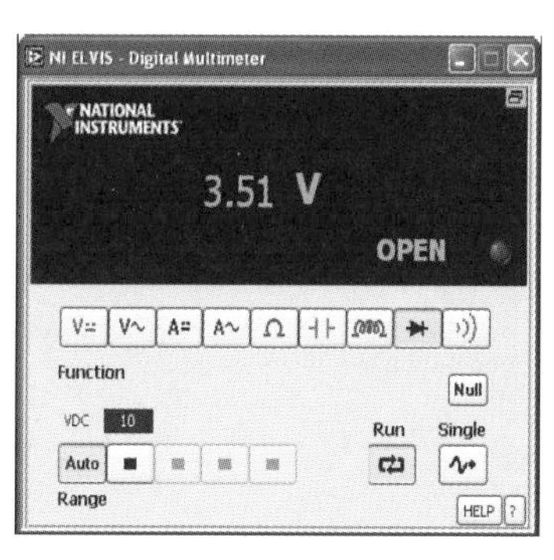

(a) ELVIS

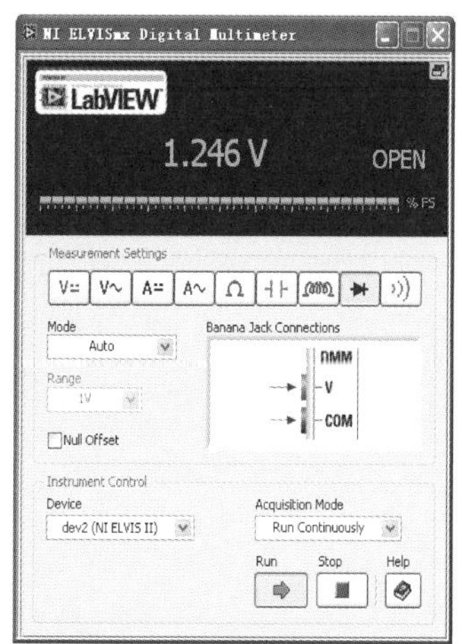

(b) ELVIS Ⅱ

图2-30　二极管截止测试显示图

② 启动NI ELVIS，并选择二线I–V分析仪。一个新的操作面板将会弹出，可用来测试器件的电流-电压曲线。

硅二极管设置以下参数：

Start　　　–2.0V

Stop　　　+2.0V

Increment　0.1V

③ 设置两个方向的最大允许电流，确保二极管中通过的电流不会过大引起损坏。单击Run按钮观察I–V曲线，并测量电压临界值。

当电流正向导通，且电压超过一个临界值时，电流急剧增加；电流反向流过时，通过的电流非常小（毫安级），呈负极性。在Graph Settings中可选择采用线性坐标或对数坐标尺度。用Cursor操作，用户沿着特性曲线轨迹拖动光标时，就会给出相应的坐标值，如图2-31所示。

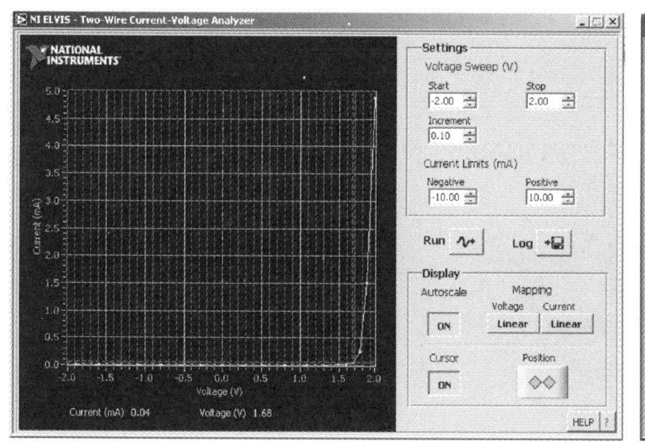

(a) ELVIS

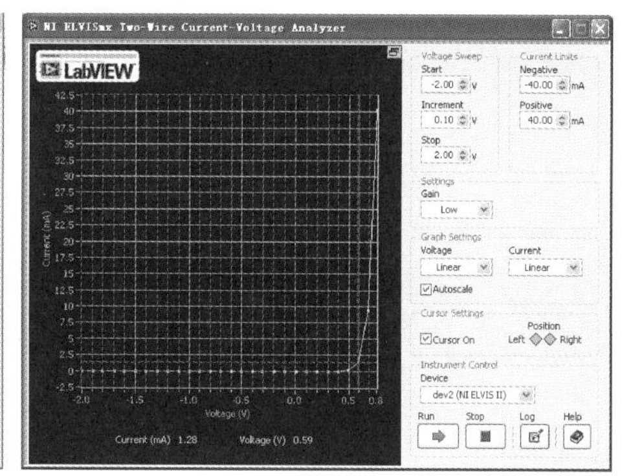

(b) ELVIS Ⅱ

图2-31　二极管电流-电压特性测试显示图

临界电压值与二极管半导体材料有关，对于硅二极管，临界值大概为0.5～0.7 V，对于锗管，临界值为0.1～0.3 V。一个估计临界电压值的方法是在电流接近最大值时，找到一条合适的切线，与切线电压坐标轴相交点的电压值即为临界值。

4. 使用可调电源及函数发生器产生信号源并使用示波器测试信号

可以使用可调电源（见图2-32）测试信号。NI ELVIS 提供了两种可调节电源：－12~0 V以及0～＋12 V，每个电源可提供最高500 mA 电流。

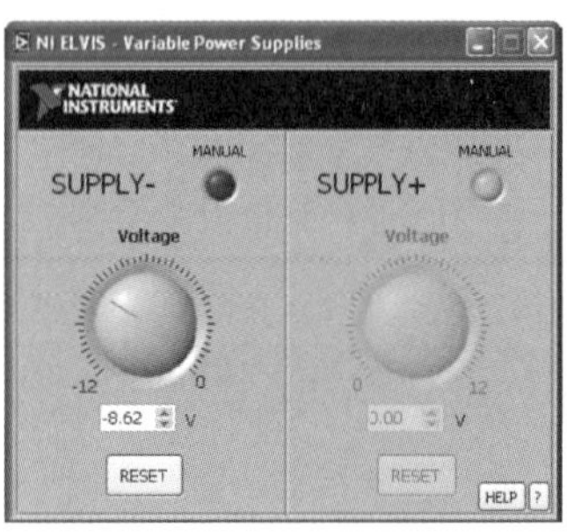

（a）ELVIS

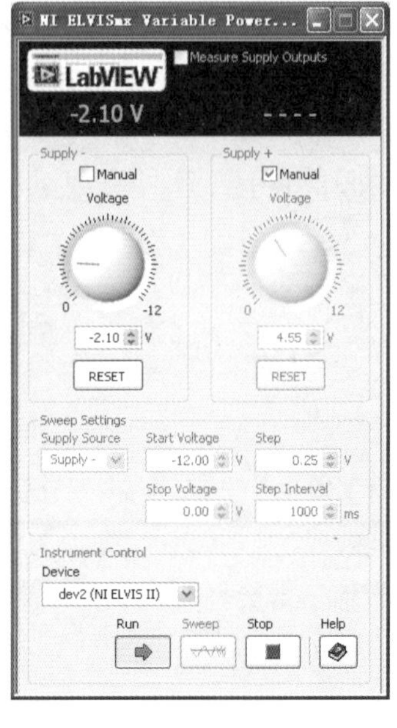

（b）ELVIS Ⅱ

图2-32　可调电源显示面板图（左图：ELVIS，右图：ELVISⅡ）

操作步骤：

① 在NI ELVIS 仪器启动界面中，选择可调节电源（Variable Power Supplies，VPS）。

② 在NI ELVIS 工作台上，勾选SUPPLY+的Manual手动模式。

说明

在手动模式下，可调节电源的软件前面板控件暂时不可用，而且也不会被显示。只能使用仪器前面板的旋钮改变输出电压。

③ 将NI ELVIS 原型设计面板的SUPPLY+和GROUND插槽的接头连接至工作台的DMM 电压输入。

④ 选择DMM 的直流电压挡 V⎓ 。

⑤ 转动工作台上的手动可调节电压旋钮，观察DMM显示的电压变化。

⑥ 取消选中SUPPLY+的Manual选项（非手动模式）。就可以使用计算机屏幕上的虚拟旋钮调节电源。

⑦ 拖动虚拟旋钮改变输出电压。

单击RESET按钮可以快速将电压重置为零。VPS－与VPS＋工作方式类似，唯一的区别是VPS－输出电压是负值。

5．使用函数发生器（Function Generator）和示波器（Oscilloscope）

（1）完成以下步骤，构造并测试RC 电路

① 在工作台原型板上，使用1μF电容器和1kΩ电阻器构造分压电路。

② 如图2-33所示，将RC电路的输入端分别连接到FGEN和GROUND针脚插槽。

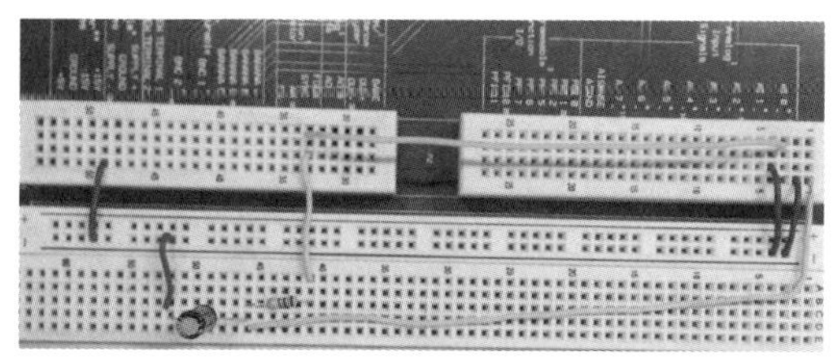

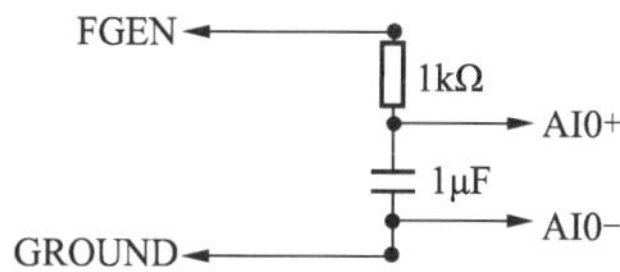

图2-33　RC测试电路图

交流电路的电源通常由函数发生器提供，可以用它来测试RC电路。

③ 在NI ELVIS 仪器启动界面中，选择函数发生器，如图2-34所示。

使用FGEN 软件前面板提供的控件，完成以下操作：

- 选择信号频率。
- 选择波形类型。
- 选择波形幅度。

频率和幅度调节可采用工作台上对应的旋钮调节。要使用这些旋钮，可以勾选软件操作面板上的Manual Mode切换至手动模式。和可调节电源相似，在手动模式下，软件前面板上的虚拟控件不再可用。

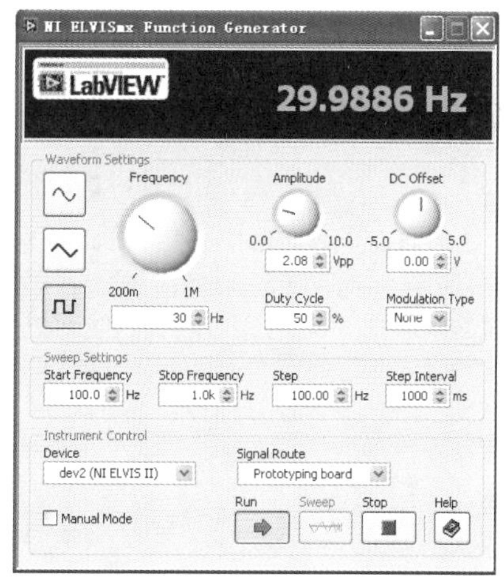

图2-34　函数发生器显示面板图

（2）完成以下步骤，使用示波器分析RC 电路的电压信号

① 在NI ELVIS 仪器启动界面中，选择示波器，如图2-35所示。

示波器软件前面板与大多数示波器类似，但NI ELVIS示波器能够自动将输入连接至多种信号源。

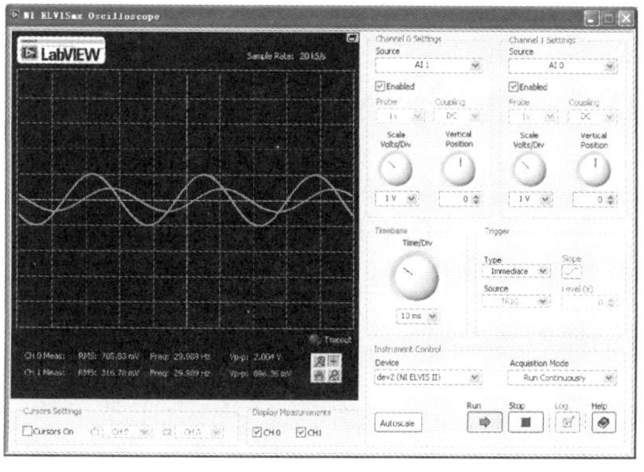

（a）正弦波信号输入时波形

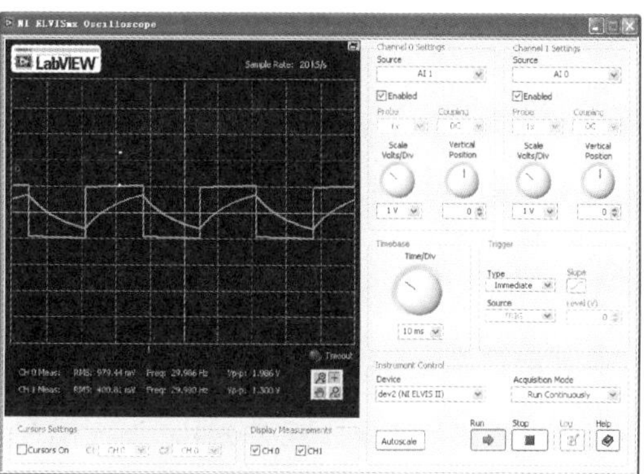

（b）方波信号输入时波形

图2-35　示波器显示面板图

② 单击通道0信号源下拉列表选择AI1，用以测量函数发生器产生的信号；单击通道1 信号源下拉列表选择AI0，用以测量电容两端电压信号。

③ 单击FGEN软件前面板和OSC软件前面板的“运行”按钮。

④ 试着改变函数发生器的波形、频率、幅值等参数，观察波形变化。

使用示波器图形显示工具观察波形细节及各测量参数。找出增益相等时的频率。在示波器屏幕上，测量在此频率下，通道0轨迹与通道1 轨迹的相位差。将相位测量与阻抗分析仪中介绍的相位矢量测量进行对比。

6．使用伯德图分析仪（Bode Analyzer）

伯德图以实际的图像形式，定义了交流电路的频率特性。幅值响应描绘了电路增益（以分贝为单位）关于取对数的频率的函数。相位响应描绘了输入与输出信号间相位差（线性坐标轴）关于取对数的频率的函数。

完成以下步骤，构建RC电路并测量电路的增益相位伯德图：

① 在NI ELVIS 启动界面中，选择伯德图分析仪。

伯德图分析仪能够扫描一定范围的频率，即以Δf为步进从起始频率扫描至终止频率,它还可以设置测试正弦波的幅值。使用伯德图分析仪函数发生器生成测试波形，须将FGEN 输出插槽连接至测试电路和AI1，被测电路的输出连接至AI0。

可以单击伯德图分析仪窗口右下角的“帮助”按钮，以获得更多信息。

② 按照图2-36所示电路，在NI ELVIS 原型板上重新构造RC 电路。

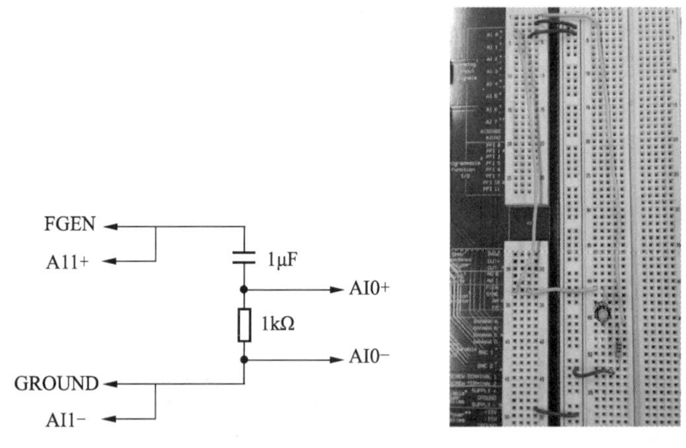

图2-36　RC伯德图测量电路

③ 检查电路已经按照图2-36进行连接后，单击“运行”按钮。

④ 使用显示选项选择图形格式，使用游标读取频率特性中的读数点，如图2-37所示。

说明

信号幅值降低至 −3 dB 的频率等于相位为45° 时的频率。

示波器和伯德图分析仪软件前面板都有记录按钮。激活这个按钮时，图形中所显示的数据被写入硬盘中的数据表文件。要进一步分析，可以用Excel、LabVIEW、DIAdem 或其他分析作图软件读取这些数据。图2-38所示是一个记录文件的示例。

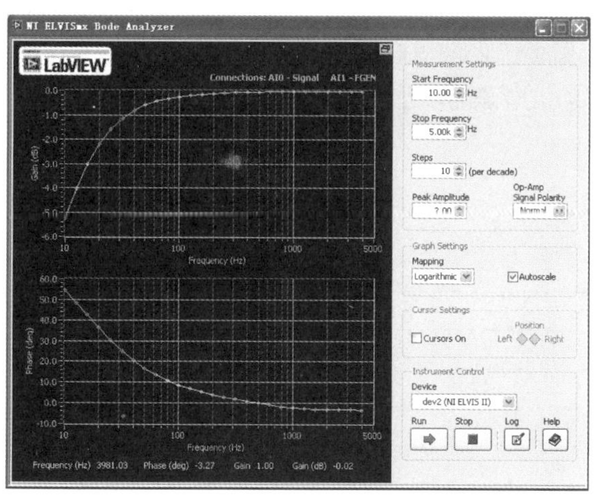

图2-37 RC电路伯德图测试显示图

2014-1-25 16:30

Amplitude: 2.00 V

Frequency (Hz)	Gain (dB)	Phase (deg)
10.058	-5.251	54.614
12.666	-4.018	48.416
15.832	-3.028	42.439
19.93	-2.21	36.305
25.146	-1.588	30.405
31.665	-1.143	25.214
39.861	-0.82	20.678
50.105	-0.6	16.835
63.144	-0.443	13.617
79.349	-0.331	10.899
100.024	-0.252	8.748
125.915	-0.194	6.952
158.511	-0.155	5.317
199.489	-0.122	4.05
251.271	-0.097	2.918
316.277	-0.08	1.923
398.047	-0.067	0.995
501.238	-0.055	0.099
630.878	-0.045	-0.836
794.418	-0.04	-1.743
1000.054	-0.034	-2.418
1258.962	-0.028	-2.693
1584.925	-0.026	-2.846
1995.265	-0.022	-2.972
2511.963	-0.02	-3.128
3162.213	-0.021	-3.183
3981.031	-0.019	-3.271

图2-38 RC电路测试记录文件示例

7．使用三线*I*－*V*分析仪（Three-WireCurrent-Voltage Analyzer）

使用三线*I*-*V*分析仪分析晶体管特性：晶体管实际上是流控电流放大器。用一个较小的基极电流控制自集电极至发射极流过晶体管的电流。

完成以下步骤，使用三极管研究不同基极电压下的电流特性曲线：

（1）将2N3904 晶体管插入原型板上标有BASE、DUT+ 和DUT- 的针脚插槽。

说明

BASE是基极接头，DUT+ 是集电极接头，DUT- 是发射极接头。

（2）启动NI ELVIS 仪器启动界面，选择三线*I*-*V*分析仪。

（3）打开原型板电源。

（4）如图2-39所示设置基极电流和集电极电压，单击“运行”按钮。

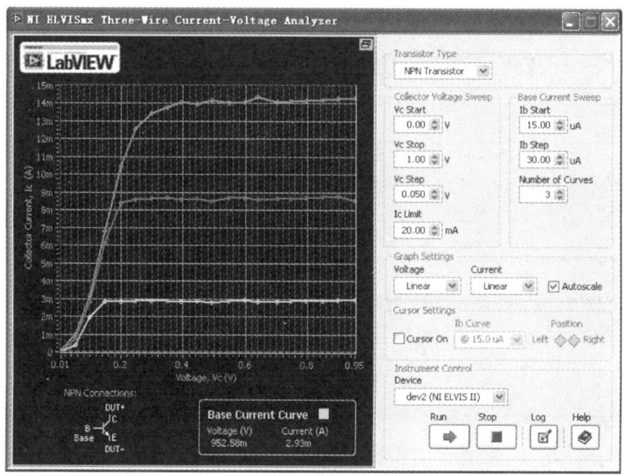

图2-39 晶体管*I*-*V*分析测试显示图

图2-39中显示了在不同基极电流下，集电极电流与集电极电压的关系。可以设置集电极

电压和基极电流范围内的多个参数。运行时，软件前面板首先输出设定的基极电流，然后输出集电极电压，最后测量集电极电流。在图中作出数据点（I，V），具有相同基极电流的点依次连接为一条曲线。可以看到曲线作图很快，最后得到不同基极电流下的一簇I-V曲线。观察发现，对于给定的集电极电压，随着基极电流的增加，集电极电流也相应增加。

计划总结

1. 工作计划表

序号	工 作 内 容	计划完成时间	实际完成情况自评	教 师 评 价

2. 材料领用清单

序号	元器件名称	数 量	设备故障记录	负责人签字

3. 项目实施记录与改善意见

____

____

____

思考与练习

1．NI ELVIS上集成有哪些仪器功能？

2．请在下表中填写ELVIS在各仪器功能时的接线端。

功 能	接 线 端	功 能	接 线 端
DC或AC电压表		函数发生器	
DC或AC电流表		阻抗分析仪	
电阻测量		可调电源	
电容测量		二线分析仪	
电感测量		三线分析仪	
二极管测试		伯德图分析仪	
电路连续性测试		示波器	

3．ELVIS的函数信号发生器可产生哪几种波形的信号？

入门篇

项目二 电烤箱温度测控系统

本章将通过5个不断进阶的教学任务来完成一个电烤箱的温度监控系统，实现对电烤箱内温度的连续采集、显示、分析报警及控制功能。

教学目标

1. 能力目标

① 具备简单的虚拟仪器程序设计与调试能力。

② 能熟练进行子VI设计与调用、熟练使用循环结构。

③ 能根据实际应用需要选择合适的数据采集方案进行数据采集。

④ 能熟练使用循环结构、数组进行程序设计、会选择合适的传感器。

⑤ 能根据用户需求进行基本的系统方案设计与实施、调试。

2. 知识目标

① 掌握LabVIEW软件的基本编程方法。

② 掌握常用温度传感器的选型与使用。

③ 会利用数据采集助手等软件工具进行简单的信号采集、分析和显示。

3. 素质目标

① 团队协作、交流沟通能力。

② 实训室5S操作素养。

③ 自学能力及独立工作能力。

④ 对工作承担责任。

⑤ 文献检索能力。

任务进阶

任务1 仿真温度检测程序设计。

任务2 温度转换程序设计。

任务3 温度信号的实时图形显示和分析报警。

任务4 温度传感器信号的调理和ELVIS采集。

任务5 电烤箱温度测控系统的设计和实现。

3.1 任务1 仿真温度检测程序设计

设计一个温度计，可以仿真温度测量和显示的过程，如表3-1所示。

表3-1 仿真温度检测程序设计

任务名称	仿真温度检测程序设计
任务描述	创建一个模拟温度检测的程序，并能独立调试成功，具体要求如下： 用LabVIEW创建一个VI程序模拟温度测量。程序中用软件代替DAQ数据采集卡，使用Demo Read Voltage子程序来仿真电压的测量，然后把所测得的电压值转换成摄氏或者华氏温度读数显示
预习要点	① 理解虚拟仪器的概念； ② 熟悉LabVIEW软件环境； ③ 了解前面板和程序框图的组成； ④ 掌握控件、函数、工具三个模板的使用方法； ⑤ 掌握前面板的编辑技术； ⑥ 熟悉VI程序的设计、调试和运行
材料准备	装有LabVIEW的计算机
参考学时	4

1. LabVIEW应用程序的构成

所有的LabVIEW应用程序，即虚拟仪器（VI），它包括前面板、程序框图以及图标/连线板三部分。

如果将虚拟仪器与传统仪器相比较，那么虚拟仪器前面板上的各类控件就相当于传统仪器操作面板上的开关、显示装置等，而虚拟仪器程序框图上的元件相当于传统仪器箱内部的电器元件、电路等。在许多情况下，使用虚拟仪器VI可以仿真传统标准仪器，不仅在屏幕上出现一个惟妙惟肖的标准仪器面板，而且其功能也与标准仪器相差无几，甚至更为出色。

图标/连线板中的图标用来区分不同的VI，设置连线板使该VI可以在其他VI中被调用，这些都会在今后的项目中阐述。

（1）前面板

前面板由输入控件和显示控件组成。这些控件是VI的输入/输出端口。输入控件是指旋钮、按钮、转盘等输入装置。显示控件是指图表、指示灯等显示装置。

（2）程序框图

程序框图包含四类元素：接线端、节点、连线、结构。

程序框图提供VI的图形化源程序。在程序框图中对VI编程，以控制和操纵定义在前面板上的输入和输出功能。程序框图中包括前面板上的控件的连线端子，还有一些前面板上没有，但编程必须有的图形表示，例如函数、结构和连线等。

接线端：用以表示输入控件或显示控件的数据类型。在程序框图中可将前面板的输入控件或显示控件显示为图标或数据类型接线端。接线端是在前面板和程序框图之间交换信息的输入/输出端口。在前面板输入控件中输入的数据（如图3-1前面板中的a和b）通过输入控件接线端进入程序框图。然后，数据进入加和减函数。加减运算结束后，输出新的数据值。数据将传输至显示控件接线端，更新前面板显示控件中的数据（如图3-1前面板中的a+b和a-b）。

节点：类似于文本语言程序的语句、函数或者子程序。LabVIEW有二种节点类型——函数节点和子VI节点。两者的区别在于：函数节点是LabVIEW以编译好了的机器代码供用户使用的，而子VI节点是以图形语言形式提供给用户的。用户可以访问和修改任一子VI节点的代码，但无法对函数节点进行修改。上面的框图程序所示的VI程序有两个功能函数节点，一个函数使两个数值相加，另一个函数使两数相减。

结构：是LabVIEW实现程序结构控制命令的图形表示。如循环控制、条件分支控制和顺序控制等，编程人员可以使用它们控制VI程序的执行方式。

连线：程序框图中对象的数据传输通过连线实现。在图3-1所示程序框图中，输入控件和显示控件接线端通过连线实现加、减运算。每根连线都只有一个数据源，但可以与多个读取该数据的VI和函数连接。不同数据类型的连线有不同的颜色、粗细和样式。

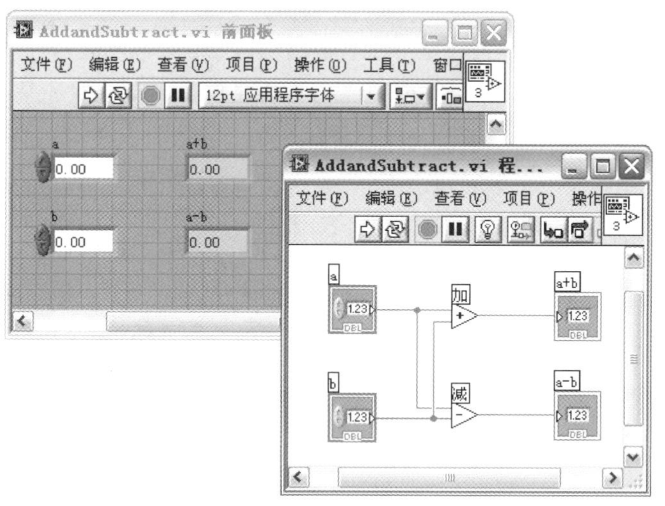

图3-1　LabVIEW应用程序的前面板和程序框图

2. 程序框图的连线

程序框图上的每一个对象都带有自己的连线端子，连线将构成对象之间的数据通道。因为这不是几何意义上的连线，因此并非任意两个端子间都可连线，连线类似于普通程序中的变量。数据单向流动，从源端口向一个或多个目的端口流动。不同的线型代表不同的数据类型。

当需要连接两个端点时，在第一个端点上单击连线工具（从工具模板栏调用），然后移动到另一个端点，再单击第二个端点。端点的先后次序不影响数据流动的方向。

当把连线工具放在端点上时，该端点区域将会闪烁，表示连线将会接通该端点。当把连线工具从一个端口接到另一个端口时，不需要按住鼠标键。当需要连线转弯时，单击一次鼠标键，即可以正交垂直方向地弯曲连线，按空格键可以改变转角的方向。

接线头是为了帮助正确连接端口的连线。当把连线工具放到端口上，接线头就会弹出。接线头还有一个黄色小标识框，显示该端口的名字。

线型为波折号的连线表示坏线。出现坏线的原因有很多，例如：连接了两个控制对象；源端子和终点端子的数据类型不匹配（例如一个是数字型，而另一个是布尔型）。可以通过使用定位工具单击坏线再按下 <Delete>键来删除它。选择“编辑”→“删除短线”命令或者按<Ctrl+B>组合键可以一次删除流程图中的所有坏线。

3．LabVIEW 的数据流编程

控制VI程序的运行方式叫做“数据流”。对一个节点而言，只有当它的所有输入端口上的数据都成为有效数据时，它才能被执行。当节点程序运行完毕后，它把结果数据送给所有的输出端口，使之成为有效数据，并且数据很快从源送到目的端口。

如图3-2所示，这个VI程序把两个输入数值相乘，再把乘积减去50.0。这个程序中，框图程序从左往右执行，这个执行次序不是由于对象的摆放位置，而是由于相减运算函数的一个输入量是相乘函数的运算结果，它只有当相乘运算完成并把结果送到减运算的输入口后才能继续下去。请记住，一个节点（函数）只有当它所有的输入端的数据都成为有效数据后才能被执行，而且只有当它执行完成后，它的所有输出端口上的数据才成为有效。

再看另一个程序(见图3-3)，哪一个节点函数将先执行，是乘法还是除法？在这个例子中，我们无法知道哪一个节点函数首先执行，因为所有输入量几乎同时到达。对于这样一种相互独立的数据流程，如果又必须明确指定节点执行的先后次序，就必须使用顺序结构来明确执行次序。顺序结构我们将会在后续项目中阐述。

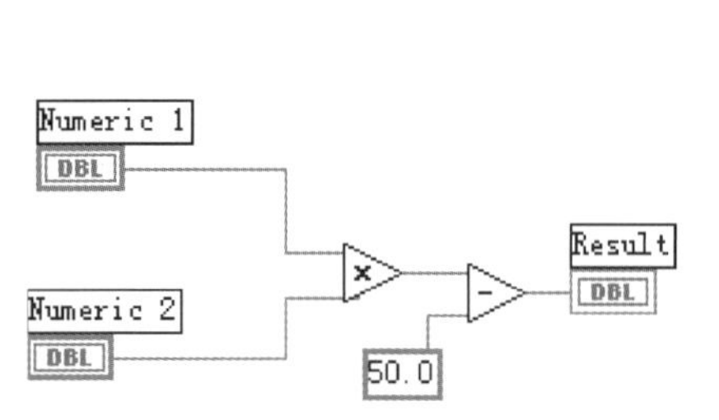

图3-2　明确的数据流次序

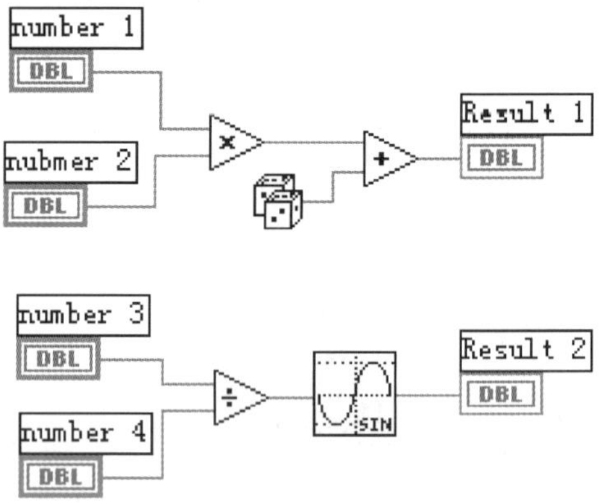

图3-3　不明确的数据流次序

4．前面板的编辑技术

（1）前面板对象的属性

前面板对象有其各自的风格和属性，在右击控件弹出的快捷菜单中，可以对控件属性进行设置，如图3-4所示。包括：是否显示标签标题，查找对应的接线端，控制和显示控件的相

互转换，创建局部变量、属性节点，替换为其他控件，设置数据类型和精度，设置默认值等操作。也可以打开控件的属性对话框，进行全面的属性设置，如图3-5所示。

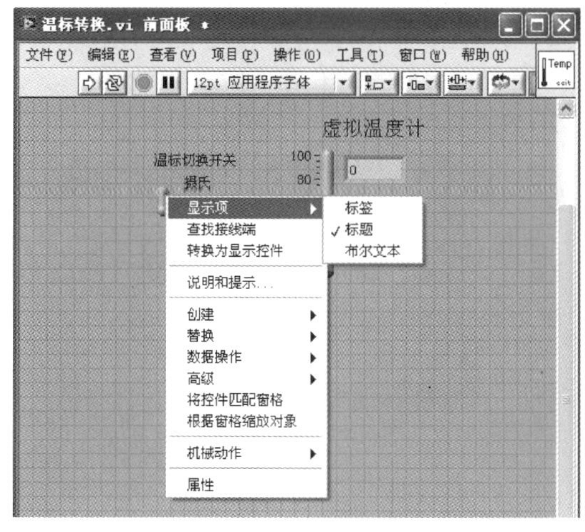

图3-4 前面板对象属性菜单

图3-5 前面板对象属性对话框

（2）选择、移动、复制、粘贴和删除对象

与其他常用软件一样，在LabVIEW中执行对象选择、移动、复制或删除等编辑操作十分简单而快捷。单击一个未选择的对象或单击任意空白处，可以取消对当前对象的选择。

不能同时选择一个前面板对象和一个程序框图对象。

（3）添加自由标签

用标签工具单击任意空白区域，如自动选择工具已启用，也可以双击任意空白区域，此时将出现一个小的方框，其左端有一个文本游标，供键入文本。输入任何希望出现在自由标签中的文本，单击标签之外的任意位置，结束编辑操作。（按键盘上的<Enter>键，可添加新行。）

（4）字体设置

选择需要设置字体的标签或自由标签，打开工具栏上的“应用程序字体”下拉菜单，可以分别对字体的字体样式、格式、大小、对齐方式、颜色进行设置，如图3-6所示。也可以打开字体对话框进行设置，如图3-7所示。

（5）对象着色

向前面板对象、前面板窗格以及程序框图工作区添加颜色，可改变其原来的原色。对于具有前景和背景的对象，可在前景和背景上分别上色。例如，对于经典数值选板上的旋钮，其前景色指其转盘区域的颜色，背景色指其凸缘部分的颜色。也可以通过“颜色选择器”创建自定义颜色，或将一个对象的颜色复制到另一个对象中去。

（6）多个对象的对齐

先选中要对齐的对象，然后使用工具栏上的“对齐对象”下拉菜单（）或选择“编辑”→“对齐对象”命令。对象可以按以下方式对齐：

• 上边缘：将所选对象的上边缘与最上方的对象对齐。

- 垂直中心：将对象以最上方和最下方对象的中间点为基准对齐。
- 下边缘：将所选对象的下边缘与最下方的对象对齐。
- 左边缘：将所选对象的左边缘与最左侧的对象对齐。
- 水平居中：将对象以最左侧和最右侧对象的中间点为基准对齐。
- 右边缘：将所选对象的右边缘与最右侧的对象对齐。

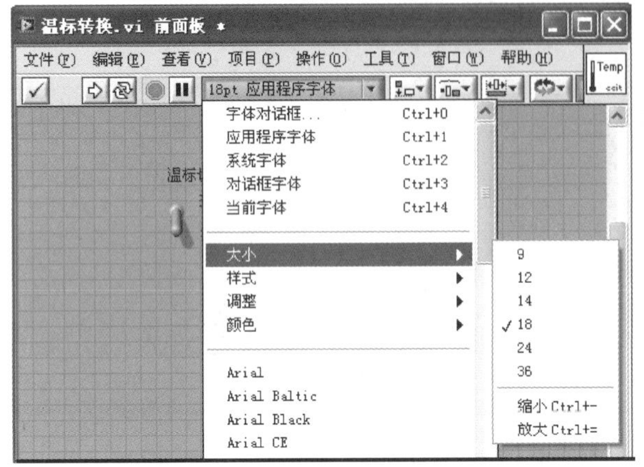

图3-6　字体设置菜单

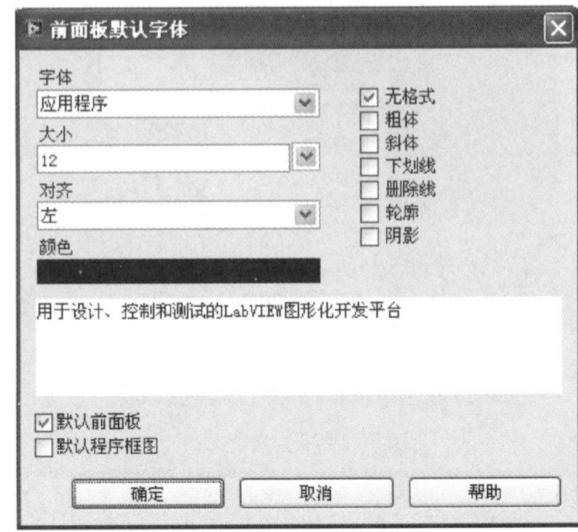

图3-7　字体设置对话框

（7）多个对象的分布

使用“分布对象”下拉菜单（ ），或选择“编辑”→“分布所选项”命令，对象可以按以下方式平均分布：（改动之前，选中的分布选项一直有效。选板中黑色边框即显示了当前的分布方式。）

- 上边缘：分布选中对象，使对象的上边缘相隔距离一致。
- 垂直中心：分布选中对象，使对象的垂直中心相隔距离一致。
- 下边缘：分布选中对象，使对象的下边缘相隔距离一致。
- 垂直间距：分布选中对象，使对象的竖向间距一致。
- 垂直压缩：压缩选中对象，对象的上下边缘之间不留间隔。
- 左边缘：分布选中对象，使对象的左边缘相隔距离一致。
- 水平中心：分布选中对象，使对象的水平中心相隔距离一致。
- 右边缘：分布选中对象，使对象的右边缘相隔距离一致。
- 水平间距：分布选中对象，使对象的横向间距一致。
- 水平压缩：压缩选中对象，对象的左右边缘之间不留间隔。

（8）多个对象的调整大小

使用“调整对象”大小下拉菜单（ ）可以将多个前面板对象设置为同样大小。所有选定对象的大小可调整为最大或最小对象的宽度或高度，所有选定对象也可调整为以像素为单位的特定大小。有以下几种调整方式：

- 最大宽度：将所选对象的宽度调整为宽度最大对象的宽度。
- 最大高度：将所选对象的高度调整为高度最大对象的高度。
- 最大宽度和高度：将所选对象的宽度和高度分别调整为宽度最大对象的宽度和高度最

大对象的高度。

- 最小宽度：将所选对象的宽度调整为宽度最小对象的宽度。
- 最小高度：将所选对象的高度调整为高度最小对象的高度。
- 最小宽度和高度：将所选对象的宽度和高度分别调整为宽度最小对象的宽度和高度最小对象的高度。
- 设置宽度和高度：打开“调整对象大小”对话框，用于将所选对象以像素为单位调整到特定大小。

注意

某些对象，如数值控件，其大小只会在水平或垂直方向上发生变化。在调整其他对象（如旋钮）的大小时，其比例保持不变。例如，要调整大小的对象中包括数值控件时，LabVIEW只调整可纵向调整大小的对象，而不改变数字数值对象的高度。

（9）多个对象的组合和重新排序

使用“重新排序”下拉菜单（）中的“组合”命令，可以将多个对象组合绑定，这样就不会改变各个对象之间的相对位置了，若要重新排版，可以选择“取消组合”命令。选择菜单中的“锁定”命令，可以将对象锁定起来，是不能对其属性进行改变，若需要重新设置，可以选择“取消锁定”命令。

将标签或任何其他对象重叠或部分重叠放置在控件上，不仅会降低屏幕的刷新速度而且还会引起控件闪烁。可以使用“重新排序”下拉菜单的移动选项将相关的对象集合在一起。有以下几种选择：

- 向前移动：将选定的对象向前移动一层。
- 向后移动：将选定的对象向后移动一层。
- 移至前面：将选定的对象移至顶层。
- 移至后面：将选定的对象移至底层。

任务实施

1. 前面板

（1）新建一个VI项目，在前面板窗口的控件模板中，选择“新式”→“数值”子模板，单击“温度计”控件，置于前面板中，如图3-8所示。

（2）在高亮的文本框中输入“虚拟温度计”，或双击文本框，使之高亮显示，再输入“虚拟温度计”。可以改变字体大小和颜色，鼠标单击空白处确定。

（3）设定虚拟温度计的标尺范围为0.0～100.0。使用工具模板中“编辑文本”工具，双击温度计标尺的最大刻度，可以改变标尺范围，再单击工具栏中的“√”按钮。

（4）右击“温度计”控件，在弹出的快捷菜单中选择“显示项”→“数字显示”命令，将会把温度计的指示同时以数值的方式显示出来，如图3-9所示。

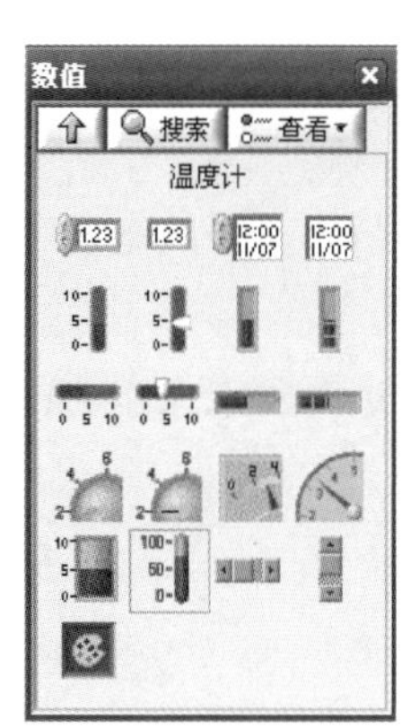

图3-8　数值子模板

图3-9　温度计数值显示

2. 程序框图

(1) 选择“窗口”→“显示程序框图”命令打开程序框图窗口。

(2) 在函数模板中通过“选择VI”选项，选择(Demo) Read Voltage.vi`子VI置于程序框图中，该函数在NI 公司LabVIEW Basic1教程中被使用，用来模拟从DAQ数据采集卡中读取电压值，然后把所测得的电压值转换成摄氏温度读数，因为很多温度传感器输出电压与测量温度成正比。该VI将电压输出经过乘法函数，即可将电压值转化为摄氏温度。例如，读取传感器输出电压为0.5 V，显示温度为50 ℃。注：这个函数将作为子VI在本章以下的任务中均被调用，如图3-10所示。

(3) 使用移位工具，把函数图标移至合适的位置，再用工具模板中“进行连线”工具将其与温度计控件端点连接起来。

(4) 将程序保存为“仿真温度检测.vi”，如图3-11所示。

图3-10　调用(Demo) Read Voltage子函数

图3-11　仿真温度检测.vi

3. 运行程序

在前面板中单击“运行”按钮，查看虚拟温度计显示的温度值，如图3-12所示。

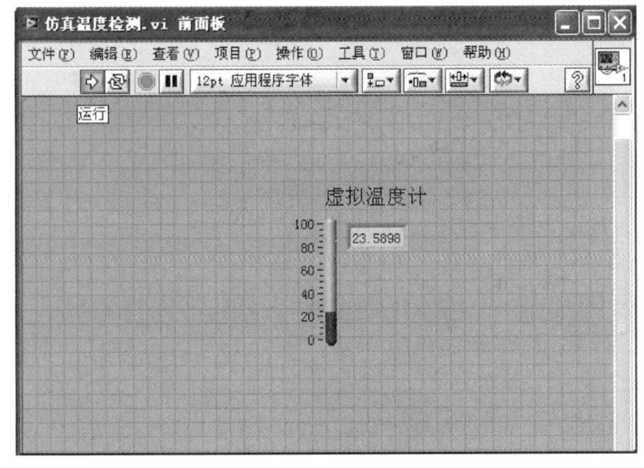

图3-12 运行“仿真温度检测”程序

计划总结

1. 工作计划表

序　　号	工　作　内　容	计划完成时间	实际完成情况自评	教　师　评　价

2. 材料领用清单

序　　号	元器件名称	数　　量	设备故障记录	负责人签字

3. 项目实施记录与改善意见

拓展练习

创建一个VI程序实现以下功能：将两个输入数字相加并在前面板上显示运算结果。

3.2 任务2 温度转换程序设计

任务目标

① 在实现任务1的基础上，实现摄氏和华氏温度两种温标的切换显示；

② 完成该程序子VI的创建，可被其后的程序所调用，如表3-2所示。

表3-2 温度转换程序设计

项目名称	温度转换程序设计
任务描述	设计一个温度转换与分析VI程序。具体要求如下： 有华氏和摄氏两种温标显示模式； 温度能在图形显示器上实时显示
预习要点	熟练使用LabVIEW三个操作模板中的相关工具、控件以及函数； 掌握常用温标的基本知识； 掌握如何创建子VI； 掌握VI程序的设计、调试和运行； 熟悉前面板的设计原则和修饰工具
材料准备	装有LabVIEW的计算机
参考学时	4

预备知识

1. 常用温标

温度的表示需有温度标准，即温标，常用的温标及其转换关系如下所述：

（1）摄氏温标（℃）

摄氏温标是在标准大气压(即101 325Pa)下将水的冰点定为零度，水的沸点定为100度，在这两固定点之间划分100等份，每一等份称为1摄氏度，单位用℃表示。

符号：用小写字母t表示。

（2）华氏温标（℉）

规定在标准大气压下冰的熔点为32华氏度，水的沸点为212华氏度，两固定点间等分为180份，每一等份称为1华氏度，单位用℉表示。

符号：用小写字母θ表示。

华氏温度和摄氏温度之间的关系：

$$\theta=1.8t+32$$

例如，20℃时的华氏温度：

$$\theta=1.8\times 20+32=68℉$$

（3）热力学温标（K）

1848年，威廉·汤姆首先提出以热力学第二定律为基础，建立温度仅与热量有关，而与物质无关的热力学温标。因是开尔文总结出来的，故又称开尔文温标，是建立在热力学第二定律基础上的最科学的温标，单位用K表示，它是国际基本单位制之一 。

符号：用大写字母T表示。

热力学温标规定分子运动停止（即没有热存在）时的温度为绝对零度，水的三相点（气、液、固三态并存，且进入平衡状态）温度为273.16K，把从绝对零度到水的三相点之间的温度均匀分为273.16格，每格为1K。由于以前曾规定冰点温度为273.15K，故现在沿用这个规定进行换算。

热力学温度与摄氏温度之间的关系：

$$T=t+273.15$$

（4）国际实用温标（K）

ITS—1990（1990年1月1日起全世界范围采用），国际实用温标规定热力学温度是基本温度。

① 1 K定义为水三相点热力学温度的1/273.16，即热力学温标规定水的三相点温度为273.16 K，这是建立温标的唯一基准点。

② 摄氏温度分度值与开氏温度分度值相同，即温度间隔1 ℃=1 K。

2．子VI

子VI相当于文本编程语言中的子程序。

在使用LabVIEW编程时，同其他编程语言一样，尽量采用模块化编程思想。子VI是层次化和模块化编程的关键组件，使框图程序结构更加简洁、易于理解。子VI的节点类似于文本编程语言中的子程序调用。子VI的控件和函数从调用该VI的程序框图中接收数据，并将数据返回至该程序框图。在任意一个VI程序的框图窗口里，都可以把其他的VI程序作为子程序调用，只要被调用的VI程序定义了图标和连线板端口即可。

（1）主VI调用子VI

当一个VI A.vi在另一个VI B.vi 中使用，就称A.vi为B.vi的子VI，B.vi为A.vi的主VI。在主VI的程序框图中双击子VI的图标时，将出现该子VI 的前面板和程序框图。在前面板窗口和程序框图窗口的右上角可以看到该VI 的图标。该图标与将VI放置在程序框图中时所显示的图标相同。

例如：打开LabVIEW范例查找器，选择“基础”→“波形”→“Waveform-Min Max.vi”，打开其程序框图，如图3-13所示。

程序框图中，引用了一个“波形最大最小值”的子VI，打开其“即时帮助”，可以查看该子VI的函数功能说明，如图3-14所示。双击子VI图标可打开子VI的前面板。

通过单击函数选板上的“选择VI”按钮，找到需要作为VI使用的VI，双击该VI 可以将它放置在主VI的程序框图中。在一个VI 的程序框图中也可以放置另一个已打开的VI；单击VI 前面板或程序框图右上角的图标，可以将它拖到另一个VI 的程序框图中。

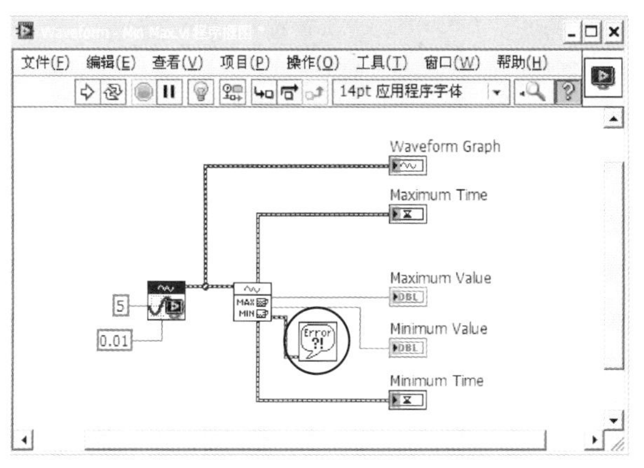

图3-13 调用子VI Waveform-Min Max.vi

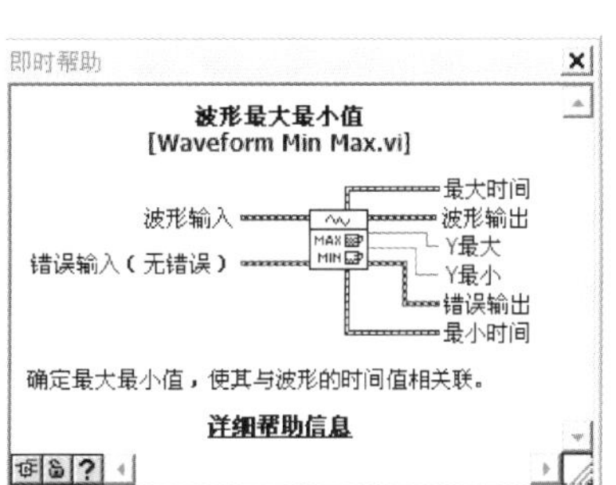

图3-14 “波形最大最小值”子VI的即时帮助

（2）VI的图标

每个VI都有一个图标，位于前面板和程序框图窗口的右上角。LabVIEW中的默认图标为，后下角的数字表明从运行LabVIEW 后已经打开第几个新VI。图标是VI的图形化表示，包含文字、图形或图文组合。如果将一个VI 当做子VI使用，程序框图上将显示代表该子VI 的图标。简单明了的图标有助于用户识别该VI的功能，也可以使程序框图更为美观。推荐大家自己定制图标，但这个操作并不是必须的，使用LabVIEW默认的图标不会影响VI的功能。

（3）使用图标编辑器编辑VI图标

双击前面板1或程序框图右上角的VI图标，打开“图标编辑器”即可对默认图标进行编辑，图标编辑器如图3-15所示。

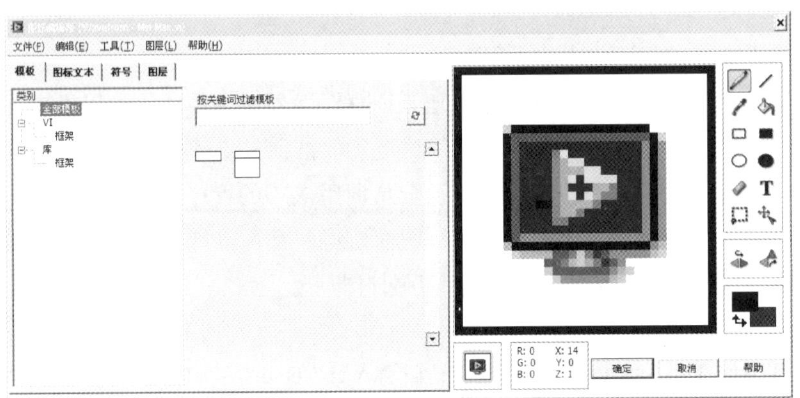

图3-15　图标编辑器

使用图标编辑器右侧的编辑工具，可手动修改图标，图标可包含图片和文本。图标编辑器中编辑工具的功能如表3-3所示。

表3-3　图标编辑器编辑工具列表

按钮	说　　明
	铅笔——以指定的线条颜色绘制单个像素
	线条——以指定的线条颜色绘制一条线
	吸管——将线条颜色设置为左键单击像素的颜色，或将填充颜色设置为右键单击的像素的颜色。使用铅笔、线条、矩形、实心矩形、椭圆或实心椭圆时按下<Ctrl>键，可暂时将工具设置为吸管
	填充——以线条颜色填充所有相连的同色像素
	矩形——绘制一个颜色为线条颜色的矩形边框。双击该工具为整个图表添加一个1像素的边框，颜色为线条颜色
	实心矩形——绘制一个以线条颜色为边框颜色，填充颜色为填充的矩形。双击该工具整个图标添加一个1像素的边框，边框的颜色为线条颜色，边框的填充色为填充颜色
	椭圆——绘制一个颜色为线条颜色的椭圆形边框
	实心椭圆——绘制一个边框颜色为线条颜色，内部用填充颜色填充的椭圆
	橡皮擦——绘制一个透明像素
	文本——在指定位置输入文本。文本处于活动状态时，可用方向键移动文本。双击工具可显示图标编辑器属性对话框的文本工具页。通过该页指定文本工具中输入文本的字体、对齐方式和字体大小

续表

按钮	说　　明
	选择——选择图标中要剪切、复制或移动的区域。双击该工具，选择整个图标
	移动——移动所选用户图层的所有像素。使用选择工具可同时移动多个图层的像素
	水平翻转——水平翻转所选用户图层。如未选中某个图层，该工具将翻转所有图层
	顺时针旋转——顺时针选择所选用户图层。如未选中某个图层，该工具将翻转所有用户图层
	线条颜色/填充颜色/交换颜色——指定用于线条、边框和填充的颜色。单击矩形的线条颜色或填充颜色，可通过显示的颜色选择器选择新颜色。单击交换颜色箭头，交换线条颜色和填充颜色

此外，也可采用通过拖放图片的方式创建图标，从文件系统的任何位置拖动一个图形放置在前面板或程序框图的右上角，可拖放.png、.bmp或.jpg文件。LabVIEW会将拖放的图片转换为32×32像素的图标。

（4）连线板

若一个VI作为子VI使用，该VI需要创建连线板。连线板用于显示VI 中所有输入控件和显示控件的接线端，类似于文本编程语言中调用函数时使用的参数列表。连线板标明了可与该VI 连接的输入和输出端，以便将该VI 作为子VI 调用。连线板在其输入端接收数据，并将运算结果传输至其输出端。

① 连线板模式：前面板窗口右上角有连线板图标，第一次打开某个VI的连线板时，可看到默认的连线板模式。右键单击连线板，从快捷菜单中选择模式，可以为VI 选择不同的连线板模式，如图3-16所示。

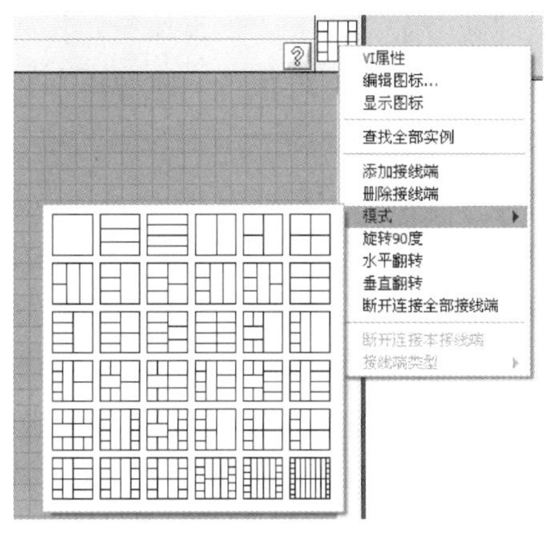

图3-16　连线板模式

连线板上的每个窗格代表一个接线端。窗格用于进行输入/输出分配。对于VI前面板上的每一个输入控件或显示控件，连线板上一般都有一个相对应的接线端。可以保留多余的接线端，当需要为VI 添加新的输入或输出端时再进行连接，这种灵活性可以减少连线板窗口的改变对VI 的层次结构的影响，连线板中最多可设置28个接线端。

注意

连线板的接线端不要超过 16 个，否则会降低 VI 的可读性，也不方便连线，当某个 VI 的输入/输出大于 16 个时，可以考虑使用簇，或是改变 VI 的输入/输出结构。

② 为连线板分配输入/输出控件：将鼠标移至连线板，鼠标会以滚线轴的形式出现，单击连线板的一个接线端（窗格），再单击需要分配给那个接线端的前面板输入控件或输出控件，就可为该控件指定到该接线端。接线端的颜色变为该控件数据类型的颜色，表明该接线端已经完成连接。为了增加VI接线模式的可读性和易用性，把控件连接到连线板时，将输入放置在左边，输出放置在右边。

3．VI的运行和调试技术

（1）找出语法错误

如果一个VI程序存在语法错误，则在面板工具条上的“运行”按钮将会变成一个折断的箭头，表示程序不能被执行。这时这个按钮被称为错误列表。单击它，则LabVIEW弹出错误清单窗口，单击其中任何一个所列出的错误，选用Find功能，则出错的对象或端口就会变成高亮。

（2）设置执行程序高亮

在LabVIEW的工具条上有一个画着灯泡的按钮，这个按钮称为“高亮执行”按钮。单击这个按钮使该按钮图标变成高亮形式，再单击“运行”按钮，VI程序就以较慢的速度运行，没有被执行的代码灰色显示，执行后的代码高亮显示，并显示数据流线上的数据值。这样，就可以根据数据的流动状态跟踪程序的执行。

（3）断点与单步执行

为了查找程序中的逻辑错误，有时需要框图程序一个节点一个节点地执行。使用断点工具可以在程序的某一地点中止程序执行，用探针或者单步方式查看数据。使用断点工具时，单击你希望设置或者清除断点的地方。断点的显示对于节点或者图框表示为红框，对于连线表示为红点。当VI程序运行到断点被设置处，程序被暂停在将要执行的节点，以闪烁表示。按下“单步执行”按钮，闪烁的节点被执行，下一个将要执行的节点变为闪烁，指示它将被执行。也可以单击“暂停”按钮，这样程序将连续执行直到下一个断点，如图3-17所示。

（4）探针

可以用探针工具来查看当框图程序流经某一根连接线时的数据值。从工具模板选择探针工具，再用鼠标左键单击希望放置探针的连接线。这时显示器上会出现一个探针显示窗口。该窗口总是被显示在前面板窗口或框图窗口的上面。在框图中使用选择工具或连线工具，在连线上右击鼠标，在连线的弹出式菜单中选择“探针”命令，同样可以为该连线加上一个探针。

如图3-18所示，在4个数值输入的连线中都设置了探针，当程序运行时，4个显示窗口显示了4个数值输入的值。

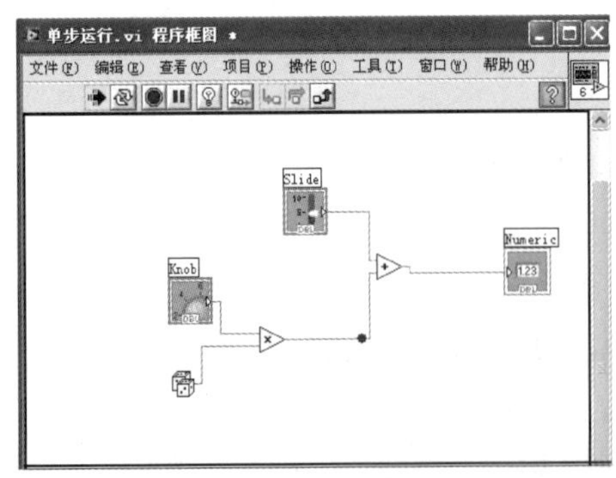

图3-17　单步运行

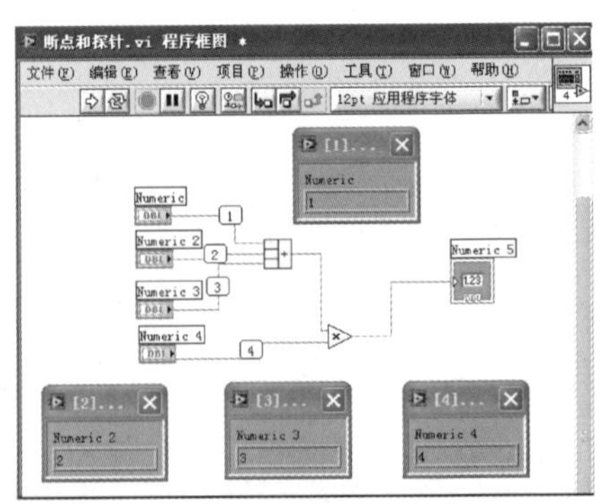

图3-18　探针的使用

4. 前面板的设计和修饰

（1）前面板的设计

任何一台仪器或系统可概括为由三大功能模块组成：

① 信号调理和采集功能；

② 数据分析和处理功能；

③ 参数设置和结果表达。

对于虚拟仪器而言，其第三个功能主要由程序的前面板实现，所以对于前面板的设计十分重要，它可以使HMI（人机交互）界面更加整洁美观、方便友好。

前面板的设计和修饰涵盖了很多方面的内容和技巧，综合使用这些方法和技巧，可以使LabVIEW的前面板较之专业的工控组态软件来说也毫不逊色，如图3-19所示，是NI公司提供的同步辐射演示DEMO程序的操作界面。在程序中，前面板上根据不同的应用选取了不同的图片，从而可以让前面板界面更接近实际的工业现场，同时能让用户更加方便地了解程序功能。选取相关图片最重要的一点是让选取的图片最大化地接近真实事物，构造一个让用户感觉特别熟悉的使用界面；要注意的是图片尺寸和颜色上的搭配合适。

由图3-19中可以看到，整个界面都是模块化搭建起来的，这样也便于改进。

更多的界面示例可以打开LabVIEW提供的系统实例来学习和参考。

在本节中，对前面板的设计和修饰只先做一些简单的介绍，在以后的学习和实践中再不断地对此深入了解和应用。

（2）在前面板上使用修饰

使用修饰选板上的修饰控件，如方框、线条、箭头等，如图3-20所示。这些控件可对前面板对象进行组合或分隔。这些对象仅用于修饰，对程序的逻辑功能没有影响。

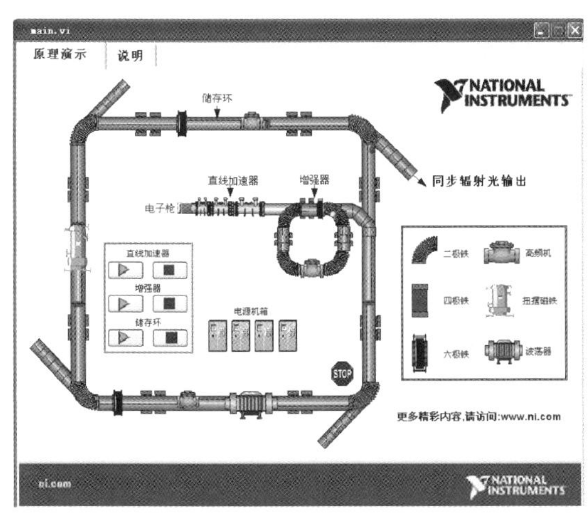

图3-19　同步辐射演示DEMO程序的操作界面

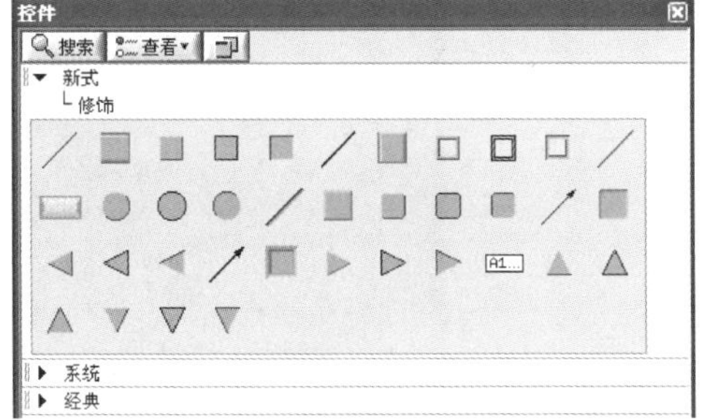

图3-20　修饰选板上的控件

前面板设计的一些原则：

① 为控件设置有意义而简洁的标签和标题，就像文本式程序设计的变量名一样，尽量做到“见名识意”。

第三篇 入门篇

② 对于多个对象，使用“对齐”、“组合”、“分布”、“排序”等命令使整个界面层次清晰、各控件间距合理。

③ 为控件设置合理的默认值和输入数据范围，减少不必要的操作和错误数据输入的可能。

④ 合理地利用颜色，对不同控件使用不同的颜色加以区分，使界面更加美观，但颜色使用的种类不宜过多，注意颜色的搭配，颜色尽量温和适中，避免大红大紫。

⑤ 适当使用动态交互功能、各类提示信息、弹出对话框等可以使得操作界面更加友好。

⑥ 最好使用“停止”按钮来停止程序，尽量不要用工具栏上的强行“中止停止”按钮，后者在读写数据的时候强行使用可能会导致数据的异常。

⑦ 使用图片、动画、声音等增强前面板的显示功能。

任务实施

1．实现摄氏温度和华氏温度两种温标的切换显示

（1）前面板

① 打开上次任务完成的“仿真温度检测.vi”，在前面板窗口的控件模板中，选择“Express”→“按钮与开关”子模板，单击“垂直摇杆开关”控件，置于温度计一侧，控件标签修改为“温标切换开关”。

② 单击“编辑文本”工具按钮，在开关的“条件真”（true）位置旁边输入自由标签“摄氏”，在“条件假”(false）位置旁边输入自由标签“华氏”，将程序另存为“温标转换.vi”，如图3-21所示。

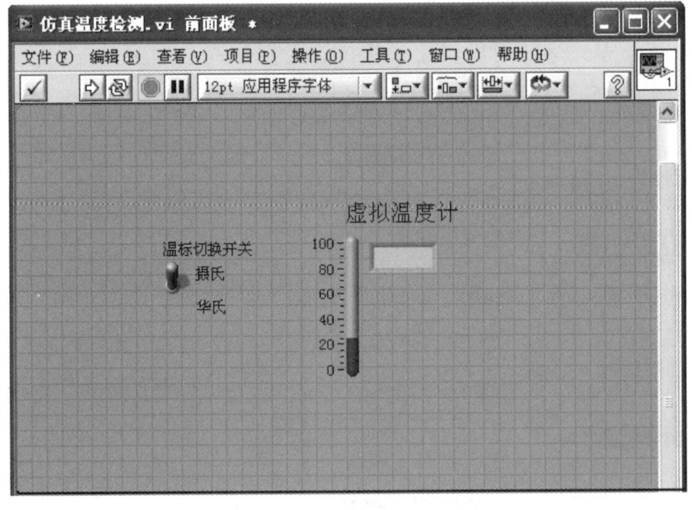

图3-21 “温标转换.vi”前面板

（2）程序框图

① 打开程序框图窗口，将(Demo) Read Voltage函数与温度计控件端点的连线删除。

② 在函数模板中，选择所需的对象。本程序还需用到以下对象：

乘函数（子模板路径：“Express”→“算术与比较”→“数值”），该函数功能输出两个输入值的积。

加函数（子模板路径：“Express”→“算术与比较”→“数值”），该函数功能输出两个输入值的和。

选择函数（子模板路径：“Express”→“算术与比较”→“比较”），该函数有三个输入：s、t、f。根据s的值，返回连接至t输入或f输入的值。当s为true时，函数返回连接到t的值。当s为false时，函数返回连接到f的值。本例中，功能取决于温标选择开关的值，输出华氏温度（当选择开关为false）或者摄氏温度（选择开关为true）数值。

数值常量（子模板路径：“Express”→“算术与比较”→“数值”），该函数用于将一个数值传递到程序框图，若要修改常数值，用“编辑文本”工具双点数值，再写入新的数值。

③ 用“进行连线”工具，将程序框图的各个对象按温标转换功能实现的要求进行连线，如图3-22所示。

④ 保存程序为“温标转换.vi”。

（3）运行程序

在前面板运行程序，拨动温标切换开关，查看温度计读数的变化。

2. 完成“温标转换.vi”程序子VI的创建

（1）创建图标（此图标可以将现程序作为子程序在其他程序中调用）

① 每个VI在前面板和程序框图窗口的右上角都显示了一个默认的VI图标，双击弹出“图标编辑器”对话框，如图3-23所示。

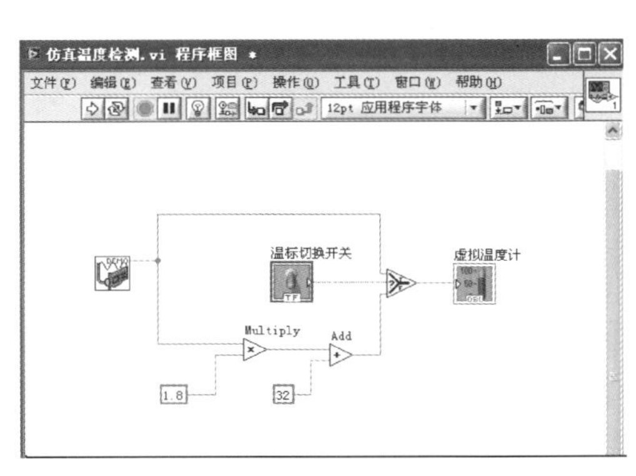

图3-22 “温标转换.vi”程序框图

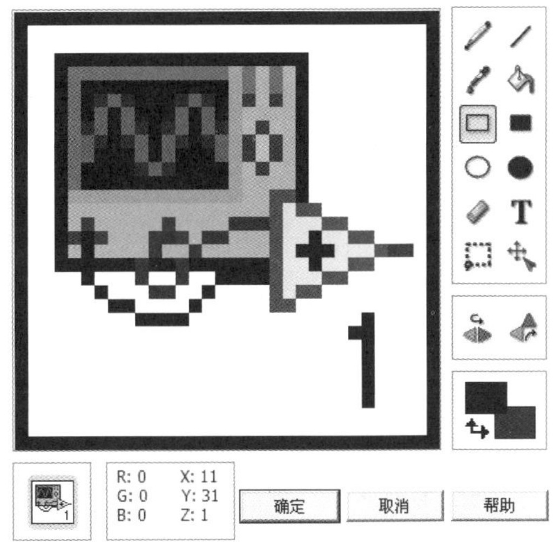

图3-23 图标编辑器

② 在“工具”区中选取“选择”工具清空编辑区域。

③ 在“符号”选项卡中选取“温度计”符号，放置到编辑区合适位置，如图3-24所示。此外，也可以用铅笔工具自行绘制温度计。

④ 在“图标文本”选项卡中，输入第一行文本“温度”，设置字体为仿宋，字号为10，如图3-25所示。

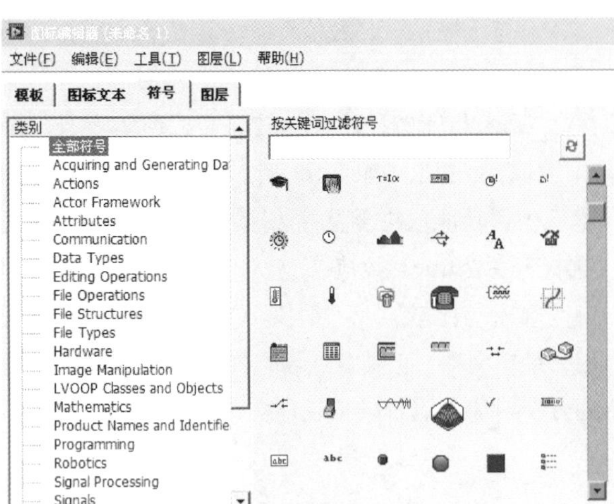

图3-24　在"符号"选项卡中选取温度计符号

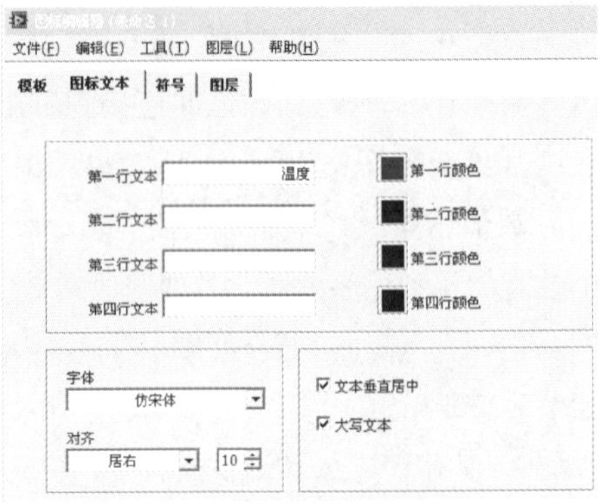

图3-25　在"图标文本"选项卡中输入文本

⑤ 在编辑区可以预览VI图标，如图3-26所示。

⑥ 单击"确定"按钮关闭图标编辑器，生成的图标显示在前面板和程序框图窗口的右上角。

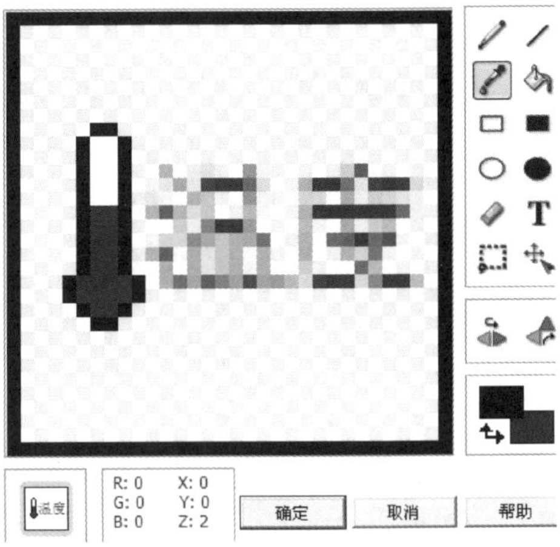

（2）创建连接器端口

① 单击前面板右上角的图标，从弹出菜单中选择"显示连线板"命令。根据控制和显示的数量选择一种连接器端口模式。在本例中，只有两个端口，一个是竖直开关，另一个是温度指示。

② 把连接器端口定义给开关和温度指示。

图3-26　预览VI图标

- 使用连线工具，在左边的连接器端口框内按鼠标键，则端口将会变黑。再单击开关控件端点，一个闪烁的虚线框将包围住该开关。
- 现在再单击右边的连接器端口框，使它变黑。再单击温度计端点，一个闪烁的虚线框将包围住温度指示部件，这即表示着右边的连接器端口对应温度指示部件的数据输入。
- 如果再单击空白外，则虚线框将消失，而前面所选择的连接器端口将变暗，表示你已经将对象部件定义到各个连接器端口，如图3-27所示。如果端子是白色，则表示没有连接成功。

注意

LabVIEW的惯例是前面板上控制的连接器端口放在图标的接线面板的左边，而显示的连接器端口放在图标的接线面板的右边。也就是说，图标的左边为输入端口而右边为输出端口。

③ 保存程序为“温标转换.vi”。

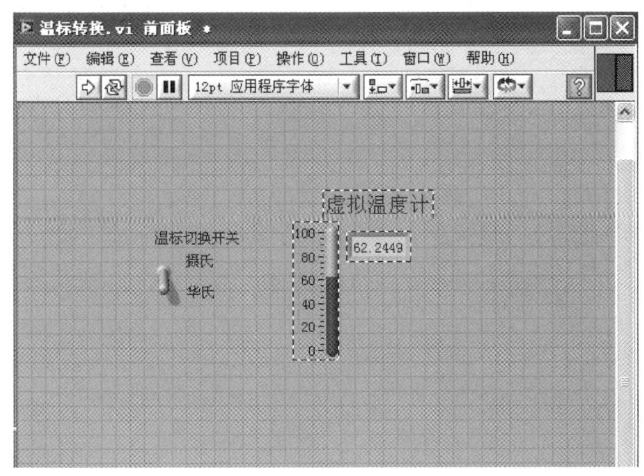

图3-27　连接器端口

现在，该程序已经编制完成了。它可以在其他程序中作为子程序来调用，在其他程序的框图窗口里，该程序用前面创建的图标来表示。连接器端口的输入端用于选择温标，输出端用于输出温度值。

计划总结

1. 工作计划表

序　　号	工　作　内　容	计划完成时间	实际完成情况自评	教　师　评　价

2. 材料领用清单

序　　号	元器件名称	数　　量	设备故障记录	负责人签字

3. 项目实施记录与改善意见

拓展练习

① 对“温标转换.vi”的前面板进行修饰和美化，参考面板如图3-28所示。

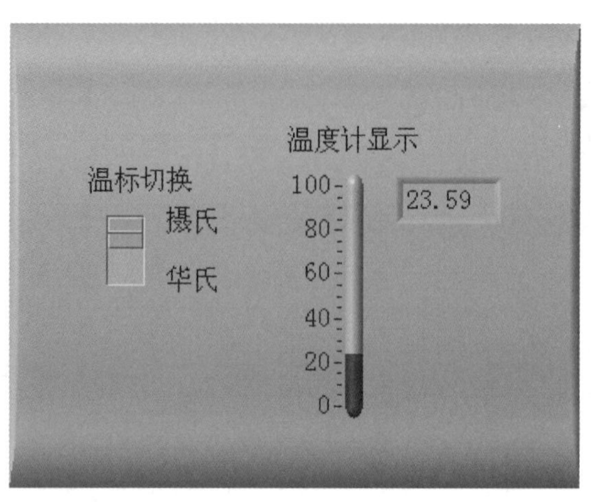

图3-28　温度转换程序前面板设计参考

② 创建子程序求两数的平均值，以Average.vi命名，并给子程序创建图标（a+b）/2，以及创建连接器。

3.3　任务3　温度信号的实时图形显示和分析报警

① 调用“温标转换.vi”子函数，以图形实时显示当前温度值，显示的周期可调；

② 对采集的温度进行分析，设置高低限报警，如表3-4所示。

表3-4　温度信号的实时图形显示和分析报警

项目名称	温度信号的实时图形显示和分析报警
任务描述	设计一个温度转换与分析VI程序。具体要求如下： 每隔500 ms进行温度循环采集； 有华氏和摄氏两种温标显示模式； 温度能在图形显示器上实时显示； 具有越限报警和数据分析等功能
预习要点	熟练掌握循环结构的使用方法； 熟悉循环结构的自动索引功能； 掌握波形图表和定时器的使用方法
材料准备	装有LabVIEW的计算机
参考学时	4

预备知识

1．循环结构

任何计算机编程语言都离不开程序结构，LabVIEW的程序结构是传统文本编程语言中的顺序、循环和选择结构的图形化表示。使用程序框图中的结构可对代码块进行重复操作，根据条件或特定顺序执行代码。与其他节点类似，结构也具有可与其他程序框图节点进行连线的接线端。输入数据存在时结构会自动执行，执行结束后将数据提供给输出线路。

每种结构都含有一个可调整大小的清晰边框，用于包围根据结构规则执行的程序框图部分（类似于C语言中的两个花括号{}）。结构边框中的程序框图部分被称为子程序框图。从结构外接收数据和将数据输出结构的接线端称为隧道。隧道是结构边框上的连接点。

LabVIEW提供了如下程序结构，使用它们可以方便快速地实现复杂的程序功能。在本任务中，我们将会用到While循环结构的简单功能，其余的结构将在后续的项目任务中继续介绍。

- While loop循环结构
- For Loop循环结构
- Case选择结构
- Flat Sequence平铺顺序结构
- Stacked Sequence堆叠顺序结构
- Formula note公式节点
- Event structure事件结构
- Feedback note反馈节点

（1）While循环

While 循环：可以反复执行循环内的框图程序，直到特定条件满足，停止循环。类似于C语言的Do-While结构。

```
do
{
  循环体;
} while(条件判断)
```

① While循环框图的创建和组成：

- 循环框架；
- 循环计数变量i；
- 条件端子。

While循环执行的是包含在循环框架中的流程图，如图3-29所示，反复执行的循环次数不固定，只有当特定条件满足时，才停止循环。循环计数端i的初始值为0，每执行一次循环自动加1；条件端口用于判断循环是否执行，每次循环结束时，条件端口会自动检测输入的布尔值。不管条件是否成立，VI程序至少要执行一次。

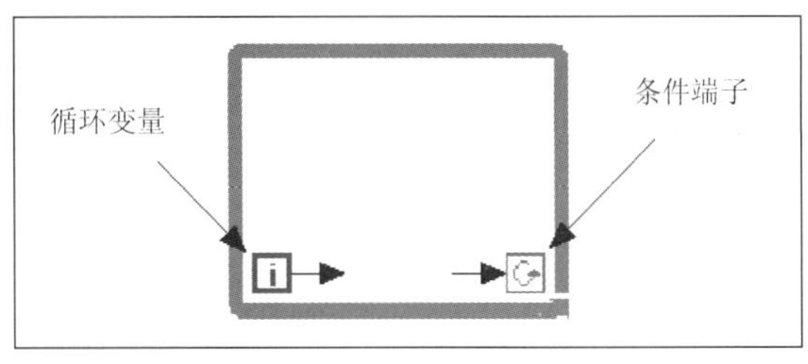

图3-29　While循环结构

② While循环应用示例：

本例中While Loop Demo.vi程序使用While循环显示了随机数序列。

形似骰子的随机数函数产生一个0～1之间的双精度浮点数，并由数值显示控件输出。当单击“运行”按钮后，程序不断地执行循环，布尔开关执行程序停止，循环次数同时由数值显示控件显示出来。程序框图和前面板分别如图3-30和图3-31所示。

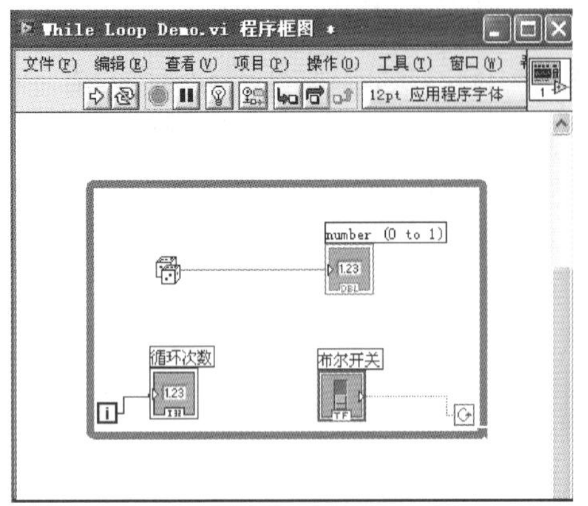

图3-30　While Loop Demo.vi程序框图

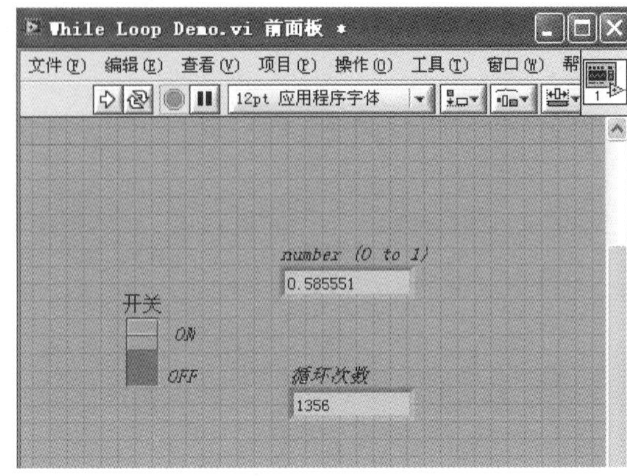

图3-31　While Loop Demo.vi前面板

③ While循环编程注意点：

• 条件端子的不同作用方式灵活选择。

条件端子可设置为条件为真时停止或条件为真时继续。观察如图3-32所示“条件端子的选择.vi”，思考其执行效果的不同。

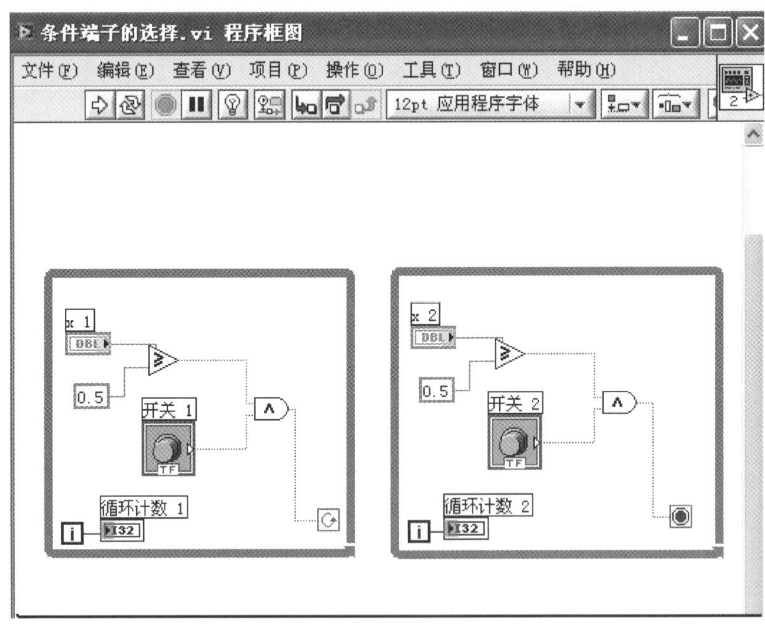

图3-32　条件端子的选择.vi

• 避免死循环。

While循环由条件端口值来控制，若编程不注意，很可能会出现死循环。例如：连接到条件端口上的值是一个布尔常量，永远为真或永远为假；编程时出现逻辑错误，等等。

• 避免首循环代码的执行。

While循环的循环体至少要执行一次，而有时需要程序先判断再执行，若条件不满足，循环体一次也不执行。解决办法之一是：在While循环框中增加一个Case选择结构，在True条件下的子框图中包含While循环要做的工作（循环体）。这样，是否执行循环体的判断，是在Case结构体之外进行的，将检验条件值（布尔值）连到While循环的条件端口和Case结构的选择端口。预先在Case结构外检验条件端口的值，若条件值为真则执行True Case分支框内的循环程序；若条件值为假，则执行False Case分支框内的循环程序，由于此框内程序为空，故什么也不执行，由此实现若条件不满足，一次循环代码也不执行。

（2）For循环结构

与While循环不同的是，For循环主要用于循环次数确定的场合，可以将循环代码运行指定的次数。

创建For循环的方法是，在程序框图中打开结构函数模板，从中选择For循环节点，然后移动光标到程序框图窗口，可以看到光标形状变为N，在适当位置单击鼠标左键确定For循环结构第一个顶点，然后拖动光标，画出一个虚线框，即为将要绘制的循环结构框图的大小，适当调整大小，单击鼠标左键，确定循环结构的第二个顶点的位置，即完成For循环结构的创建，如图3-33所示。

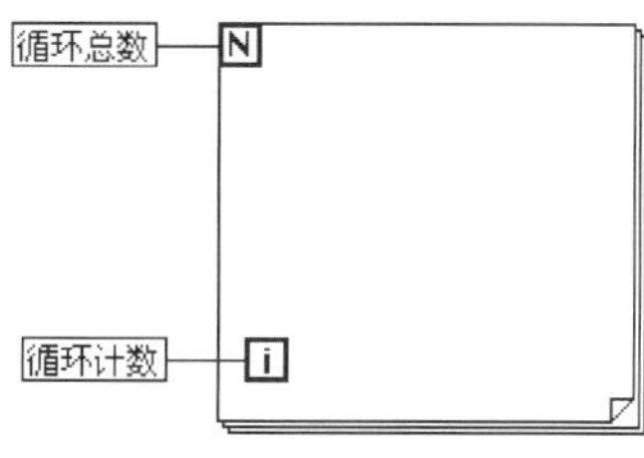

图3-33 For循环结构

从For循环节点的框图中可以看到，该节点包含两个端口，即循环计数和循环总数。前者表明了循环体循环执行的总次数，当将这个数据端口连接一个非整型的数值型常量时，程序会自动将其调整为整型。程序的循环计数端口是一个输出数据端口，标志当前循环的次数，循环次数默认从“0”开始计数。程序在每次循环进行后检查“循环计数”这个条件是否等于“循环总数-1”，如果满足，则退出For循环。

2. 为VI设置定时

当循环结构执行一次循环后，它会立刻开始执行下一次循环，除非满足停止条件。通常都需要控制循环的频率和定时。例如，如果要求每10 s采集一次数据，就需要将各次循环间的时间间隔定时为10 s。

即使不需要以特定的频率执行循环，处理器也需要定时信息完成其他任务，如处理用户界面事件。下面将介绍为循环设置定时的一些方法。

在循环结构内部放置一个“等待”函数，可以使VI在一段指定时间内处于睡眠状态。在这段等待时间之内，处理器可以处理其他任务。“等待”函数使用操作系统的毫秒时钟。

“等待下一个整数倍毫秒”函数将监控毫秒计数器，保持等待状态直至毫秒计数器的值到达指定数的整数倍。该函数用于同步各操作。将该函数置于循环结构中可控制循环执行的速率。要使该函数有效，必须使代码执行时间小于该函数指定的时间。循环第一次执行的速率是不确定的。

“等待（ms）”函数保持等待状态直至毫秒计数器的值等于预先输入的指定值。该函数保证了循环的执行速率至少是预先输入的指定值。

“时间延迟”Express VI与“等待（ms）”函数类似，但“时间延迟”Express VI多了

一个内置的错误簇。

某些情况下，在VI执行了一定时间之后判定已用多少时间是非常有用的。“已用时间”Express VI表示在特定的起始时间起共用了多少时间。该Express VI允许在VI继续执行过程中跟踪记录时间。该函数不给处理器时间完成其他任务。

3．循环结构的自动索引功能

所谓自动索引功能是指循环结构具有的使循环框外面的数据成员逐个进入循环框，或者使循环框内的数据累积成一个数组后再输出到循环框外的特性。

循环结构左边框成为输入通道，而右边框则为输出通道。通过直接把外部对象与循环框的内部对象相连，可以实现循环结构与外界代码交换数据，此时在输入或输出通道上就会出现实心或空心的小方块，小方块的颜色跟通过循环框的数据类型有关。实心的小方块代表自动索引功能被关闭，空心的小方块则代表自动索引功能开启。例如右击实心小方块，在弹出的快捷菜单中，对“隧道模式”的“索引”选项进行勾选，则可以实现自动索引功能的开启。

若开启自动索引功能，当一个外部任意维数的数组源与循环框的输入通道连接时，循环结构会从第一个数组元素开始，一次索引一个元素进入循环体内。因此，循环结构将一个输入的二维数组索引为一维数组，而将一个输入的一维数组索引为单个标量元素。反之，若循环框内的数据源与输出通道相连接，则循环结构执行相反的操作，用循环次数索引数组元素，因此各个元素将按顺序积累成一维数组，一维数组被积聚为二维数组等，如图3-34所示。

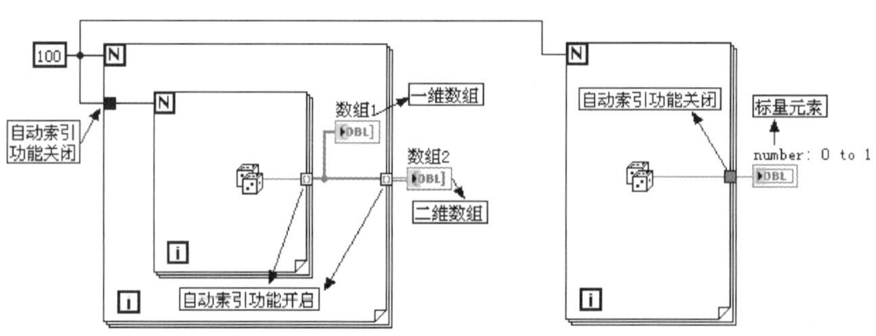

图3-34 循环结构的自动索引功能

提示

对于While循环和For循环结构，For循环的自动索引功能是默认开启的，而While循环的自动索引功能是默认禁用的。如果希望自动索引，需要在While循环隧道上右击，在弹出的快捷菜单中选择“隧道模式”→“索引”命令，如图3-35所示。

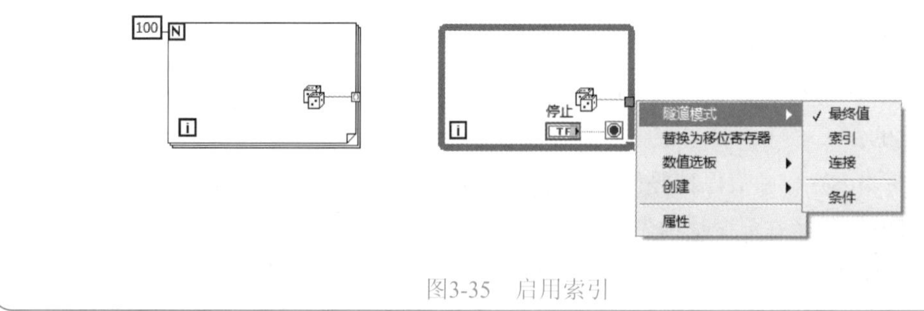

图3-35 启用索引

4. 波形图表（Waveform Chart）

图形显示对于虚拟仪器面板设计是一个重要的内容。LabVIEW为此提供了丰富的功能。

波形图表是其中常用的一种，是将数据源（例如采集得到的数据）在某一坐标系中，实时、逐点地显示出来，它可以反映被测物理量的变化趋势，例如显示一个实时变化的波形或曲线，像传统的模拟示波器、波形记录仪一样。

波形图表是反映数据变化趋势的数值型曲线图表，以新数据不断淘汰掉旧数据方式滚动显示波形。数据类型：一次一个点方式接收数据。

例程Single Wave Chart.vi的程序框图和前面板如图3-36和图3-37所示。

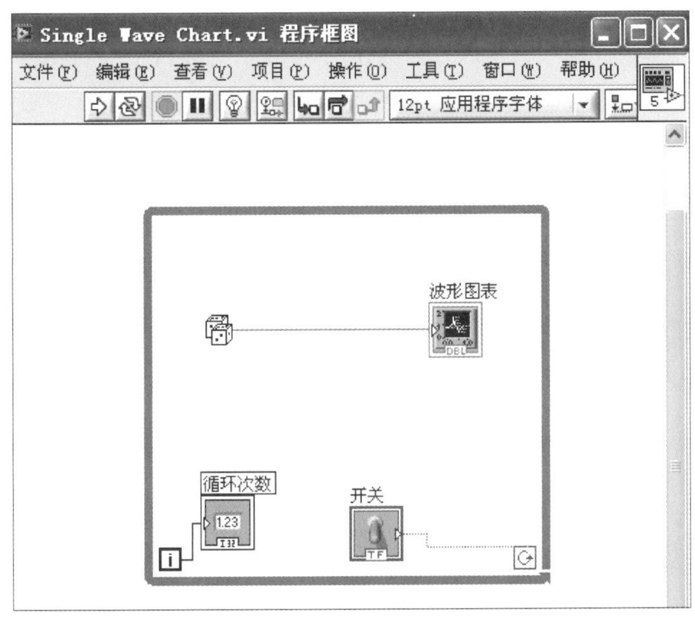

图3-36　Single Wave Chart.vi程序框图

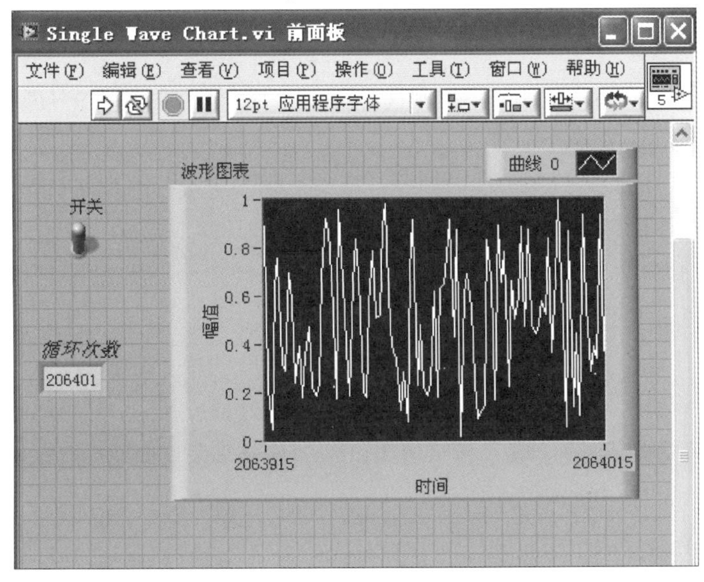

图3-37　Single Wave Chart.vi前面板

波形图表显示模式：

（1）带状图表（滚动显示模式Strip Chart Mode）

它与纸带式图表记录仪类似。曲线从左到右连续绘制，当新的数据点到达右部边界时，先前的数据点逐次左移。

（2）示波器图表（整屏刷新模式或示波器模式Scop Chart Mode）

曲线从左到右连续绘制，当新的数据点到达右部边界时，清屏刷新，从左边开始新的绘制。它的速度较快。

（3）扫描图（扫描刷新模式Sweep Chart Mode）

与示波器模式的不同在于当新的数据点到达右部边界时，不清屏，而是在最左边出现一条垂直扫描线，以它为分界线，将原有曲线逐点向右推，同时在左边画出新的数据点。如此循环下去。

提示

缓冲器更新规则遵循先进先出。

任务实施

1. 温度实时显示

（1）前面板

① 新建一个VI，在前面板上放置波形图表控件，用以实时显示温度值的变化，将默认标签显示“波形图表”改为“历史温度趋势”，默认图例“曲线0”改为“温度”，默认纵坐标“幅值”改为“温度”。

② 放置一个“垂直摇杆开关”用以温标转化，将默认标签“布尔”改为“温标转换”，添加自由标签“摄氏”和“华氏”。

③ 再放置一个“垂直摇杆开关”用以程序运行控制，将默认标签“布尔”改为“运行控制”，添加自由标签“ON”和“OFF”。

④ 放置一个数值输入控件用以控制温度采集和显示周期，如图3-38所示。

（2）程序框图

① 打开程序框图窗口，添加While循环（路径：Express→“执行过程控制”→“While循环”），将循环框图调整至合适大小。

② 通过“选择VI”选项，选择上节创建的“温标转换.vi”子VI置于循环程序框图中，将其分别与“温标转换”和“历史温度趋势”控件相连。

③ 将循环条件设为“为真时继续”，由“运行控制”开关控制执行。

④ 添加“时间延迟”函数（路径：Express→“执行过程控制”→“时间延迟”），该函数指定在运行调用VI之前延时的秒数。默认值为1.00 s。将其与采集周期数值输入控件相连，以控制温度采集周期，如图3-39所示。

⑤ 将程序保存为“温度实时图形显示.vi”，运行。

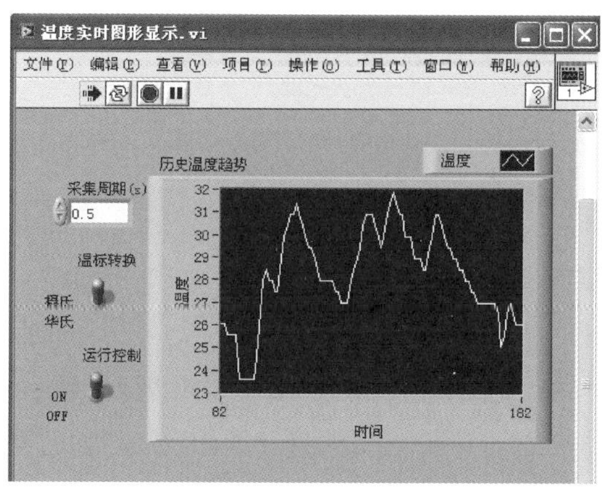

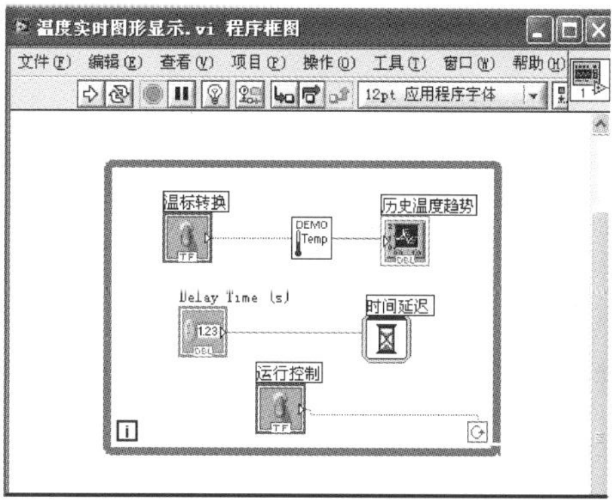

图3-38 温度实时图形显示.vi前面板

图3-39 温度实时图形显示.vi程序框图

2. 温度报警功能

（1）前面板

① 打开“温度实时图形显示.vi”，在前面板上添加两个数值输入控件，用以设置系统的温度上下限。

② 添加两个布尔LED显示控件，用以监视当前系统温度值是否在正常范围之内，如果在，“正常”LED指示灯亮，如果超出范围，“报警”LED指示灯亮。

③ 调整前面板各控件大小和位置，如图3-40所示。

（2）程序框图

① 打开程序框图窗口，添加“判定范围并强制转换”函数（路径：“编程”→“比较”），如图3-41所示。

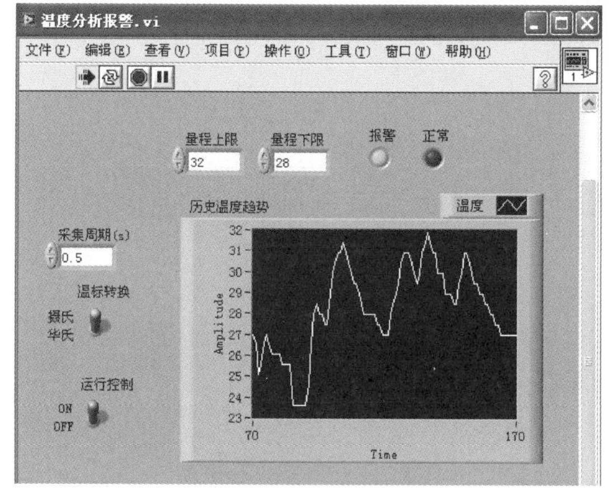

图3-40 温度分析报警.vi前面板1

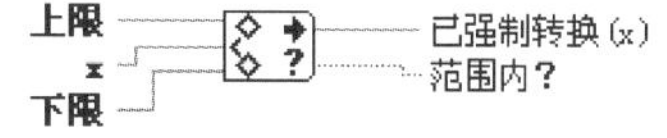

图3-41 “判定范围并强制转换”函数

该函数根据上限和下限，确定输入x是否在指定的范围内，在范围内输出布尔量为真，否则输出为假；该函数还可选择将值强制转换到指定范围之内。

② 将“量程上限”、“温标转换”、“量程下限”的输出分别连接“判定范围并强制转换”函数的“上限”、“x”、“下限”输入；将“判定范围并强制转换”函数的“范围内”输出直接连接“正常”LED显示，加“非门”后连接“报警”LED显示，如图3-42所示。

③ 将程序另存为“温度分析报警.vi”，运行程序，改变温度上下限数值，察看前面板LED报警功能。

3. 温度分析功能

（1）前面板

打开“温度分析报警.vi”，在前面板上放置“最大值”、“最小值”、“平均值”三个数值输入控件，调整其大小位置，如图3-43所示。

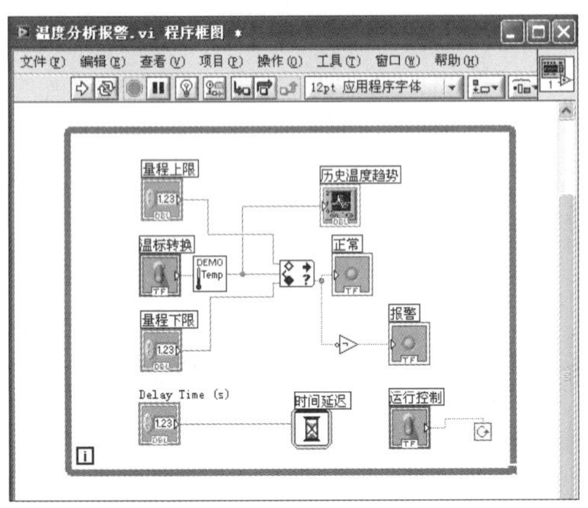

图3-42　温度分析报警.vi程序框图1

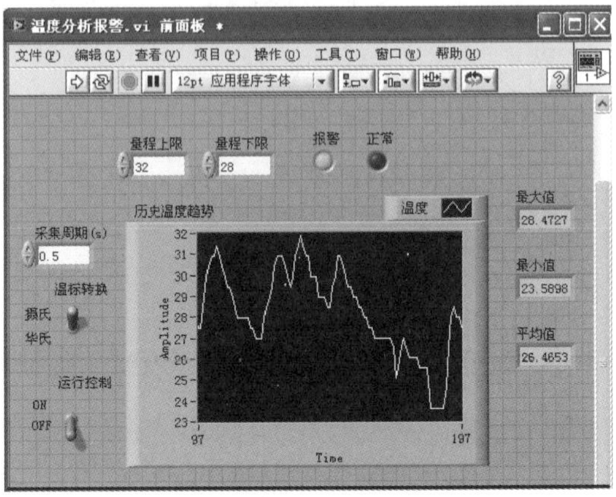

图3-43　温度分析报警.vi前面板2

（2）程序框图

① 打开程序框图窗口，在循环框外添加“数组最大值与最小值”函数（路径：“编程”→“数组”），如图3-44所示。该函数返回输入数组中的最大值和最小值，及其索引。

② 在循环框外添加“均值”函数（路径：“数学”→“概率与统计”），如图3-45所示。该函数返回输入序列x中的平均值。

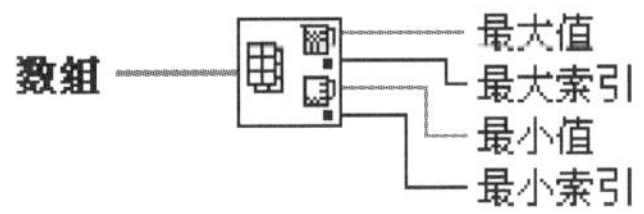

图3-44　“数组最大值与最小值”函数

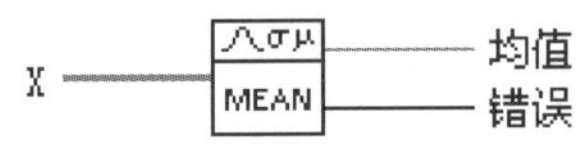

图3-45　“均值”函数

③ 将“温标转换”子函数的输出经过循环框连入“数组最大值与最小值”函数的数组输入，在连线与循环框的交点处的实心方块处（通道tunnel）右击，选择“隧道模式”→“索引”命令。表示当条件循环执行时，把数据顺序放入一个数组中。循环结束后，通道输出该数组。否则，通道仅输出最后一次循环放入的数据值，如图3-46所示。

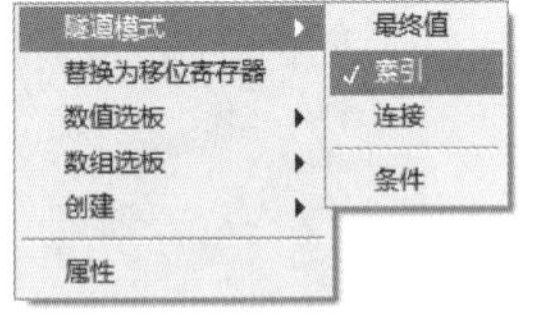

图3-46　启用索引

④ 将“数组最大值与最小值”函数的最大值、最小值输出分别与“最大值”、“最小值”数值控件节点相连；将“均值”函数的均值输出与“平均值”数值控件节点相连；将从“通道”引出的数据同时连入“均值”函数的x输入，如图3-47所示。

⑤ 保存程序为“温度分析报警.vi”，单击“运行”按钮，在前面板查看运行结果。

⑥ 对前面板进行修饰美化，参考面板如图3-48所示。

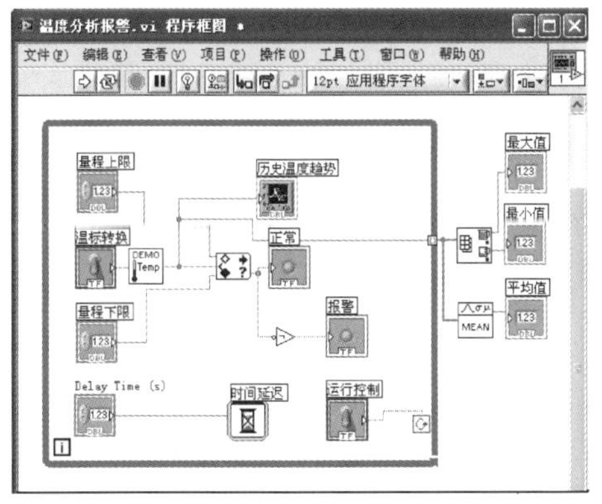

图3-47　温度分析报警.vi程序框图2

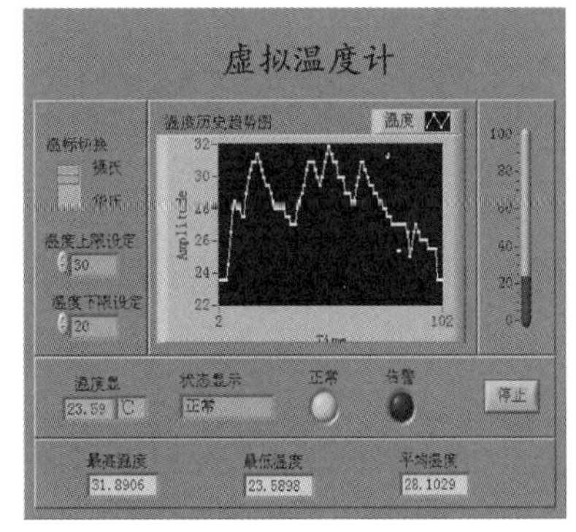

图3-48　虚拟温度计参考前面板

计划总结

1. 工作计划表

序　　号	工　作　内　容	计划完成时间	实际完成情况自评	教　师　评　价

2. 材料领用清单

序　　号	元器件名称	数　　量	设备故障记录	负责人签字

3. 项目实施记录与改善意见

拓展练习

创建一个 VI 程序，连续以每秒4次的采样率监测液位变化，如果液位高于或低于设定范围，告警灯点亮，同时驱动蜂鸣器报警，工作状态栏显示“越限”信息；若检测液位在量程范围内，正常指示灯亮，同时工作状态栏显示“正常”信息。按动 RUN 按钮，程序自动进入系统运行状态，图表逐点显示液位变化曲线，同时将上/下限设定值也显示在图表中。当单击运行控制开关时，程序停止运行。

3.4 任务4 温度传感器信号的调理和ELVIS采集

① 传感器的选型和硬件调理电路搭建；

② 使用ELVIS设备采集传感器信号并显示，如表3-5所示。

表3-5 温度传感器信号的调理和ELVIS采集

项目名称	温度传感器信号的调理和ELVIS采集
任务描述	设计温度检测报警系统，具体要求如下： 用DAQ卡采集室内温度信号； 温度信号实时显示在图形显示器上； 具有摄氏与华氏温标的切换功能； 具有越限报警和数据分析功能； 采样周期为500 ms
预习要点	理解数据采集概念； 了解典型的数据采集系统组成； 理解数据采集主要参数：输入模式、分辨率、增益、采样率及采样点数； 掌握温度传感器的选型； 掌握通过数据采集助手DAQ Assistant实现模拟输入和输出； 掌握公式节点的使用方法
材料准备	NI ELVIS Ⅱ 教学设备（学生每组一套） 集成温度传感器LM35（1个） 100 kΩ 电阻（1个） 10 kΩ 热敏电阻（1个） 10 kΩ 电阻（1个） 导线（6根）
参考学时	4

预备知识

1．常用温度传感器

（1）热电偶

热电偶是目前温度测量中使用最普遍的传感元件之一。它具有结构简单，制造方便、测量范围宽、准确度高、热惯性小，输出信号为电信号便于远传或信号转换等优点。另外，由于热电偶是一种有源传感器，测量时不需外加电源，使用十分方便，常用来测量炉子、管道内的气体或液体温度，测量固体以及固体壁面的温度。国际上规定热电偶分为8个不同的分度，分别为B，R，S，K，N，E，J和T，其测量温度最低可达-270 ℃，最高可达1 800 ℃。热电偶实际使用一般需要补偿导线。

（2）热电阻

热电阻是利用导体的电阻率随温度升高而增大这一特性来测温的，是中低温区最常用的一种温度检测器。它的主要特点是测量精度高，性能稳定，互换性以及准确性都比较好，但是需要电源激励，不能够瞬时测量温度的变化。工业用热电阻一般采用Pt100，Pt10，Cu50，Cu100，铂热电阻的测温范围一般为-200～800 ℃，铜热电阻为-40～140 ℃。热电阻测温一般选用三线制电桥电路，不需要补偿导线，而且比热电偶便宜。

（3）热敏电阻

热敏电阻是一种利用半导体制成的敏感元件，其特点是电阻率随温度的变化而显著变化，其电阻温度系数要比金属大10～100倍。工作温度范围宽，常温器件适用于-55～315 ℃，体积小，使用方便，易加工成复杂的形状，稳定性好。在应用方面，它不仅可以作为测量元件（如测量温度、流量、液位等），还可以作为控制元件（如热敏开关、限流器）和电路补偿元件。热敏电阻包括正温度系数（PTC）和负温度系数（NTC）热敏电阻，以及临界温度热敏电阻（CTR）。

（4）集成温度传感器

集成温度传感器利用PN结的电流、电压特性与温度的关系测温，把热敏晶体管和外围电路、放大器、偏置电路及线性电路制作在同一芯片上。分为模拟式温度传感器、逻辑输出型温度传感器和数字温度传感器。

集成模拟温度传感器与传统模拟温度传感器相比，具有灵敏度高、线性度好、响应速度快等优点，而且它还将驱动电路、信号处理电路以及必要的逻辑控制电路集成在单片IC上，有实际尺寸小、使用方便等优点；在许多应用中，我们并不需要严格测量温度值，只关心温度是否超出了一个设定范围，一旦温度超出所规定的范围，则发出报警信号，启动或关闭风扇、空调、加热器或其他控制设备，此时可选用集成逻辑输出式温度传感器；数字温度传感器则提供了数字式接口，可以直接与微处理器进行数据传送。

这里介绍两种常用的模拟式集成温度传感器：

① AD590温度传感器。AD590是美国模拟器件公司生产的一种电流输出型集成温度传感器，供电电压范围为3~30 V，输出电流223 μA（-50 ℃）~423 μA（+150 ℃），灵敏度为1μA/℃。当在电路中串接采样电阻*R*时，*R*两端的电压可作为输出电压。注意*R*的阻值不能取得太大，以保证AD590两端电压不低于3 V。AD590输出电流信号传输距离可达到1 km以上。AD590用于测量热力学温度、摄氏温度、两点温度差、多点最低温度、多点平均温度的具体电路，广泛应用于不同的温度控制场合。由于AD590精度高、价格低、不需辅助电源、线性好，常用于测温和热电偶的冷端补偿。

② LM35温度传感器。LM35是美国国家半导体公司（NS）生产的一种电压输出型集成温度传感器，电路接口简单，可单电源和正负电源工作、工作稳定可靠，具有体积小、灵敏度高、响应时间短、抗干扰能力强等特点。该器件灵敏度为10 mV/K，具有小于1 Ω的动态阻抗，温度范围为-55~+150 ℃。该器件广泛应用于温度测量、温差测量以及温度0补偿系统中。

2. 公式节点(Formula Node)

LabVIEW的程序描述能力已经很强大，然而一些复杂的算法完全依赖图形代码来实现会过于烦琐，为此，在LabVIEW中还包括了文本编程的用于实现程序逻辑的公式节点。

（1）公式节点的创建

公式节点位于结构子模板，是一个可以改变大小的框，用户可以使用标签工具，将数学公式直接写入节点框内，如图3-49所示。

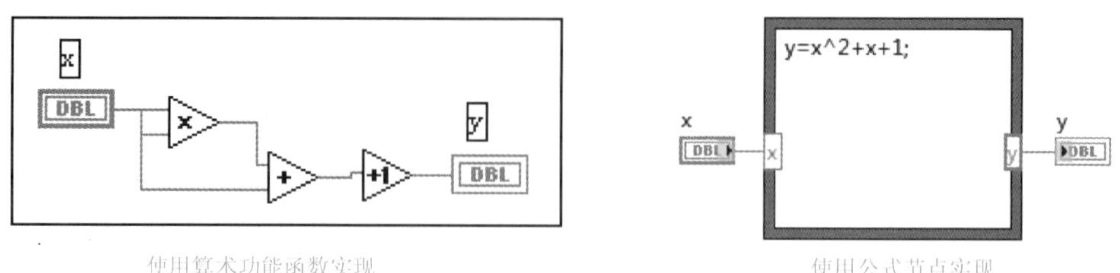

图3-49　公式节点使用

（2）公式节点语法

公式节点是一种结构，允许用户使用类似于多数文本编程语言的句法，编写一个或多个代数公式。这对于实现有多个变量的公式十分有效。

考虑下面的问题：

用程序实现一个运算，当两个输入量X_1，X_2满足$X_1+X_2\geqslant 0$时，$Y=X_1\sin X_2$；当$X_1+X_2<0$时，$Y=X_2\sin X_1$。（可以用分立图形对象、 Formula Express VI、公式节点三种途径实现）

使用公式节点框架中的所有变量，必须有一个相对应的输入端口或是输出端口，否则会出错。

（3）公式节点应用实例

例程1：公式节点_条件表达式.vi的程序框图如图3-50所示。

例程2：公式节点_温度转换.vi的程序框图如图3-51所示。

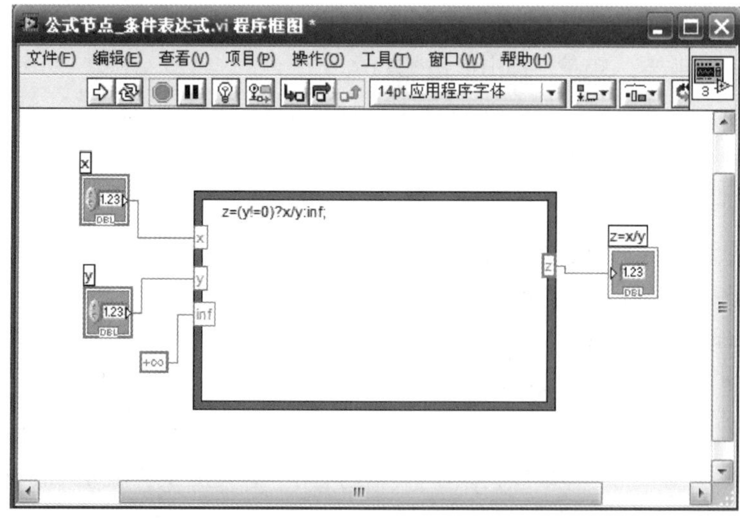

图3-50　公式节点_条件表达式.vi

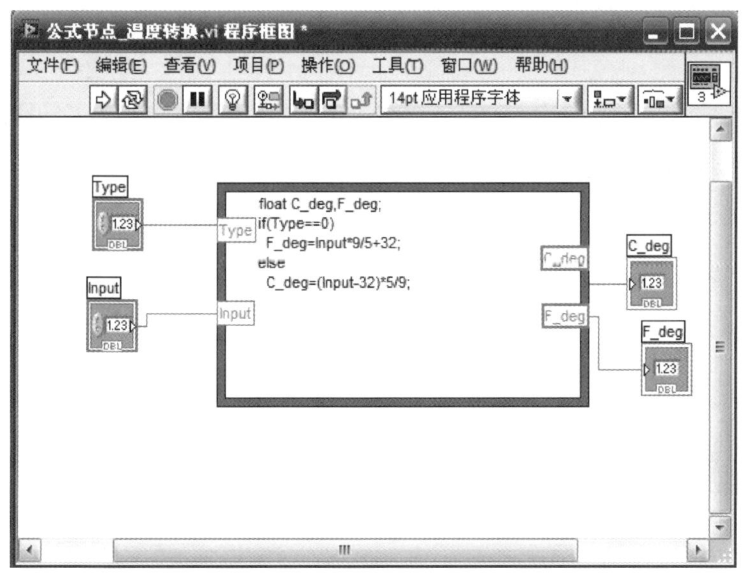

图3-51 公式节点_温度转换.vi

任务实施

1. 选用LM35集成温度传感器实现温度检测报警系统

（1）LM35硬件电路接线

图3-52所示为LM35测量电路，其中电源分别取直流电源+5 V及-5 V，电阻R_1为100 kΩ，下图为LM35的管脚封装示意图。

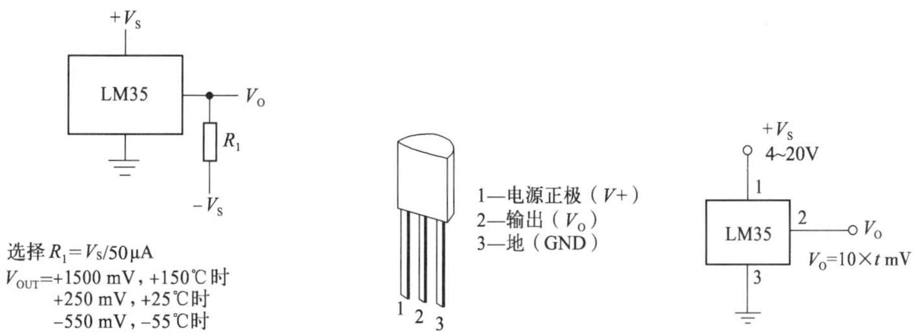

图3-52 温度测量系统硬件电路及LM35封装

（2）搭建传感器测量电路

在ELVIS面包板上搭建传感器测量电路，将传感器输出信号以差分方式接入ELVIS模拟输入通道AI0+和AI0-，-5 V电源由模拟输出通道ao0提供，如图3-53所示。

（3）用DAQ助手生成-5 V电源

① 新建一个VI，在程序框图中，选择数据采集助手DAQ Assistant，创建一个DAQ-mx任务，如图3-54所示。

② 出现DAQ Assistant图标和初始化界面，如图3-55所示。

③ 选择测量类型，这里选择“生成信号”→“模拟输出”→“电压”选项，如图3-56所示。

图3-53 ELVIS参考电路

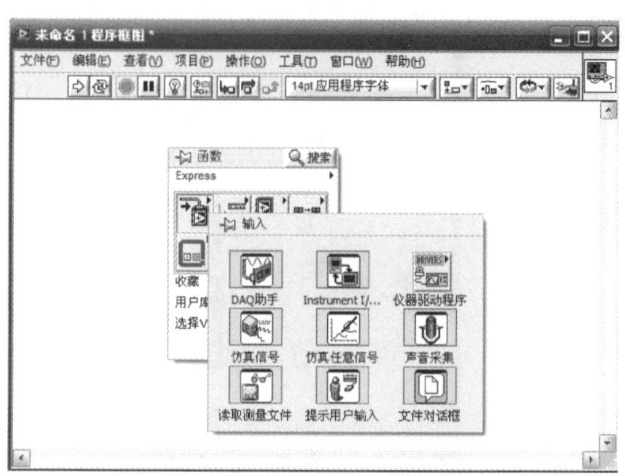

图3-54 数据采集助手DAQ Assistant

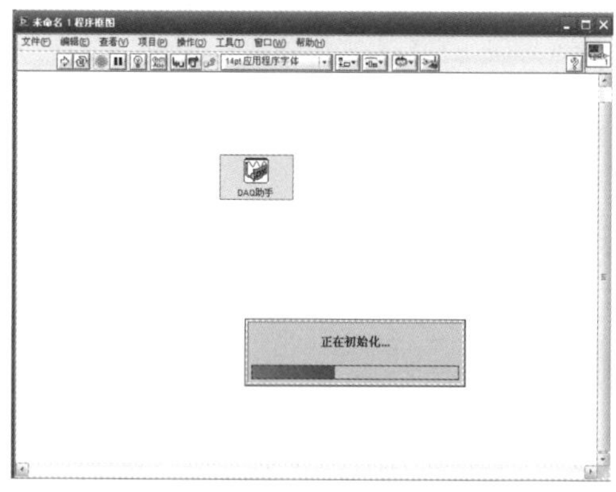

图3-55 数据采集助手初始化

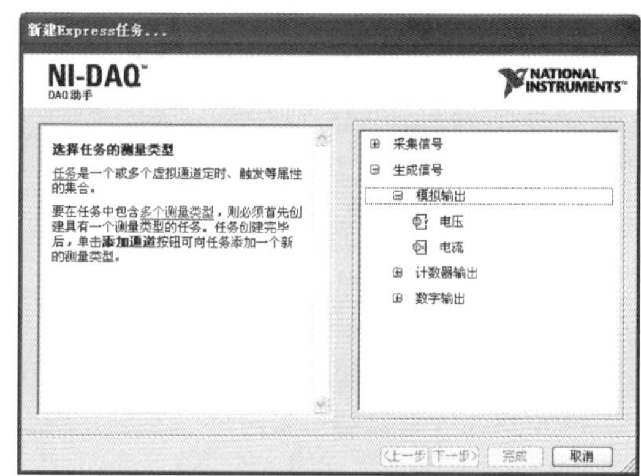

图3-56 选择生成信号

④ 选择物理通道ao0，如图3-57所示。

⑤ 配置通道，设置电压输出范围、生成模式等，如图3-58所示。

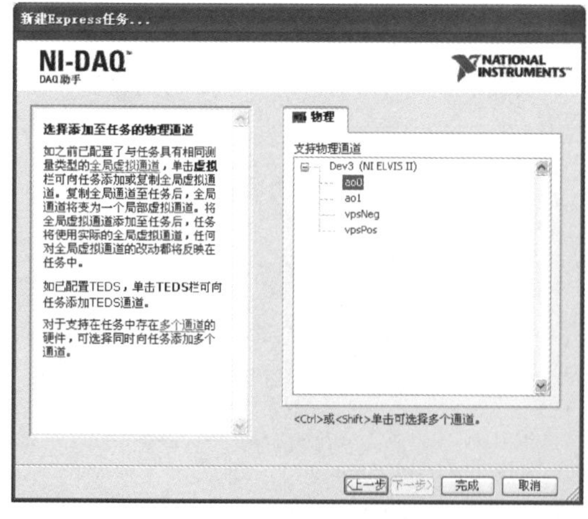

图3-57 选择物理通道

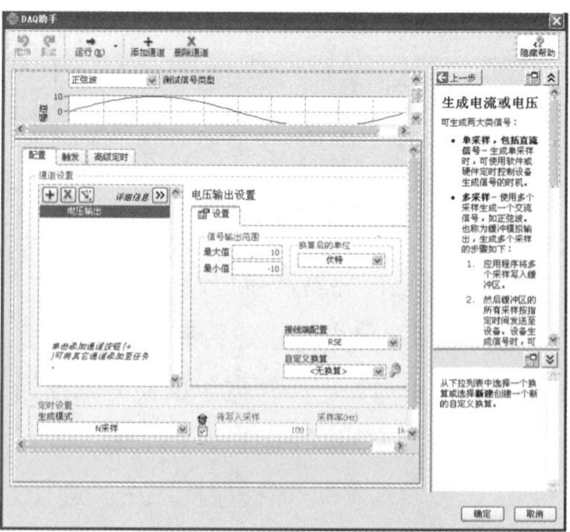

图3-58 配置通道

⑥ 单击“确定”按钮，完成配置。

⑦ 在DAQ助手的数据输入端创建“常量”为“-5”。

（4）配置数据采集通道

① 在程序框图中，选择数据采集助手DAQ Assistant，新创建一个DAQ-mx任务，选择“采集信号”→“模拟输入” →“电压”选项，如图3-59所示。

② 选择物理通道 ai0，如图3 60所示。

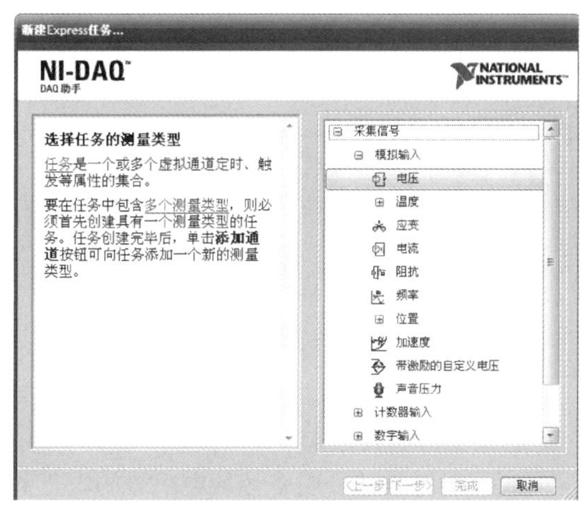

图3-59 选择测量类型

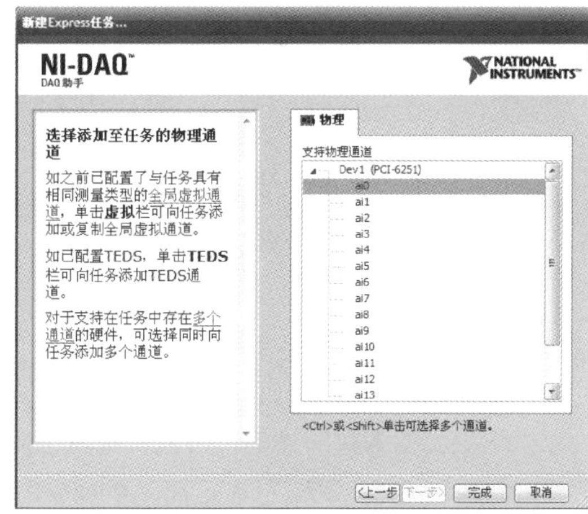

图3-60 选择物理通道

③ 配置通道，设置采样最大最小值，信号连接方式，任务定时和任务触发等，如图3-61所示。

③ 测试DAQmx任务，如图3-62所示。

④ 单击“确定”按钮，完成配置。

（5）用波形图表显示传感器温度值

在前面板上创建波形图表显示器，输出数据采集助手的采集信号。前面板和程序框图如图3-63和图3-64所示。

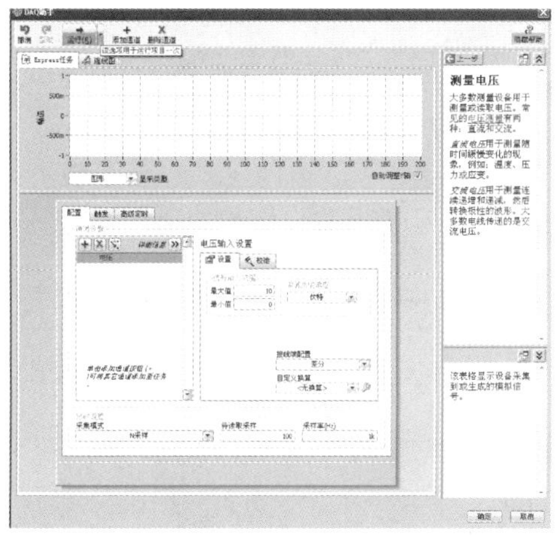

图3-61 配置通道

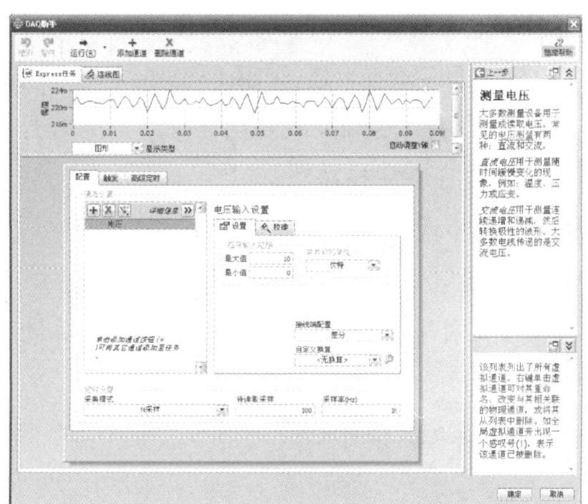

图3-62 测试DAQmx任务

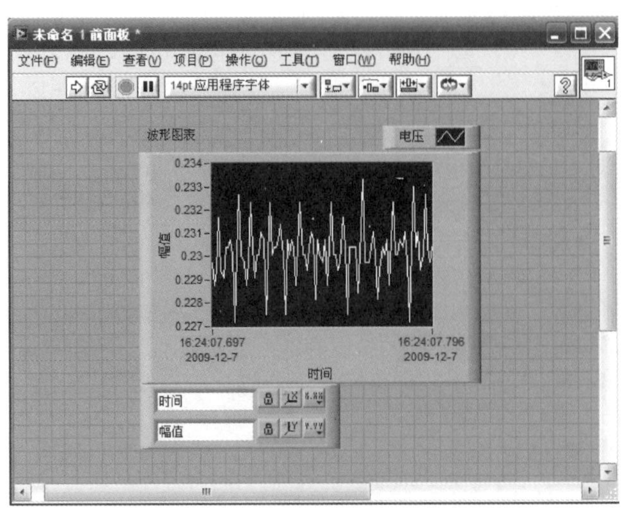

图3-63　创建波形图表显示器

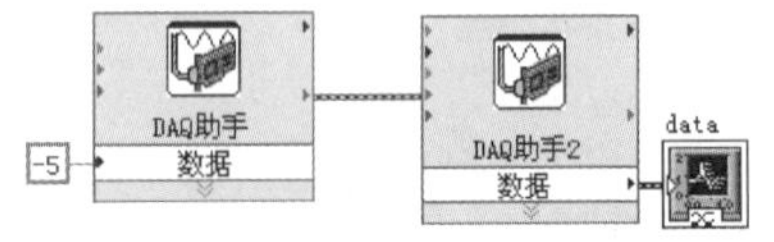

图3-64　LM35温度测量程序框图

2. 选用热敏电阻器实现温度检测报警系统

采用负温度系数的热敏电阻器与常值电阻器组成的分压电路进行温度的测量。利用数据采集卡的输出通道AO0对分压电路提供精确的5 V电源，当温度改变时，热敏电阻器的电阻值发生变化，从而两端的电压发生变化。通过数据采集卡的AI1通道、差分输入，对热敏电阻器两端的电压进行采集分析，从而测得当前温度，系统原理框图如图3-65所示。

图3-65　热敏电阻温度检测系统原理框图

① 用ELVIS的万用表测量电阻器的阻值、热敏电阻器两端电阻值和电压，并观察当对热敏电阻器加热后，热敏电阻器阻值和电压的变化趋势，并分析热敏电阻器类型，硬件接线如图3-66所示。

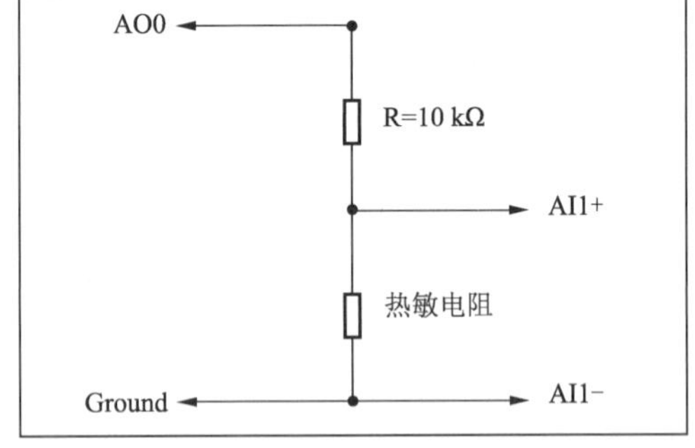

图3-66　热敏电阻器温度检测系统硬件线路

② 按图3-66所示连接用ELVIS的万用表功能观测热敏电阻器两端电压变化情况，当温度升高时，观察电压变化趋势。

③ 在步骤②实现的基础上，用DAQ数据采集助手实现对热敏电阻器两端电压的采集。

④ 根据分压关系编写阻值计算子VI，计算对应不同分压时热敏电阻器的电阻值R_t。

⑤ 根据电阻值和温度变化的关系式，将热敏电阻器的R_t转换为对应的温度值显示。

$$R_t=R_0\exp B(1/T-1/T_0)$$

式中：R_t为在温度T（K）时的 NTC 热敏电阻器阻值；

R_0为在额定温度T_0（K）时的 NTC 热敏电阻器阻值；

*T*为规定温度（K）；

*B*为NTC 热敏电阻器的材料常数，又叫热敏指数；

exp为以e 为底的指数（e = 2.71828 …）。

⑥ 实现温度分析功能，显示温度采集期间的最高、最低和平均温度值。

⑦ 实现越限报警功能，当温度超过设定的上限（如35℃）或下限（如32℃）时报警灯亮。

计划总结

1. 工作计划表

序　　号	工 作 内 容	计划完成时间	实际完成情况自评	教　师　评　价

2. 材料领用清单

序　　号	元 器 件 名 称	数　　量	设备故障记录	负责人签字

3. 项目实施记录与改善意见

____

____

____

拓展练习

① 同时采用集成温度传感器LM35和热敏电阻器进行室温的实时采集与显示，从而实现两路模入信号的采集。

② 构建一个采集电压信号并在仪表上显示输出的VI（电压信号由ELVIS设备可调直流电源模块提供）。程序前面板如图3-67所示。

③ 使用数据采集助手DAQ Assistant 进行模拟量输出练习。

开发一个使用DAQ设备输出模拟电压的VI。该VI将以0.5 V的增量输出0～9.5 V的电压，并将输出值显示在前面板上。

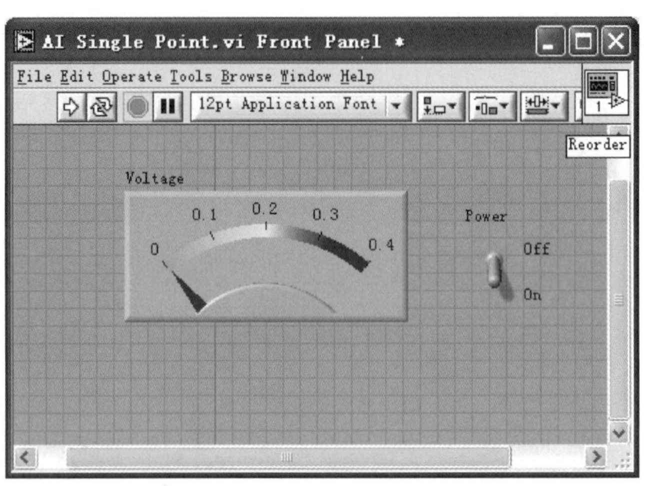

图3-67　电压采集并显示

3.5　任务5　电烤箱温度测控系统的设计和实现

系统软硬件集成，实现电烤箱温度实时检测和温度控制（见表3-6）。

表3-6　电烤箱温度测控系统的设计与实现

项目名称	电烤箱温度测控系统的设计与实现
任务描述	利用虚拟仪器技术实现电烤箱温度的检测与控制，具体要求如下： 实现烤箱温度信号的采样显示； 完成温度分析和数据保存等功能； 通过内部模拟电压信号自动触发控制电烤箱的执行机构加热器在一定温度范围内工作和停止工作
预习要点	温度传感器参数测定； PID控制软件包使用； 电烤箱温度测量控制系统方案设计； 温度采集系统硬件平台的构建； 电烤箱温度采集系统软件平台设计
材料准备	NI ELVIS教学设备（学生每组一套） 集成温度传感器LM35（1个） K型热电偶（1个） Pt100热电阻（1个） 测量电桥（1组） 导线若干
参考学时	4

预备知识

1．系统界面的设计技巧

通常，前面板又被称为GUI（Graphical User Interface，图形化用户界面），它的基本设计原则就是：简洁、合理、有效，最终必须将用户所关心的信息清晰地显示出来，使用户对软件有良好的整体印象，并有继续使用的意愿。

创建一个美观易用的用户界面就像家居布置一样，控件就像是家具，具有各种款式供您灵活选择；实用的家具需要配以和谐的颜色，颜色没有美丑之分，搭配是关键；如何把这些美观实用的控件合理地摆放在用户界面上同样也是一种学问，合理的布局可以达到整洁方便、赏心悦目的作用。

（1）控件排列

LabVIEW 提供了一系列工具供用户排列和分布控件的位置以及调整控件的大小，可以使用“对齐对象”、“分布对象”、“调整对象大小”使得控件摆放整齐，界面看起来排列有序。还可以使用修饰控件、界面分隔为应用程序增色。

（2）界面配色

当距离界面较远的时候，我们所看到的并不是排版，也不是控件，而是色彩。相比之下，如果能够合理地搭配颜色，对于界面来说会有事半功倍的效果。

总体来讲，色彩是一个很主观的概念，不同的人有着自己不同的配色标准。但是，即便如此，对于色彩的设计还是有一些共同的标准和前人的经验可以借鉴的。界面配色的总体应用原则即“总体协调，局部对比”，也就是：整体色彩效果应该是和谐的，只在局部的、小范围的地方可以有一些强烈色彩的对比。

以图3-68的程序为例，首先确定了主基调为蓝色，那么整个应用程序的前面板对象都用不同深浅程度、不同饱和度的蓝来表示不同的对象。但是，局部地方，可以使用一些明亮的红色、黄色、绿色等，与背景白色形成明显对比，突出需要强调的各个地方。

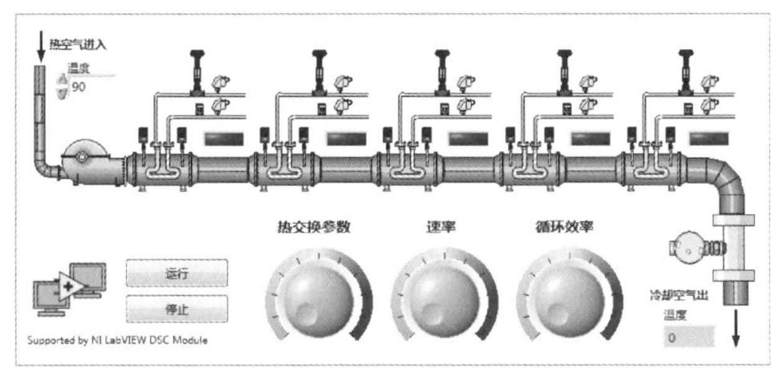

图3-68 “总体协调，局部对比”的配色原则

其次，在前面板中巧妙地使用透明色往往也会起到神奇的作用，例如，我们可以通过透明色将一个基本的波形图控件转换为一个更为美观的显示方式，如图3-69所示。

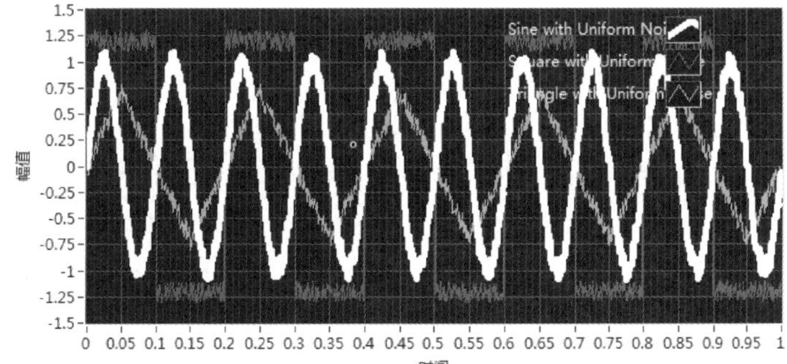

图3-69 使用透明色改观波形图控件

界面配色的技巧和经验：

① 所有不用显示前面板的子VI 前面板可以让它保持LabVIEW 的默认灰色，以方便区分主VI 和子VI。

② 对于红、黄、绿色，要遵循工业的通用习惯。比如，红色一般用于指示紧急情况，拉响警报；黄色一般用于引起重视，作为警告；绿色则一般用于表示工作正常。

③ 黑与白永远是最经典的颜色，所以对背景进行美白或加黑，再结合小面积的亮色，将会有惊喜的发现。

（3）合理布局

合理布局的原则是要将最重要的部分放在最显眼的地方。根据现代人的阅读习惯，我们都是从左到右、从上往下，因此就需要把最重要的部分放在左上角。如图3-70所示为NI公司提供的一个蓝牙耳机测试的操作界面，整个界面的布局逻辑主次分明，最重要的部分一般放在左边或上边，非常符合布局原则。

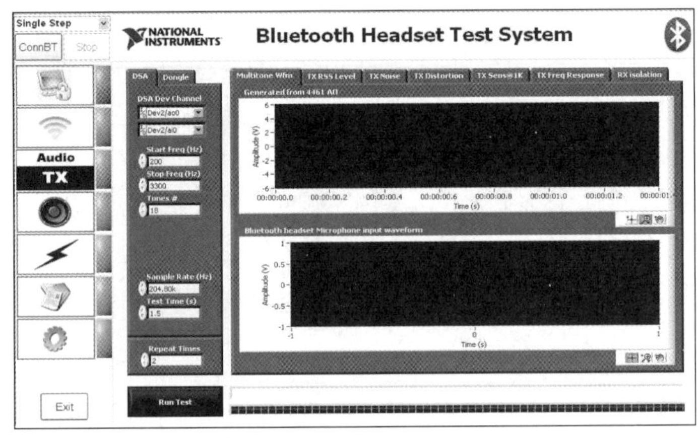

图3-70　界面逻辑主次分明

针对界面布局，LabVIEW 为用户提供了完整的一系列工具，例如控件组合、控件对齐、等间隔、控件锁定、分隔栏、控件大小设置等。除了使用布局工具，有时还需要将同一类控件进行归类，从而使得界面看上去更有层次感。如果是比较少的控件，可以使用LabVIEW 自带的装饰控件就可以很好地满足；而如果控件数相对比较多时，则可以考虑使用选项卡控件；如果还有更高级的应用需求时，还可以考虑使用子面板控件来实现在同一个区域灵活显示不同的VI 的前面板。图3-71就是一个结合了装饰控件、选项卡控件以及子面板的界面实例。

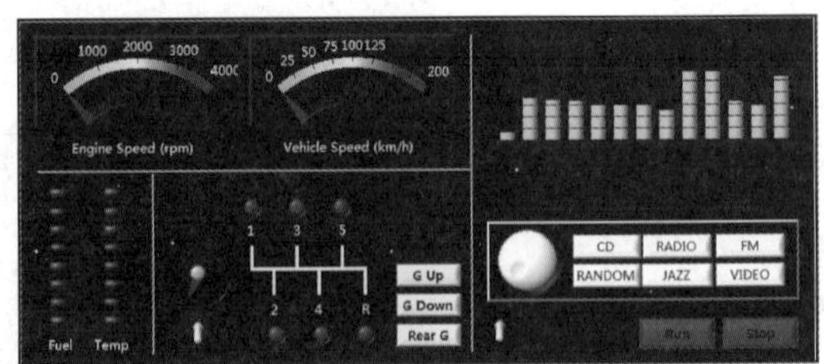

图3-71　控件归类实例

其次对于运行窗口还可以进行设置。很多时候在某一个分辨率（例如1 024 × 768）的显示屏上编写的程序，放在另一个分辨率或者在一个宽屏的显示屏上运行时，就很可能会出现将界面旁边的空白区域显示出来。因此，为了避免这个问题的出现，在每个VI 的属性设置对话框中，都会出现两个选项，第一个可以让程序在不同分辨率的显示器上保持窗口的比例；而第二个选项是可以根据窗口尺寸自动调节界面中控件的大小。

总而言之，界面布局的好坏是界面是否符合人机工程学的一个最重要的衡量标准，合理地对控件进行布局和调整，将会让使用者更方便地进行操作。

2. 程序框图的设计规范

程序框图是理解一个VI如何工作的主要途径，因此花费一些精力让程序框图更加组织有序和易读是非常必须要的。

下面是程序框图设计的一些基本规范。

① 程序框图设计要紧凑，不要把程序框图画得太大，尽量限制在滚动条内。过大的程序框图很难让人读懂，如果程序内容较多，最好通过子VI的方式将程序划分为多个模块；当程序框图使用的面积很大时，尽可能地使用LabVIEW开发环境提供的“导航窗”功能。

② 在程序框图中大量地使用标注是一个很好的习惯。

③ 依照数据流的概念设计程序框图，图标按数据流的关系从左至右排列，确保连线左进右出。

④ 最好使用标准字体，把连线、终端、常数等排列整齐，不要将连线放在子VI或其他程序框图的下面。

⑤ 为子VI创建有意义的图标。

⑥ 如果在多个VI中用到了同一个独特的控件或者需要在许多子VI之间传递复杂的数据结构，考虑使用自定义数据类型。

⑦ 关闭所有的引用。

⑧ 避免过多地使用局部变量和全局变量。

⑨ 可利用LabVIEW开发环境提供的“整理”功能。

3. 控制系统软件算法说明：Bang－Bang控制

在很多温度控制系统中，对温度的要求往往不是一个定值，而是一个范围。在这种情况下，执行机构（加热器）只需要两种状态：on——运转（加热）；off——不运转。

对于这种执行要求，可以采用典型的数字控制算法：Bang－Bang控制算法。

设置两个温度点：THIGH和TLOW，如果温度低于TLOW，则数采卡输出5 V触发SCR智能模块，加热器工作；如果温度高于THIGH，则数采卡输出0 V，SCR智能模块关断，加热器停止工作。（考虑到LM35集成温度传感器的测温范围，THIGH设置不要超过120 ℃。）

4. 电烤箱系统温度控制流程图

系统所用电烤箱是在普通家用电烤箱的基础上加以改造，其温度控制流程如图3-72所示。

电烤箱的温度控制是通过晶闸管SCR智能模块实现的， SCR（可控硅）智能模块是将SCR及其触发控制电路都集成在一个智能模块内，并加以保护电路。

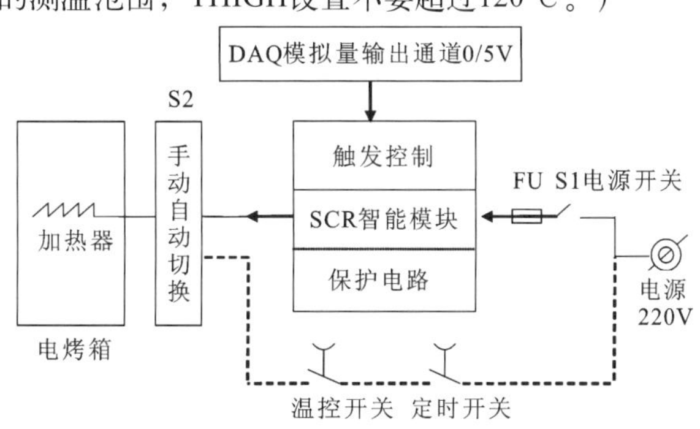

图3-72 电烤箱系统温度控制流程图

在自动模式下，当DAQ模拟量输出通道输出5 V的电压，用以触发控制SCR智能模块，加热器开始加热，电烤箱温度上升，当DAQ模拟量输出通道输出0 V的电压，SCR智能模块关断，加热器停止加热，电烤箱温度缓慢下降。

图中虚线为原电烤箱的控制电路，S2开关为手动时可用。

这里我们采用模拟量输出0V或5V两个定值来代替数据采集卡的数字量输出功能，有关数字量的输入/输出将在后续的项目任务中继续介绍。

任务实施

1. 系统软硬件集成，实现电烤箱温度实时检测

① ELVIS设备调试：在电烤箱中安置LM35传感器，按双电源接线方式连接硬件电路，并将输出电压连接至ELVIS模拟输入通道AI0+和AI0−。

② 采集LM35温度传感器信号。打开任务2中建立的“温标转换.vi”，在程序框图中，选择数据采集助手DAQ Assistant,创建一个DAQ-mx任务。

③ 选择测量类型：模拟量输入，选择物理通道 ai0，配置通道，设置采样最大最小值，信号连接方式，任务定时和任务触发等。

④ 测试DAQ−mx任务，完成配置。

⑤ 将数据采集助手DAQ Assistant图标替换“温标转换.vi”中的“(Demo) Read Voltage.vi”，保存程序，如图3-73所示。

⑥ 打开任务3中建立的“温度分析报警.vi”；设置温度采集周期为1 s，观察波形图表显示，停止采集，查看采集温度的最大最小值和平均值；将程序改名为“电烤箱温度测控系统.vi”。

2. 实现对电烤箱的温度控制

① 按图3-73所示连接好硬件电路。

② 数据采集通道配置；新建数据采集任务和通道（“生成信号”→“模拟输出”→“电压”）。设置物理通道，完成配置。在ELVIS设备上用万用表检验输出信号。

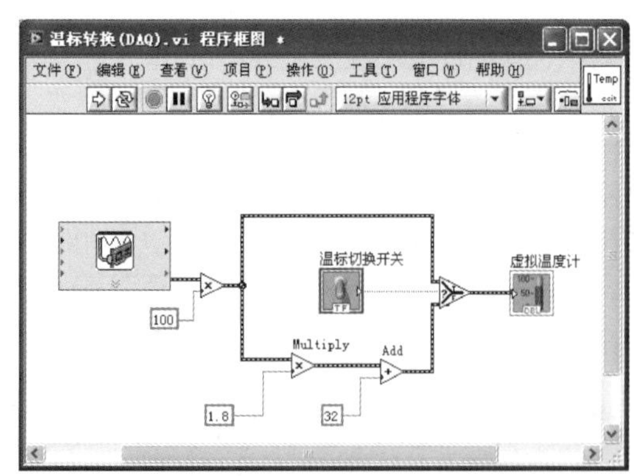

图3-73 温标转换（DAQ）.vi 程序框图

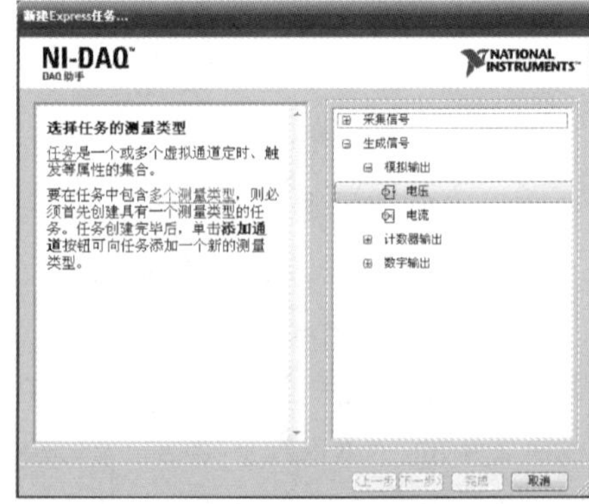

图3-74 配置模拟量输出通道

③ 设置程序框图：

- 打开“电烤箱温度测控系统.vi”，在循环框内添加数据采集助手DAQ Assistan快捷函数，配置模拟量电压输出任务和通道；
- 添加“选择”函数（路径：Express→“算术与比较”→“Express比较”）。

该函数根据s的值，返回连接至t输入或f输入的值。s为True时，函数返回连接到t的值。s为False时，函数返回连接到f的值。

- 添加“大于等于”函数（路径：Express→“算术与比较”→“Express比较”），如图3-75所示。

图3-75 “大于等于”函数

该函数如x大于等于y，则返回True。否则，函数返回False。

- 将“温标转换”和“量程下限”的输出分别连入“大于等于”函数的x、y端，将“大于等于”函数的输出、常数0、常数5分别连入“选择”函数的t、s、f端，将“选择”函数的输出端连入数据采集助手输入端，如图3-76所示。

④ 前面板：系统前面板如图3-77所示，运行程序，查看系统运行过程。

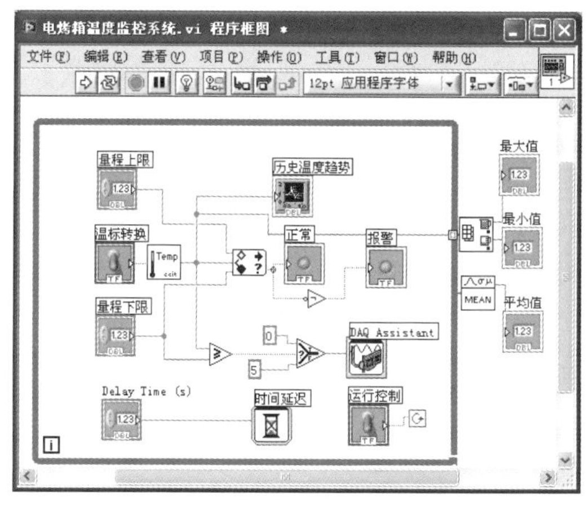

图3-76 电烤箱温度监控系统.vi程序框图

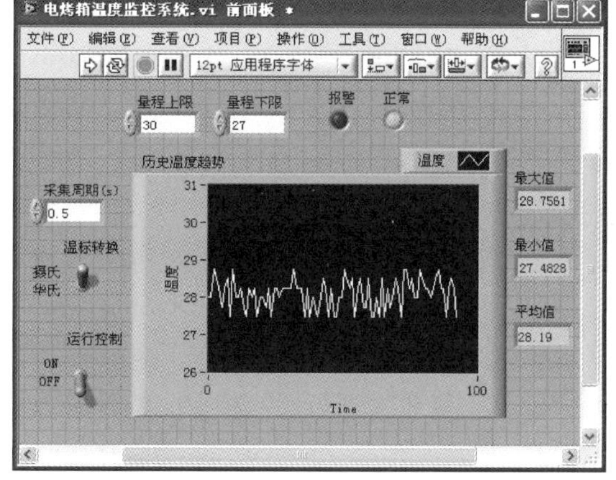

图3-77 电烤箱温度监控系统.vi前面板

计划总结

1. 工作计划表

序　　号	工　作　内　容	计划完成时间	实际完成情况自评	教　师　评　价

2. 材料领用清单

序　号	元器件名称	数　量	设备故障记录	负责人签字

3. 项目实施记录与改善意见

____

____

____

拓展练习

① 在电烤箱温度测控系统操作前面板上设置温度控制手动/自动切换按钮，控制实际的加热器电路。

② 将电烤箱温度测控系统分别改用K型热电偶、铂电阻Pt100温度传感器实现温度检测。

思考与练习

1. 请从以下选项中选出制作子VI（子程序）时不需要的选项（　　）。

   A. 连线器　　B. 图标　　C. 簇　　D. 图标编辑器

2. 请从以下选项中选出表示子ＶＩ正在运行中的图标（　　）。

   A.　　B.　　C.　　D.

3. 请从以下选项中选出关于图3-78所示程序的停止条件的正确的说明（　　）。

   A. 单击“停止”按钮的情况

   B. 随机数据与1000相乘取整后的结果若为123或者单击“停止”按钮的情况

   C. 随机数据与1000相乘取整后的结果是123并且单击“停止”按钮的情况

   D. 随机数据与1000相乘取整后的结果是123

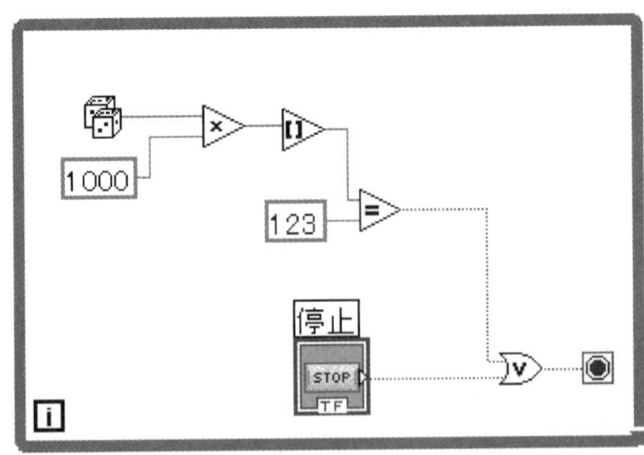

图3-78　题3图

4. 请从以下选项中选择表示字符串的连线颜色（　　）。

A. 绿色　　B. 蓝色　　C. 橙色　　D. 粉色

5. 请从以下选项中选出关于图标[i]的说明中不正确的选项（　　）。

A. 数值从1开始　　B. 属于While循环

C. 属于For循环　　D. 不能在While循环外读取

6. 请选择以下关于图3-79说明中正确的选项（　　）。

A. 运行3次For循环，数值显示控件中显示2

B. 运行8次For循环，数值显示控件中显示2

C. 运行3次For循环，数值显示控件中显示3

D. 运行8次For循环，数值显示控件中显示8

7. 请选择LabVIEW的故障排除工具中不需准备的选项（　　）。

A. 变量　　B. 断点操作　　C. 探针工具　　D. 单步运行按钮

8. 下列哪种说法是错误的？（　　）。

A. 虚拟仪器采用的是面向对象和可视化编程技术

B. 在程序运行的过程中波形的可见性是不可以改变的

C. 在LabVIEW中，VI程序的运行是数据流驱动的

D. 在创建子程序时，可以使用连线工具给前面板的控制器和指示器分配端口

9. 请选择关于图3-80所示程序不能运行的理由的正确说明（　　）。

A. 控件2是输入控件，不能指示For循环的循环次数

B. 控件2是显示控件

C. 控件3是输入控件，不能指示For循环的循环次数

D. 控件3是输入控件

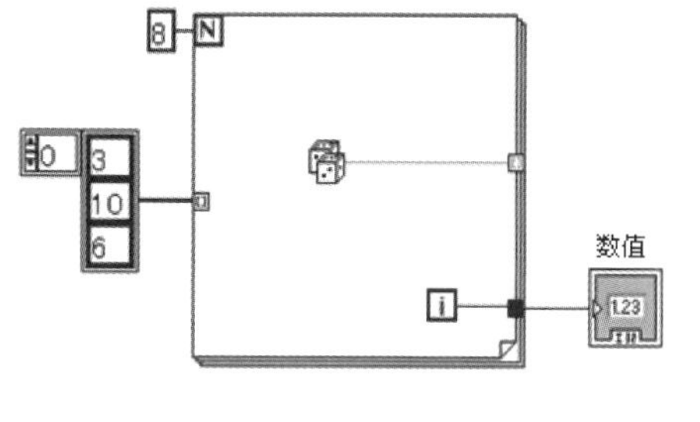

图3-79　题6图

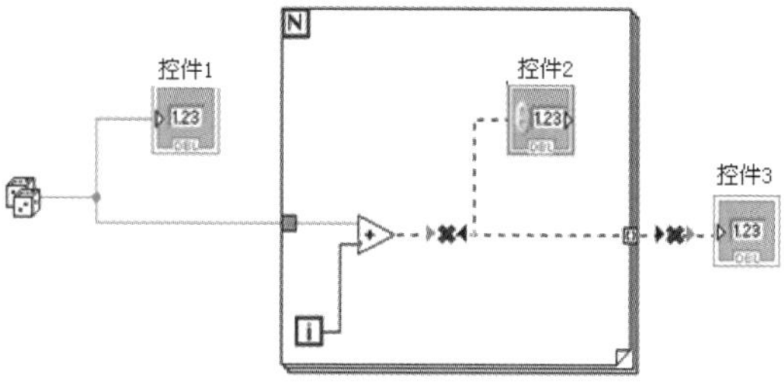

图3-80　题9图

10. 下列说法中哪种说法是正确的？（　　）

A. While循环只有在条件端口接收到的值为True时才停止循环

B. While循环不满足条件，1次也不执行

C. For循环当N<1时，1次都不执行

D. For循环可以嵌套，而While循环不可以嵌套

11. LabVIEW按照哪种编程结构执行程序框图代码？（　　）

A. 控制流，程序的执行顺序由编程元素的顺序确定

B．从上至下，程序从程序框图的顶部开始执行，一直往下

C．从左至右，程序从程序框图的左边开始执行，一直往右

D．数据流模型，程序框图根据数据流向执行

12．请从以下选项中选择表示字符串的连线颜色（　　）。

A．粉色　　B．蓝色　　C．橙色　　D．绿色

13．在哪个选板中选择要在前面板上放置的对象？（　　）

A．图标选板　　B．工具选板　　C．控件选板　　D．函数选板

14．在何处可放置数值常量？（　　）

A．前面板　　B．程序框图　　C．连线板　　D．A和B

15．通过右击程序框图可显示下面哪个选板？（　　）

A．控件选板　　B．函数选板　　C．工具选板　　D．打印选板

16．在LabVIEW中，可运行文本代码的是（　　）。

A．条件结构　　B．顺序结构　　C．公式节点　　D．事件结构

17．如图3-81所示，G表示（　　）。

A．隧道　　B．移位寄存器

C．选择器接线端　　D．计数接线端

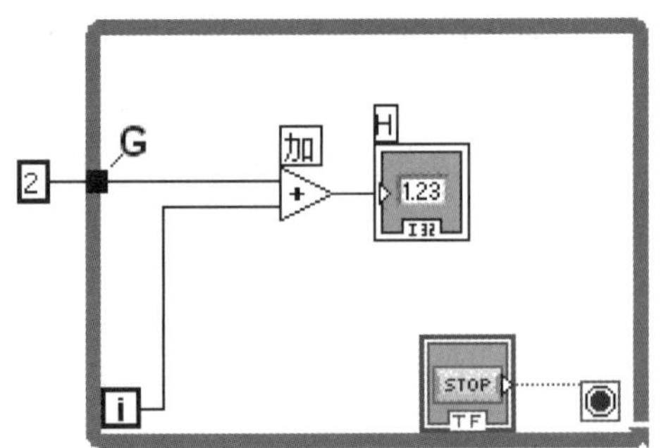

图3-81　题17图

18．如图3-81所示，G的值是（　　）。

A．2　　B．3　　C．4　　D．5

19．如图3-80所示，第一次循环结束后，H的值是（　　）。

A．1　　B．2　　C．3　　D．4

20．单击（　　）按钮，可在程序框图上动态显示数据的流动过程。

A．高亮显示执行过程　　B．连续运行

C．运行　　D．中止执行

21．下列哪种情况下应使用探针工具而不是高亮显示执行过程？（　　）

A．查看数据流

B．实时查看连线中的值

C．在运行过程中查看子VI

D．降低VI运行速度，显示连线中的值

22．程序功能注释应包含在（　　）。

A．程序框图

B．连线板

C．LabVIEW.hlp文件

D．以上均不正确，图形化编程中无须添加注释

23．下列哪种图表更新方式用垂直线分割新旧数据进行比较（类似于心电图仪EKG）？（　　）

A．带状图表　　B．示波器图表　　C．扫描图表　　D．分步图表

24．While循环停止执行的条件为（　　）。

A．条件接线端的值为True，条件接线端为

B．条件接线端的值为False，条件接线端为

C．条件接线端的值为指定数值

D．以上均不正确

25．关于如图3-82所示循环中的代码，正确的表述是（　　）。

A．循环执行1次，循环接线端的输出值为1

B．循环执行1次，循环接线端 i 的输出值为2

C．循环无限次执行，需要中止程序

D．循环不执行，循环接线端 i 的返回值为空

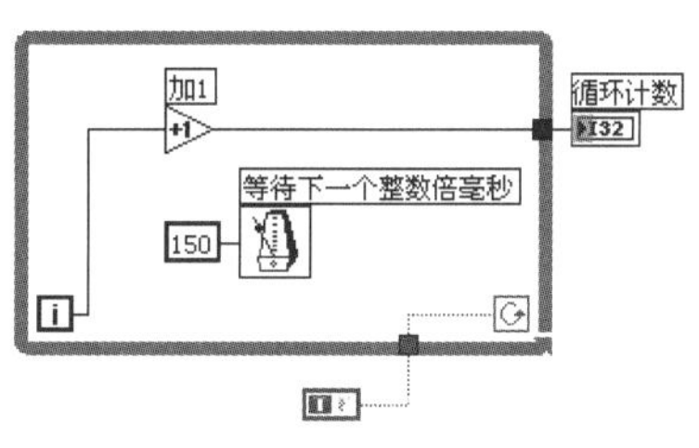

图3-82　题25图

26．（　　）可确定For循环执行的次数，（　　）的值为循环次数减1。

A．总数接线端 N，条件接线端

B．循环计数接线端 i，总数接线端 N

C．总数接线端 N，循环计数接线端 i

D．条件接线端，总数接线端 N

27．For循环停止执行的条件为（　　）。

A．条件接线端的值为False，条件接线端为

B．总数接线端 N 的值比循环计数接线端 i 少1

C．循环计数接线端 i 的值比总数接线端 N 多1

D．以上均不正确

28．图3-83所示程序计算的结果是（　　）。

A．7.5　　B．9　　C．9.0　　D．8

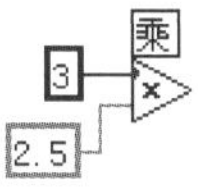

图3-83　题28图

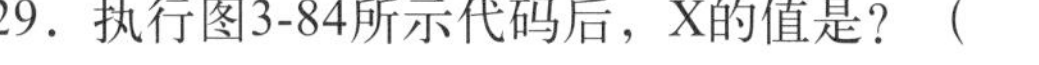

29．执行图3-84所示代码后，X的值是？（　　）

A．15　　B．0　　C．16　　D．1

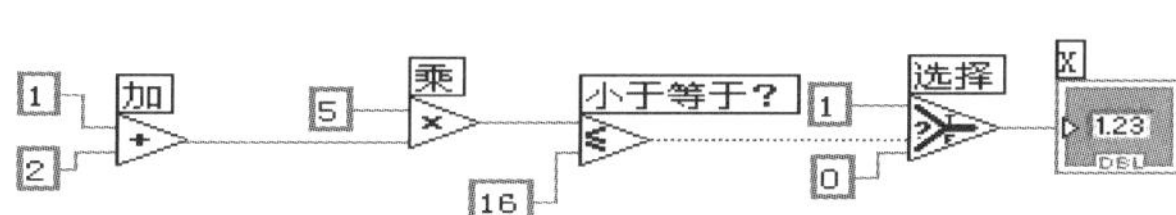

图3-84　题29图

30．如N为6，执行图3-85所示代码后，T的值是（　　）。

A．24　　B．20　　C．16　　D．6

31．下列哪项可生成图3-86所示波形图表？（　　）

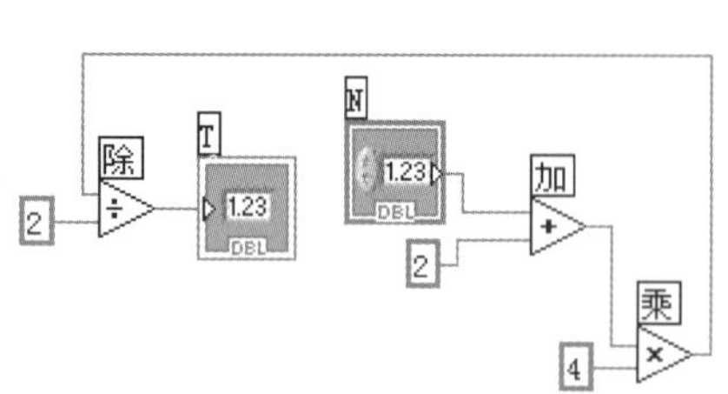

图3-85　题30图

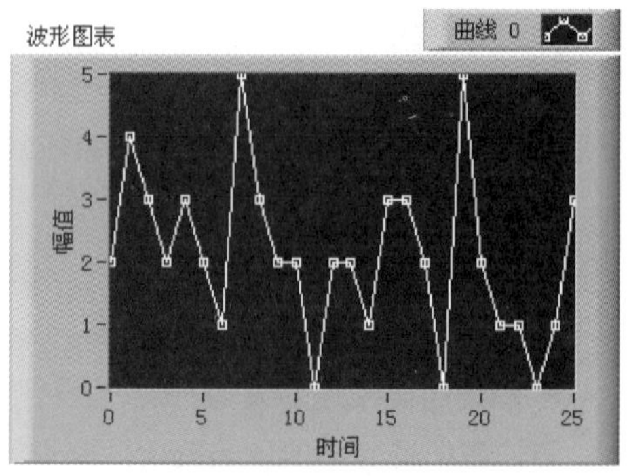

图3-86　题31图

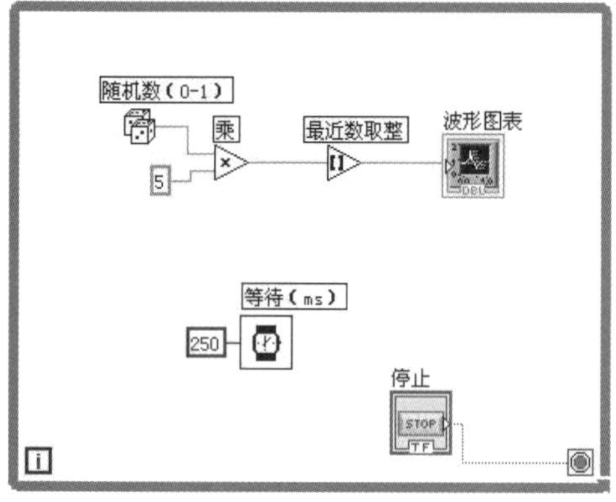

A.

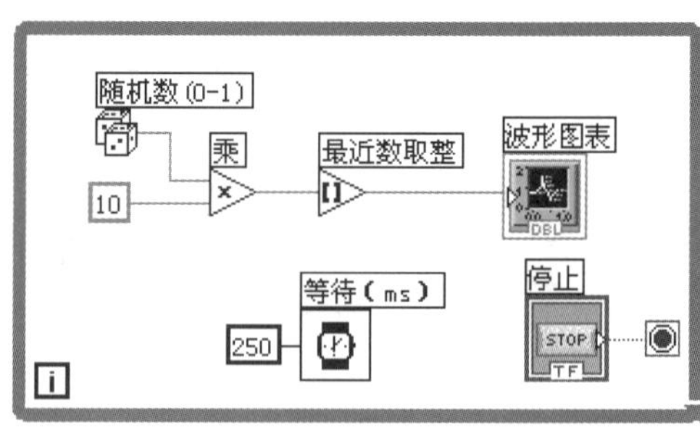

B.

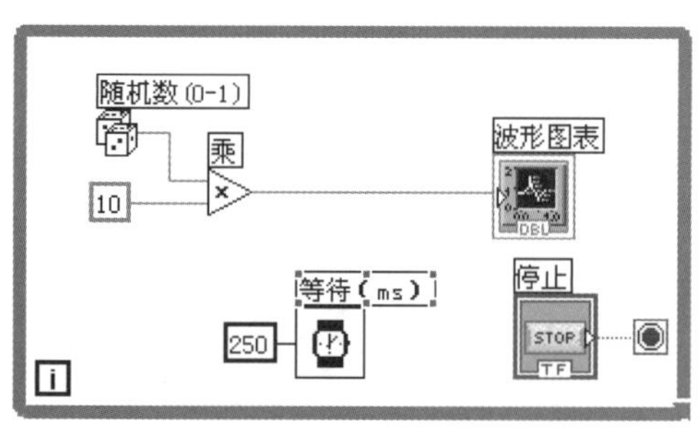

C.

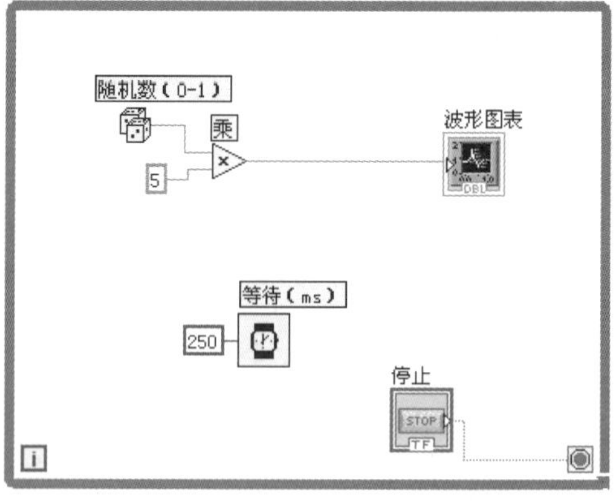

D.

32．将子VI插入顶层VI时，可使用哪种方式？（　　）

A．将子VI图标拖放至目标程序框图　　B．在函数选板中查找选择VI

C．在函数选板中查找插入VI　　D．A和B

33．如果在程序框图中未连线子VI的必需接线端，将出现哪种情况？（　　）

A．执行时该VI将产生警告

B．该VI的运行箭头将断开并且无法执行

C．该VI将运行并不会产生任何错误或警告

D．VI中将无法加载该子VI

34．用于将输入控件或显示控件连接至连线板接线端的工具是（　　）。

A．选择工具　　B．操作工具　　C．连线工具　　D．以上均正确

35．子VI最多可包括的接线端数量为（　　）。

A．12　　B．20　　C．28　　D．36

36.请根据以下设计要求完成程序框图设计：

(1) 设计温度子VI模拟产生20~40之间的温度值，可以有华氏和摄氏两种显示模式；

(2) 设计主程序，通过调用上述子VI模拟采集100个温度点，要求可以设定温度上限，并对超限温度值进行计数。

第四篇

提高篇

项目三　数字测控对象检测与控制

项目简介

本章通过霓虹灯控制、数字式显示器控制、交通信号灯控制三个子任务的训练，让学生掌握基于LabVIEW的数字测控对象检测与控制。

教学目标

1. 能力目标

① 能熟练掌握数字I/O操作；
② 能较熟练地编制和调试LabVIEW程序；
③ 能根据设计要求进行任务的方案设计、编制和程序的调试运行。

2. 知识目标

① 能熟练使用条件结构、顺序结构和事件结构进行程序设计；
② 掌握循环结构移位寄存器的使用；
③ 掌握数组及数组函数、簇及簇函数的使用，能够灵活转换簇和数组；
④ 掌握局部变量和属性节点的使用；
⑤ 掌握状态机程序设计模式；
⑥ 掌握数字输入/输出的使用。

3. 素质目标

① 培养学生团队协作、交流沟通的能力；
② 培养学生自主学习的能力；
③ 培养学生养成良好的职业素养。

任务进阶

任务1　霓虹灯控制。
任务2　数字式显示器控制。
任务3　交通信号灯控制。

4.1 任务1 霓虹灯控制

模拟现实生活中的霓虹彩灯，控制彩灯的闪烁时间及顺序。掌握在LabVIEW中数组和常用数组函数的使用，并利用数字I/O来实现霓虹彩灯的闪烁控制（见表4-1）。

表4-1 霓虹灯控制

任务名称	霓虹灯控制
任务描述	模拟现实生活中的霓虹彩灯，控制彩灯循环闪烁节拍及顺序 循环闪烁控制要求如下： ① 8个霓虹彩灯一亮一灭、从左向右移动控制，彩灯变化的快慢节拍可以选择 ② 8个霓虹彩灯两亮两灭、从右向左移动控制，彩灯变化的快慢节拍可以选择 ③ 变换方式①和②可以通过手动按钮切换
预习要点	① 数组和数组函数的使用 ② For循环结构和移位寄存器的使用 ③ 函数多态性的理解 ④ 数字I/O控制的使用 ⑤ 反馈节点的使用
材料准备	① NI ELVIS Ⅱ 教学设备（学生每组一套） ② 导线若干根
参考学时	4

1. 数组

在程序设计语言中，数组是一种常用的数据结构，是一种存储和组织相同类型数据的良好方式。LabVIEW也不例外，它提供了数组和数组函数供用户在编程时使用。

（1）数组的概念

数组将相同类型的数据元素组合在一起，这些元素可以同是数值型、布尔型、字符型以及路径、波形等各种类型，也可以是簇，但不能是数组。这些元素必须同时都是输入控件或同时都是显示控件。当程序中需要对相同数据类型的一些数据进行同样操作时，宜使用数组。

数组由元素和维数组成，元素是数组的数据，而维数是数组的长度、高度或深度。一个数组可以是一维或者多维，每一维可以多达$2^{31}-1$个元素。一维数组是一行或一列数据，可以描绘平面上的一条曲线。二维数组由若干行和列数据组成，可以在一个平面上描绘多条曲线。三维数组由若干页组成，每一页是一个二维数组。

对数组元素的访问是通过数组索引进行的，索引值的范围是0～n-1，其中n是数组中元素的个数。图4-1所示的是由数值构成的一维数组。注意第一个元素的索引号为0，第二个是1，依此类推。数组的元素可以是数据、字符串等，但所有元素的数据类型必须一致。

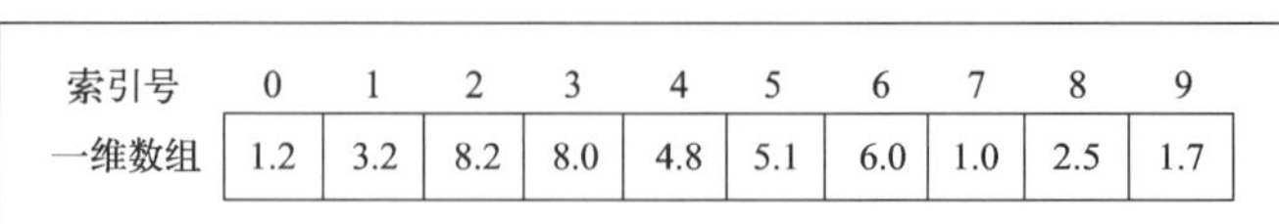

索引号	0	1	2	3	4	5	6	7	8	9
一维数组	1.2	3.2	8.2	8.0	4.8	5.1	6.0	1.0	2.5	1.7

图4-1　一维数组

创建数组的方法：

① 在前面板上创建数组控件。图4-2所示为在前面板上创建数组的步骤：

先在“数组、矩阵与簇”控件子选板中选择数组外框放到前面板上，然后根据需要的数据类型选择一个控件放在数组外框内。可以直接从控件选板中选择控件放进数组外框内，也可以把前面板上已有的控件拖进数组外框内。数组外框中放入数组元素后，它将自动缩放到适合容纳数组元素的大小。这个数组的数据类型以及它是输入控件还是显示控件完全取决于放入的控件。图4-2所示的数组外框中放了一个数值型输入控件，因此这是一个数值型一维数组输入控件。标签和索引框是数组控件默认的显示项，可选的显示项有标题和滚动条。二维数组可以显示垂直滚动条。

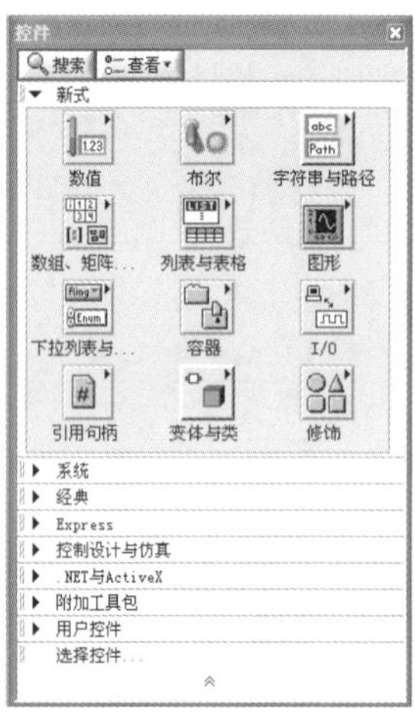

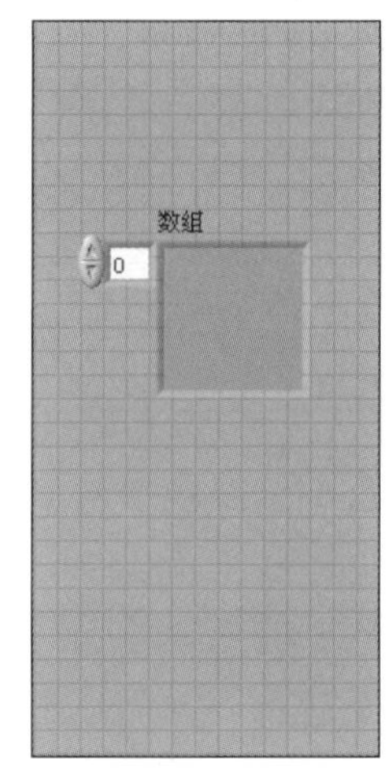

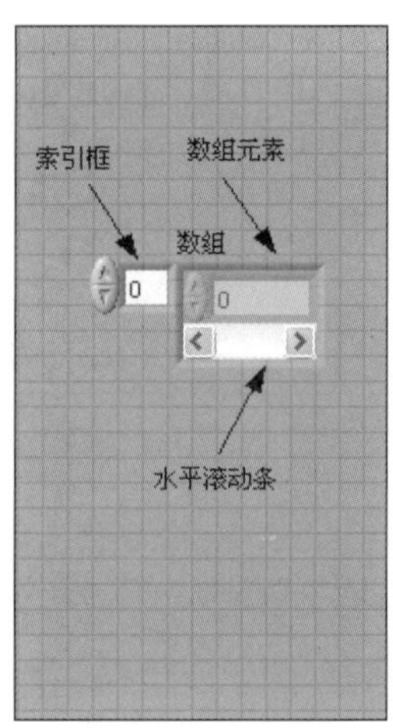

图4-2　在前面板上创建数组

定位工具移动到数组控件上时，数组控件会出现图4-3所示的深蓝色方形手柄。光标移动某个手柄上，它的形状会变为双向箭头。用光标拖动箭头会带动手柄对数组进行各种调整。

如图4-3（a）所示，横向拖动索引框左侧中间的手柄，可以改变索引框的大小。上下拖动下面中间的手柄，可以增减索引框数量从而改变数组的维度。顶点上的手柄则可以起到以上两种作用。在索引框上右击，在弹出的快捷菜单中选择“添加维度”或“删除维度”命令，也可以改变数组的维度。

图4-3（b）所示数组已经变为二维数组。它的两个索引框上为行索引，下为列索引。

如图4-3（b）所示，手柄出现在数组元素中，这时拖动手柄可以改变数组元素显示区的大小。

如图4-3（c）所示，手柄出现在数组外框上，这时拖动手柄可以增减显示的数组元素数目（刚才创建的数组只显示一个元素）。数组索引框中的数值是显示在左上角的数组元素的索引值。如果光标移动到四个顶点的手柄上，光标不是双箭头形状，而是网状折角的形状，这时可以同时增减显示的数组元素的行和列数目。移动定位工具，可以改变手柄出现的位置。

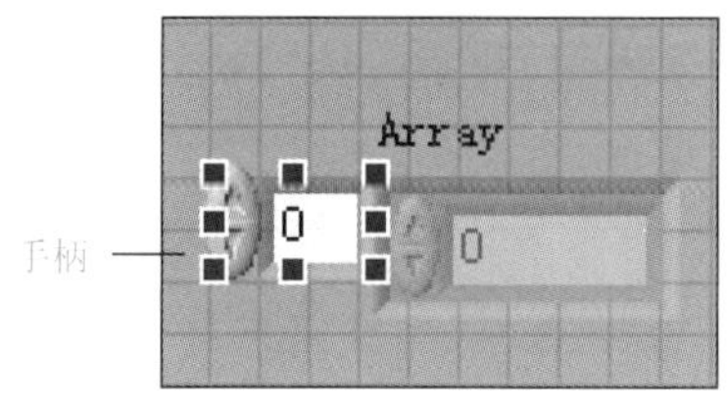

（a）调节索引框

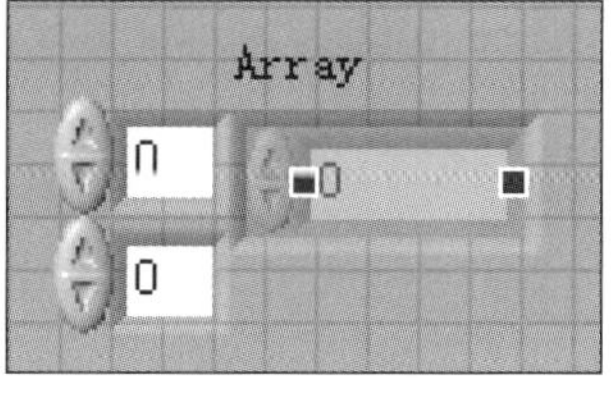

（b）调节显示区

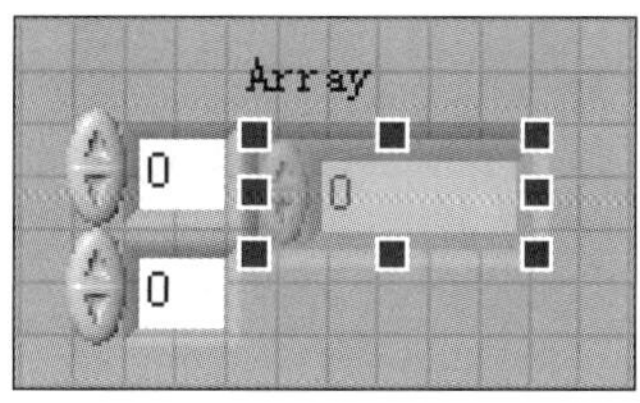

（c）调节显示元素数目

图4-3　数组的调节

② 在程序框图中创建数组常量。在程序框图中创建数组常量最一般的方法类似于在前面板上创建数组。先从数组函数子选板中选择数组外框放到程序框图中，然后根据需要选择一个数据常量放到数组外框中。图4-4中选择了一个字符型常量。索引框是数组常量默认的显示项，可选的显示项还有标签和滚动条。

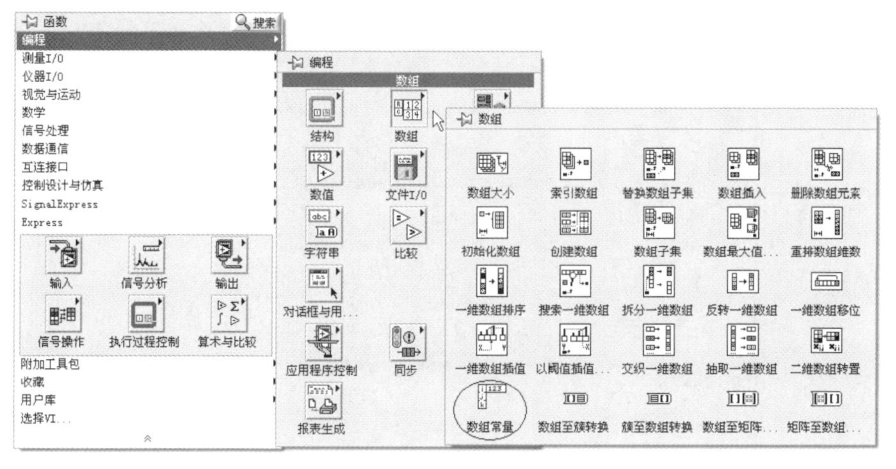

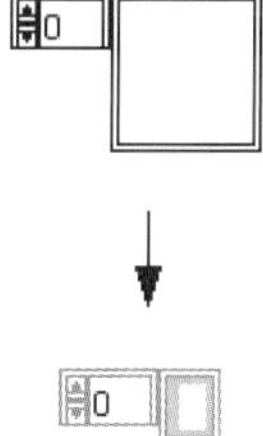

图4-4　在程序框图中创建数组常量

另一种方法为把前面板上的数组控件拖动或复制到程序框图中，产生一个数组常量。

③ 数组元素赋值。用上述方法创建的数组是空的，从外观上看数组元素都显示为灰色。可根据需要用操作工具或编辑文本工具为数组元素逐个赋值。若隔过前面的元素为后面的元素赋值，则前面元素会根据数据类型自动赋一个默认值，如“0”、“F”或空字符串。

④ 数组元素的显示。通过数组的索引框可以选择数组元素的显示位置。行索引的值决定哪一行显示在最上，列索引的值决定哪一列显示在最左。直接用操作工具或文本工具在索引框输入数字，或者用操作工具按索引框左侧的增/减按钮都可以改变索引值。在显示出滚动条的情况下拖动滚动条也可以改变索引值。如图4-5所示，一维数组常量最前面显示的是索引值等于9的元素，即第10个元素；图中二维数组常量最上面显示的是4行元素，最左面显示的是10列的元素；没有被赋值的元素仍然显示为暗的，表示无效值。

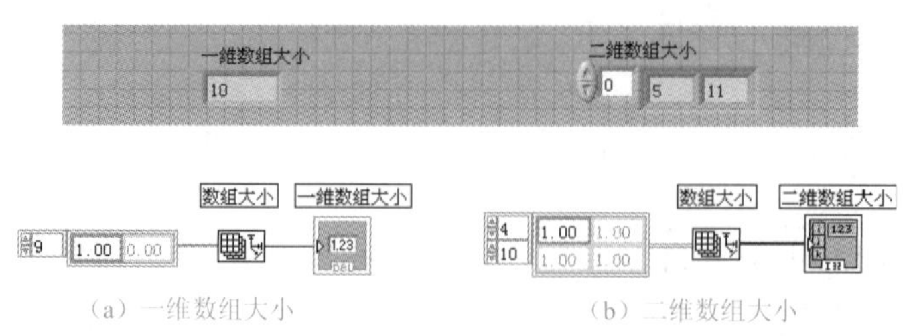

（a）一维数组大小　　（b）二维数组大小

图4-5　数组大小函数

⑤ 其他创建数组的方法：

- 用数组函数创建数组；
- 用某些VI的输出参数作为数组；
- 用程序结构产生数组；

这些方法将陆续在有关的章节中介绍。

（2）数组函数

数组函数是对数组进行操作的主要工具，图4-6所示的数组函数子选板提供了多个功能丰富的数组函数，这些函数为程序设计提供了极大的方便，下面对常用的数组函数进行介绍。

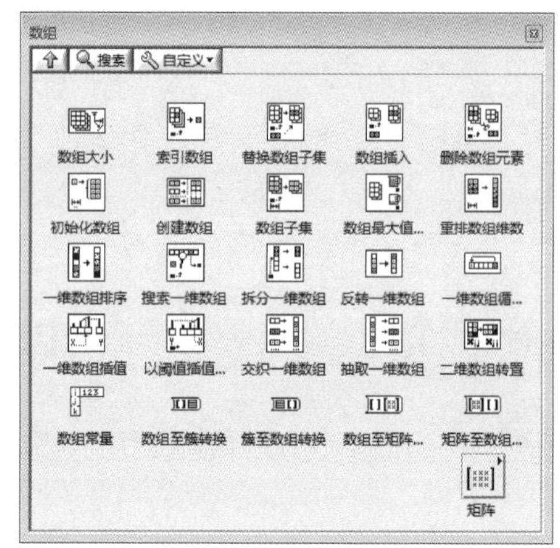

图4-6　数组函数选板

① 数组大小函数。图4-7所示函数有两个端口，输入数组、输出数组的大小。其中，数组可以是任意类型的n维数组。

如数组大小为一维，则返回值为32位整数。如数组是多维的，则返回值为一维数组，每个元素都是32位整数，表示数组对应维数中的元素数。例如，如将一个三维$2\times5\times3$数组连接至数组输入端，函数将返回包含三个元素的数组[2，5，3]。

② 索引数组函数。如图4-8所示，索引数组函数主要用于返回数组的元素或者子数组。

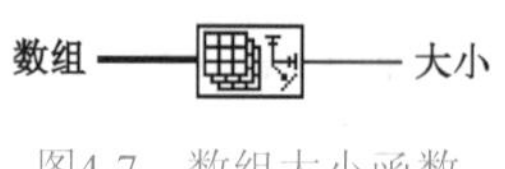

图4-7　数组大小函数

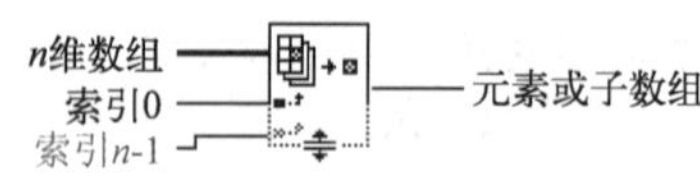

图4-8　索引数组函数

③ 替换数组子集函数。将原数组中由索引决定的元素或子数组替换成指定的元素或者子数组，如图4-9所示。

④ 数组插入函数。如图4-10所示，数组插入函数与替换数组子集函数极其相似，差别只在于它为数组元素定位后不是替换数组元素，而是在这个位置插入新的元素，使得输出的数组比原数组大，并且数组插入函数的索引参数只能连接行索引和列索引其中的一个。

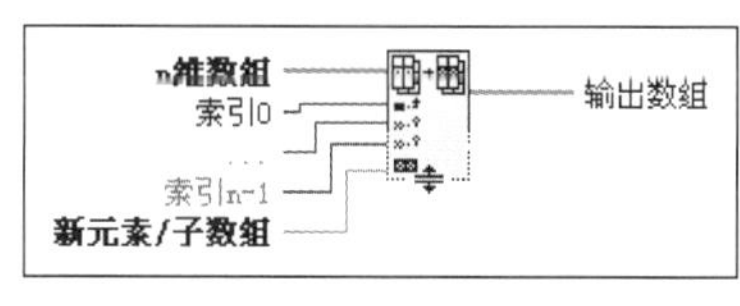

图4-9 替换数组子集函数

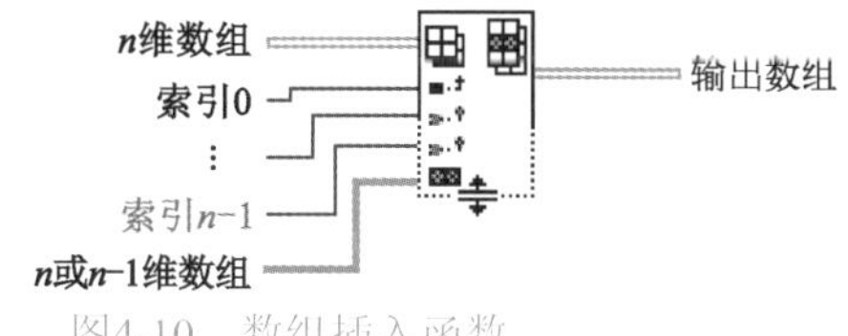

图4-10 数组插入函数

如图4-11所示，用数组插入函数在一个二维数组第3列的位置连续两次插入一列数据，椭圆框中是插入的数据。由于插入数据的类型与原数组类型不同，所以LabVIEW强制进行了数据类型转换。

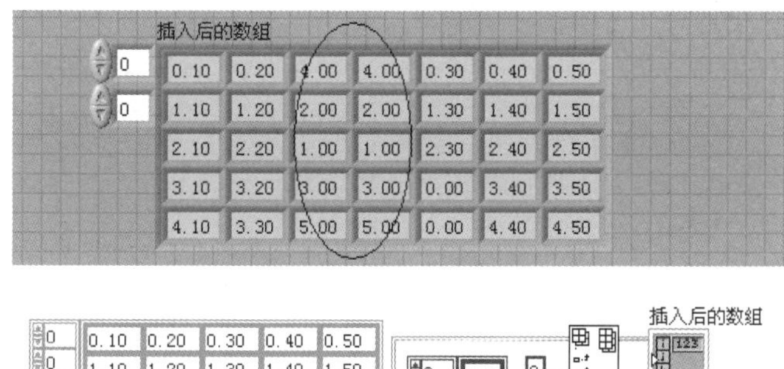

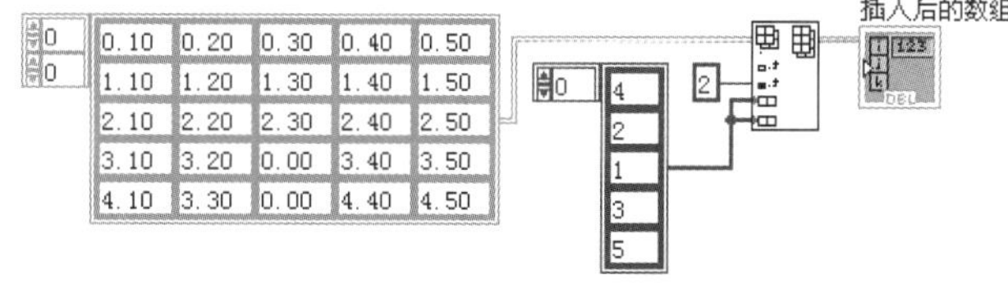

图4-11 数组插入函数的应用

⑤ 删除数组元素函数。用于从原数组中删除指定的元素或子数组，删除的位置由指定的索引决定，并输出已删除元素的数组子集和已删除部分，如图4-12所示。

⑥ 初始化数组函数。用于创建一个数组，并对创建的数组用输入的“元素”进行初始化，输出结果为初始化了的数组，如图4-13所示。用户也可以用该函数在程序框图中创建数组。

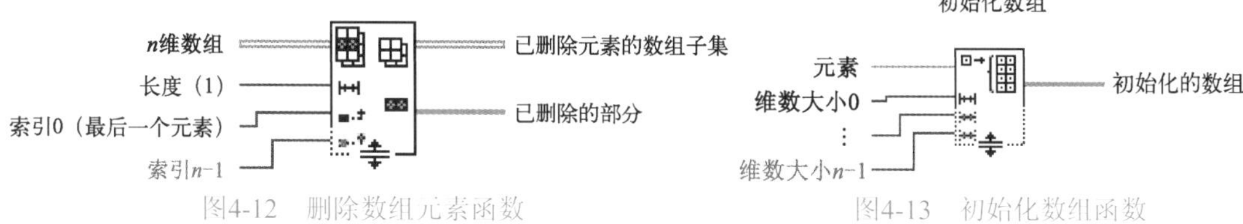

图4-12 删除数组元素函数　　图4-13 初始化数组函数

⑦ 创建数组函数。创建数组函数可以把多个元素拼接成一个新的数组，它的输入为一系列元素，输出为这些元素拼接成的数组，如图4-14所示。这个函数同样为用户提供了一种创建数组的方法。

⑧ 数组子集函数。用于得到原来数组的子数组，返回的子数组的位置由索引决定，子数组的大小则由数组的长度决定，如图4-15所示。

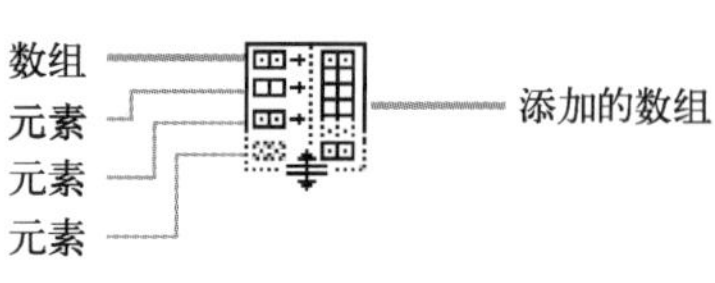

图4-14 创建数组函数

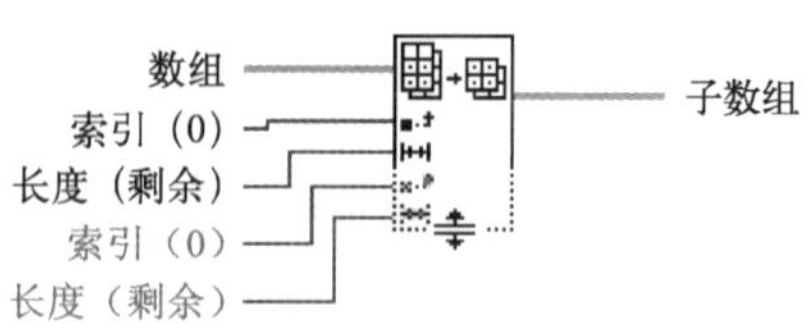

图4-15 数组子集函数

⑨ 数组最大值与最小值函数。该函数用于返回数组的最大值和最小值及其所在位置的索引值，如图4-16所示。如果一个数组存在多个最大值和最小值，则输出索引值为第一个最大值或最小值的索引值。

⑩ 重排数组维数函数。对输入的数组，根据输入参数“维数大小”，重新构建一个维数不同的数组并输出，如图4-17所示。

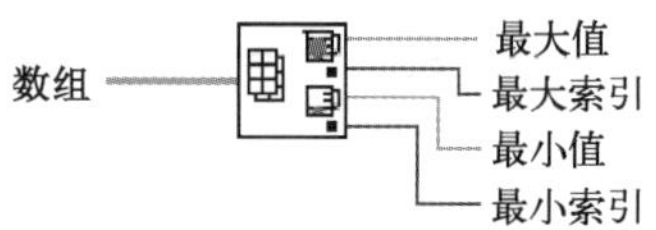

图4-16 最大值与最小值函数

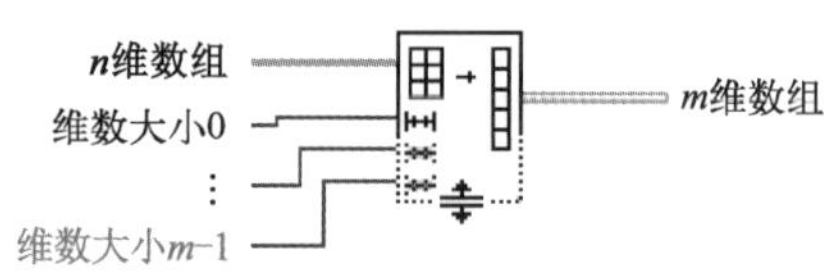

图4-17 重排数组维数函数

⑪ 一维数组操作函数。以下是几个专门用于一维数组操作的函数。

- 排序一维数组　对输入端的一维数组的元素进行排序，输出排好序的数组，如图4-18所示。
- 搜索一维数组　从原数组中搜索指定的元素，并返回搜索的元素在数组中的索引，如图4-19所示。如果数组中有多个相同的元素，则返回第一个搜索到的元素的索引，并且在搜索到第一个元素后，停止继续搜索。

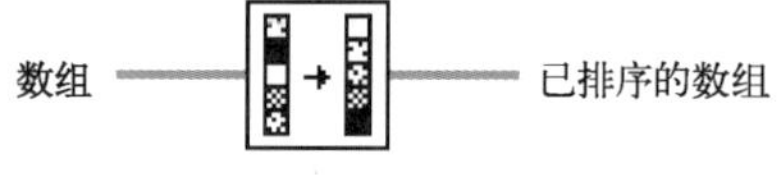

图4-18 一维数组排序函数

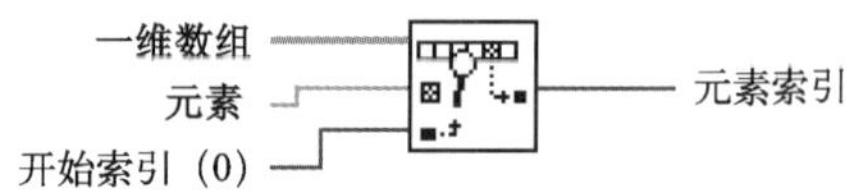

图4-19 搜索一维数组函数

- 拆分一维数组　对输入的一维数组，根据索引位置分成两个数组，并输出经过拆分的两个子数组，如图4-20所示。
- 反转一维数组　对输入的一维数组进行反转后输出，如图4-21所示。

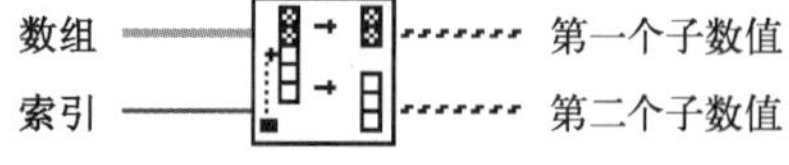

图4-20 拆分一维数组函数

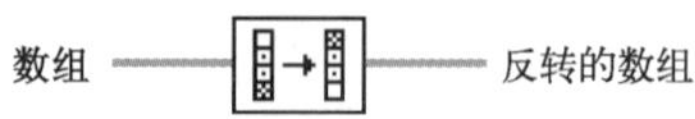

图4-21 反转一维数组函数

- 移位一维数组　对输入的一维数组进行循环移位，把数组中最后n个元素循环移位到数组的前端，并返回新的一维数组，如图4-22所示。
- 一维数组插值　对一维数组进行线性插值，并返回插值y，如图4-23所示。

图4-22　一维数组移位函数

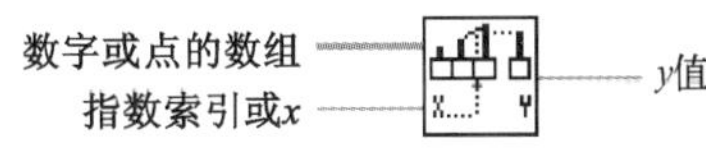

图4-23　一维数组插值函数

⑫ 二维数组转置函数。对输入的二维数组进行转置运算，并输出转置数组，如图4-24所示。

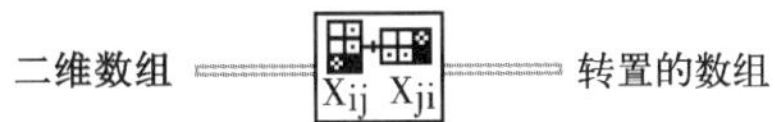

图4-24　二维数组转置函数

上面介绍了一些常用的数组操作函数，数组操作还有以阈值插值一维数组、交织一维数组、抽取一维数组、数组与簇转换以及数组至矩阵转换和矩阵至数组转换等函数，在此不再一一介绍。

(3) 多态性

多态性是指LabVIEW的某些函数（如加、乘和除）接受不同维数和类型输入的能力。拥有这种能力的函数是多态函数。例如，将标量添加到数组或将两个不同长度的数组加在一起。图4-25显示了加函数的一些多态性的不同组合。

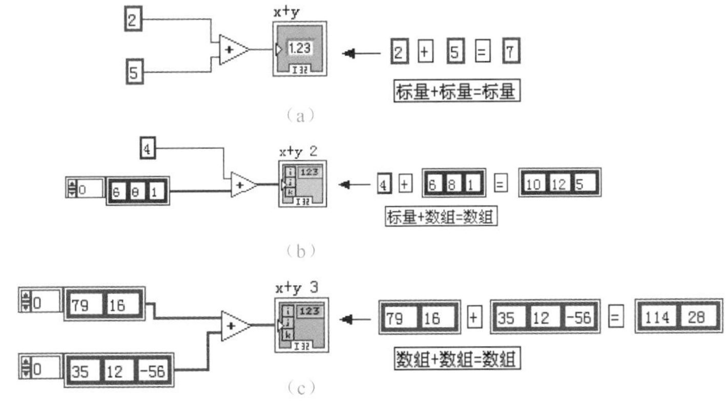

图4-25　加函数的多态性组合

图4-24（a）所示的组合中，标量加标量的结果是标量。图4-24（b）所示的第二个组合中，数组加标量的结果是数组。图4-24（c）所示的第三个组合中，将长度为2的数组添加到长度为3的数组，产生长度为2的数组（两个输入数组中较短一个的数组长度）。执行数组的加法运算就是按元素逐个相加，即将其中一个数组的每一个元素加到另一个数组相应的元素上。

提示

当两个输入数组长度不同时，一些算术运算（如两个数组相加）产生的输出数组将与两个输入数组中较小的一个的长度相同。算术运算作用于两个输入数组中的相应元素，直到较短的数组元素用完，忽略较长数组中剩余的元素。

如图4-26所示的VI，For循环重复产生的每个随机数存储在数组中，等待循环完成后输出。循环执行完成后（重复10次），乘函数给数组每一个元素乘以比例因子2π。注意乘函数有两个输入：数组和标量。乘函数的多态性允许函数接受不同维数的输入（本例中是长度为10的数组和一个标量）并产生切合实际的输出。对于乘函数，如果两个输入都是数组，会发生什么现象呢？在这种情况下，乘函数将对两个数组相应的元素执行乘运算。

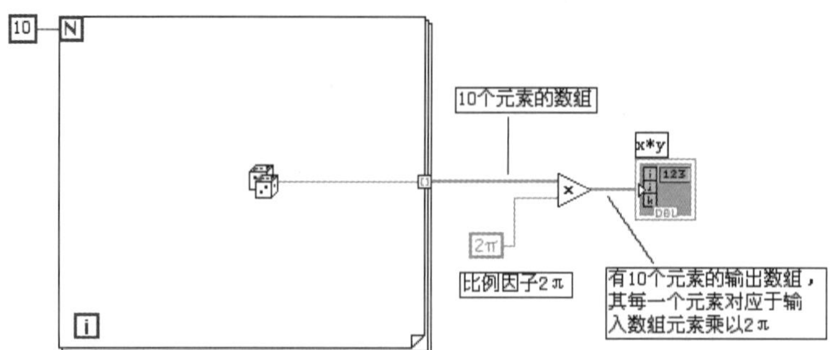

图4-26　演示乘函数的多态性

2．移位寄存器和反馈节点

（1）移位寄存器

移位寄存器是LabVIEW循环结构独具特色的附加对象，利用移位寄存器可以在不同循环间传递数据，例如把当前循环完成的某个数据传递给下一次循环。For循环和While循环都可以使用移位寄存器。

① 移位寄存器的创建。创建移位寄存器的方法是在循环的左边框或右边框上右击，在弹出的快捷菜单中选择“添加移位寄存器”命令，重复相同的操作步骤可以继续为循环结构添加多对移位寄存器，如图4-27（a）所示。在某一对移位寄存器上右击弹出快捷菜单，则可以通过选择“添加元素”或“删除元素”命令为选中的移位寄存器增加或减少寄存器的个数，如图4-27（b）所示。直接使用定位工具拖动左端子的上边沿或下边沿也可以增加寄存器的个数，拖动过程中的虚线格个数代表要增加的寄存器个数，如图4-27（c）所示。

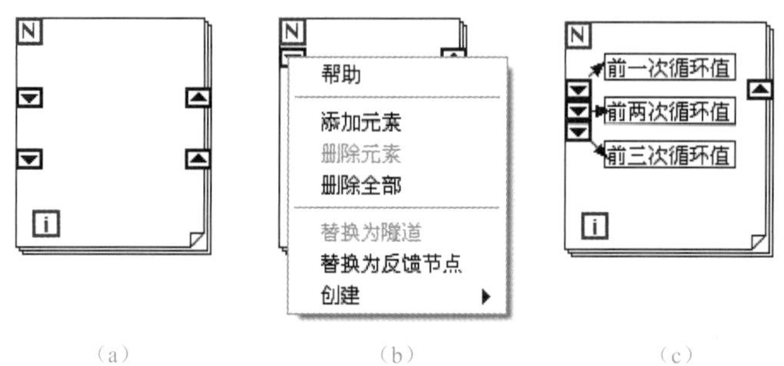

（a）　（b）　（c）

图4-27　移位寄存器的相关操作

比较图4-27（a）和图4-27（c）之间的区别。图4-27（c）中，一对移位寄存器可以有多个左端子，每个左端子分别代表前几次循环相应的值；但是图4-27（a）中一对移位寄存器只能有一个右端子，每次循环结束均把最新的值送到右端子，同一个循环结构可以有多对移位寄存器。

② 移位寄存器的传递数据的方法。图4-28说明了移位寄存器传递数据的过程。这个程序在循环开始前为移位寄存器左边的3个接线端赋初始值5。循环开始执行后循环数i不断被送入右边框的移位寄存器接线端，并在每次循环结束时转移到左侧移位寄存器接线端。到下一次循环时这个循环数出现在移位寄存器左边最上边的接线端中。而且在每次循环中，移位寄存

器左边各接线端的值都向下移动一位。到循环全部结束，右侧接线端的数值转移到左侧接线端时，输出到循环边框外。

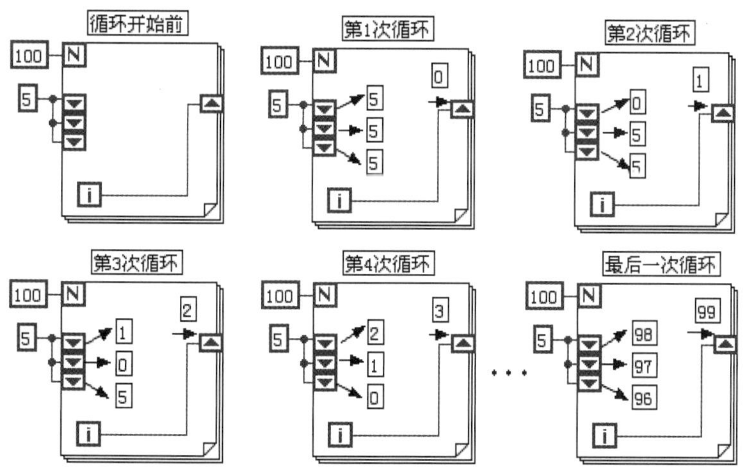

图4-28 移位寄存器传递数据过程示例

③ 移位寄存器的初始化。在循环开始前对寄存器的初始化是通过从循环外部将数据或控件连接到左端子上实现的。每次执行VI即每一次执行代码，移位寄存器均会被重新初始化，因此，每次执行VI所得到的结果是一致的，如图4-29（a）所示。

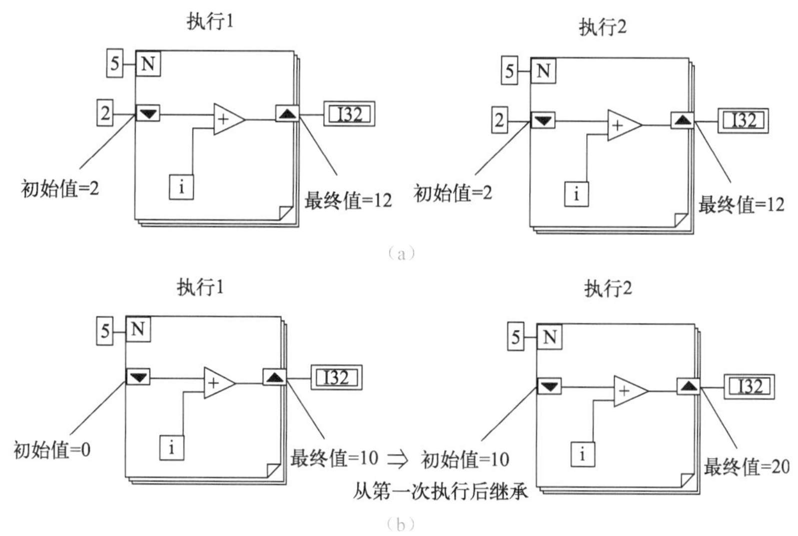

图4-29 未初始化移位寄存器两次运行VI的情况

如图4-29（b）所示，未经外部初始化的移位寄存器，首次执行VI时，它的初始值为其相应数据类型的默认值（若数据类型为布尔型，则初始化值为假；若数据类型为数值型，则初始化值为0）。存储在移位寄存器中的数据一直到关闭VI时才从内存中删除。因此，未初始化的移位寄存器在每次执行VI完成时，寄存器均会保留上一次循环的最终值，在不关闭VI并再次运行的情况下，移位寄存器就会以上一次循环的最终值作为本次执行的初始值。显然，移位寄存器仅仅在首次运行时被默认值初始化一次，所以，每次执行VI所得到的结果都是不一样的。因此，想要能使每次运行结果一致，就必须在外部初始化移位寄存器。

（2）反馈节点

反馈节点和只有一个左端子的移位寄存器的功能完全相同，都用于两次循环之间传递数据，但反馈节点是一种更简洁的表达方式。要注意，反馈节点只能在while循环和for循环结构中使用。反馈节点的箭头方向是向左还是向右无关紧要，数据在本次循环结束前从箭尾流入，在下一次循环开始后从箭头流出。

可以直接从结构子模板上将反馈节点拖动至循环框体中，创建一个反馈节点；也可以采用自动创建的方式，在循环结构里，把子VI、函数或者两者组合的输出接入它本身的输出，反馈节点自动建立，如图4-30所示。

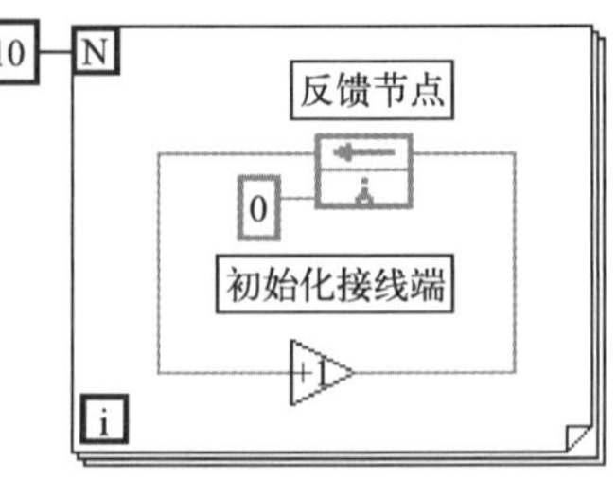

图4-30　自动创建反馈节点

反馈节点和移位寄存器可以互换，在反馈节点或移位寄存器图标上右击，在弹出的快捷菜单中选择“替换为移位寄存器”或“替换为反馈节点”命令即可。但是移位寄存器左接线端多于1个时不能转换为反馈节点。

3．数字信号I/O

数字信号I/O和计数器都是对二进制数据进行的操作，也是工程实践中经常遇到的数据采集的内容。

① 数字信号概念。数字信号是在两个稳定状态之间做阶跃式变化的信号，这种信号通常只有两种状态：开(on)和关（off），也称作高和低，或者1和0。数字信号有开关量和脉冲序列两种。TTL信号就是一个开关信号，一个TTL信号如果在2.0～5.0V之间，定义它为逻辑高电平，如果在0～0.8V之间，定义为逻辑低电平。脉冲序列信号包括一系列的状态转换，信息就包含在状态转化发生的数目、转换速率、一个转换间隔或多个转换间隔的时间里，如安装在马达轴上的光学编码器的输出就是脉冲序列信号。

数字I/O最简单的应用就是控制、测量数字状态和有限状态的设备，如开关和指示灯。数字I/O通常用于控制过程、与外围设备的通信和产生某些测试信号等，例如在过程控制中与受控对象传递状态信息，进行测试系统报警等。

② 数字线和数字端口。数字信号I/O系统的重要组成部分是数字端口（port）与数字线（line）。数字线是数据采集卡中单独连接一个数字信号的物理端子。一路数据线承载的数据的最小单位叫做位（bit），它的二进制值是0或1。一些数字线的集合组成数字端口，如图4-31所示。一个端口由多少路数字线组成是依据其数据采集卡而定的，在大多数情况下数字端口由4线或8线组成。当读写端口时，你可以在同一时刻设置或获取多路数字I/O的状态。有些数据采集设备要求一个端口中的线同时都是输出线或输入线，即单向的，但也有些设备一个端口的数字线可以是双向的，即有输入线，也有输出线。

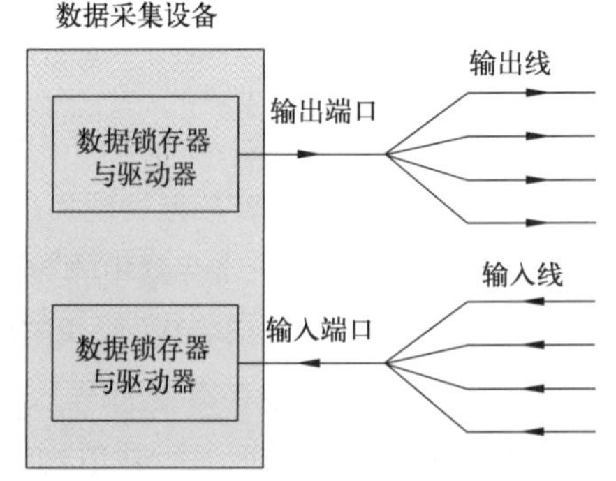

图4-31　数字线与数字端口

③ 数字信号输入/输出方式。NI ELVIS Ⅱ 原型板

上的数字线路都内部连接到设备端口0，端口0有DIO0~DIO23共24路通道,这些通道是通用的DIO线，用户可根据需要配置为输入或输出。数字I/O具有两种工作方式：立即方式（非锁存型）和握手方式（锁存型）。立即方式数字I/O就是当调用数字I/O函数后立即更新或读取数字量某一路或端口的状态，绝大部分多功能数据采集卡的数字I/O都支持立即型的工作方式；握手方式即数字I/O在传递每个数据时都要进行请求和应答。

当需要在一定前提下传递数字信号时，就需要使用握手方式的数字输入/输出。例如，从一台扫描仪采集图像，扫描仪扫描完图像准备传输时就发出一个数字脉冲给数据采集卡，数据采集卡读取一个数字波形样本后，再给扫描仪发出一个数字脉冲，告知数据已经读完，然后开始下一循环传递数据。

- 立即方式数字I/O。下面我们以一个数字线输出的输出为例，说明创建DAQmx数字I/O的方法。

在配置管理软件MAX中右击数据邻居选择“新建...”命令，如图4-32（a）所示。在新建NI-DAQmx任务对话框选择“生成信号”→“数字输出”→“线输出”命令，在下一级对话框中选择物理通道选择“Dev1/port0/line0”命令，输入任务名称“我的数字输出任务”，最后单击“完成”按钮，操作步骤如图4-32（b）所示。

（a）

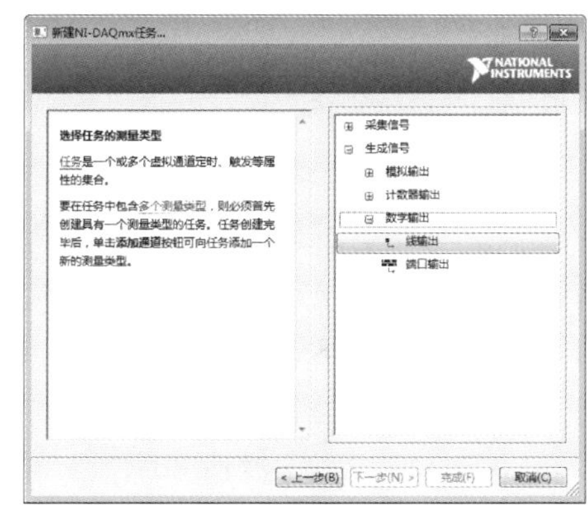

（b）

图4-32　在MAX管理器中设置数据采集数字输出任务

完成数据采集任务设置后，在MAX中打开数据采集助手，如下图4-33所示。

面板下半部分可进行更多设置，例如线取反、生成模式等。生成模式包括单点、多点和连续。物理通道配置可进行添加、删除或更改，单击“详细信息”（»）按钮即可展开物理通道配置框，浏览物理通道详细信息。

面板上半部分为通道测试，因创建任务为1位数字线输出，所以只有1位数字输出。如果单击该数字输出的复选框，单击“运行”按钮，0号数字线就输出高电平；若取消此复选框，则0号数字线输出低电平，测试无误后单击“保存”按钮完成任务。

打开LabVIEW软件，将MAX中的“我的数字输出任务”用鼠标拖动到程序框图中，在任务常量上右击弹出快捷菜单，选择“生成代码”→“配置和范例”命令，即生成图4-34所示的程序代码。

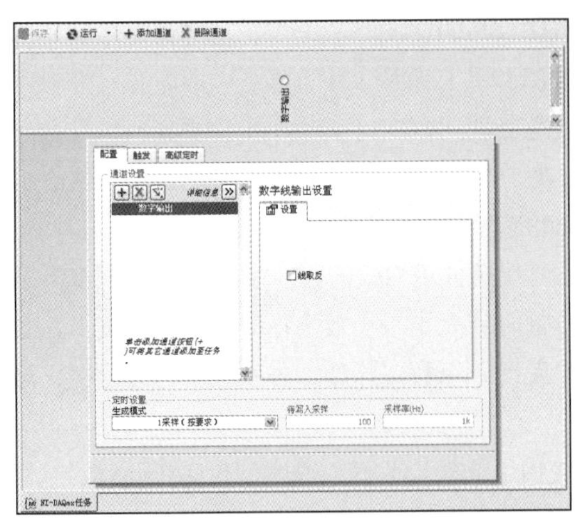

图4-33 DAQmx数字输出数据采集助手

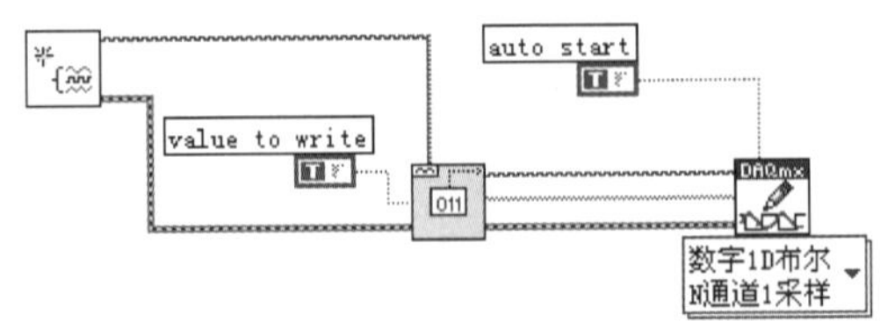

图4-34 DAQmx任务生成代码

根据以上方法创建其他DAQmx数字信号输入/输出程序也是很便捷的，此外还可以在LabVIEW中直接使用DAQmx函数完成数字信号输入/输出程序控制。

数字信号输入/输出控制流程图如图4-35所示，首先创建配置虚拟通道，然后开始任务，接着开始读取或写入VI，如果要连续采集信号，将DAQmx读取或写入VI放置在循环当中，一旦有错误发生程序会跳出循环。之后使用DAQmx清除任务来释放相应的资源并进行简单错误处理。

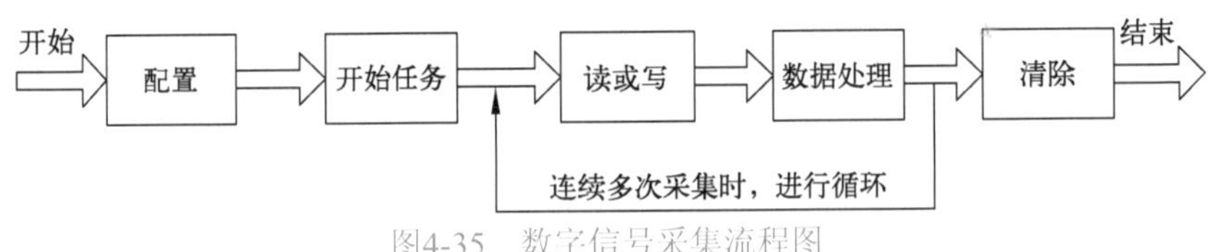

图4-35 数字信号采集流程图

我们仍然以一个数字线输出的输出为例，则程序框图如图4-36所示。

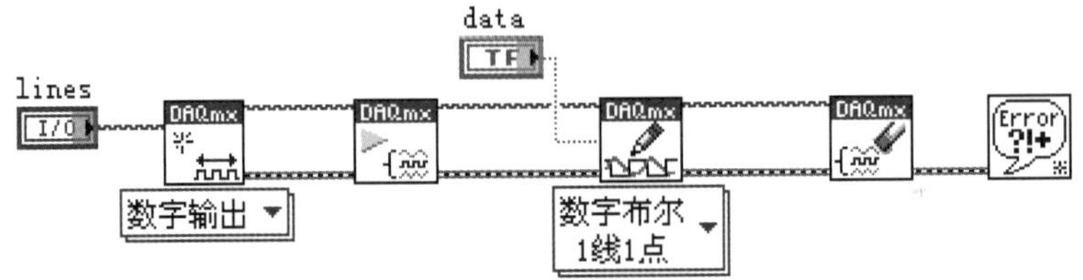

图4-36 DAQmx立即方式数字输出程序框图

- 握手方式数字I/O。LabVIEW的握手方式数字输入/输出示例程序中有使用内存缓冲区和不使用缓冲区的各种例子，这里介绍一个使用缓冲区的示例程序，如图4-37所示为它的程序框图。程序通过DAQmx函数从一个数字端口读取有限的数据，程序中使用了缓冲区的握手方式采集数字信号。程序中的五个函数及功能介绍如下：
- “DAQmx创建通道多态VI”调用数字输入子VI创建一个数字输入通道；
- “DAQmx定时多态VI”调用握手子VI设置握手方式采集一定数量的数据；
- “DAQmx开始任务VI”开始采集；

- “DAQmx读取多态VI”调用“数字1D U8 1通道N采样”子VI从一个通道采集一定数量的数据；
- “DAQmx清除任务VI”清除任务。

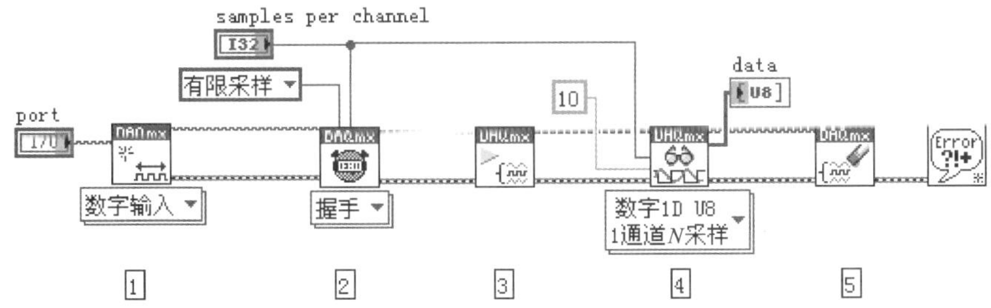

图4-37　DAQmx握手方式数字输入示例程序框图

任务实施

1．硬件接线：NI ELVIS Ⅱ 原型面包板DIO0~DIO7 与LED0~LED7分别对应连接。

2．打开ELVIS Ⅱ 设备电源，启动ELVISmx软件界面，分别用“数字信号监视仪”和“数字信号记录仪”观察数字信号输入/输出变化。

3．如图4-38所示，根据要求设计霓虹彩灯，控制彩灯循环闪烁节拍及顺序。

（1）利用循环、数组及相关函数设计实现软件彩灯循环功能：

① 8个霓虹彩灯一亮一灭，从左向右移动控制，彩灯变化的快慢节拍可以选择；

② 8个霓虹彩灯两亮两灭，从右向左移动控制，彩灯变化的快慢节拍可以选择；

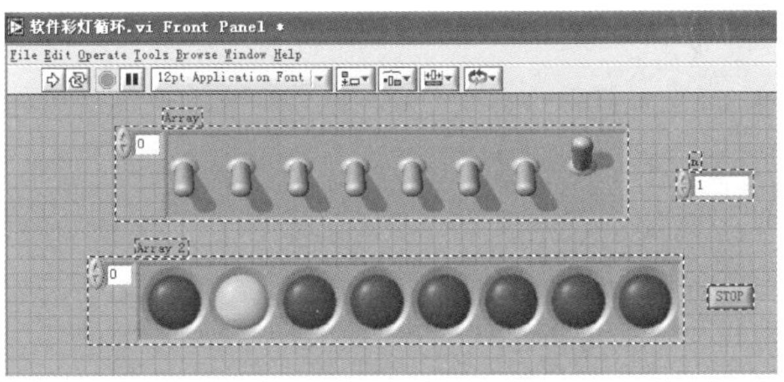

图4-38　霓虹灯软件前面板（仅供参考）

（2）学习数字输入 / 输出的使用：

① 采用ELVIS的仪器驱动子VI编程实现对彩灯的循环控制；

② 采用DAQmx函数编程实现对彩灯的循环控制；

（3）如图 4-39 所示，编程控制外部硬件八盏灯循环点亮。

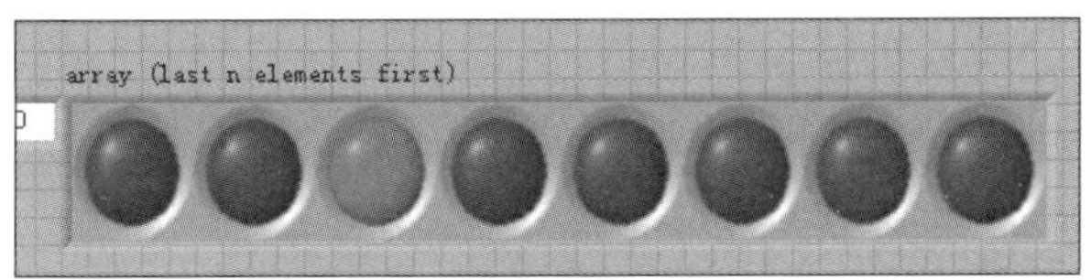

图4-39　外部硬件LED灯显示情况

（4）增加左右移选择开关，实现手动选择彩灯循环控制方式。

计划总结

1. 工作计划表

序 号	工作内容	计划完成时间	实际完成情况自评	教师评价

2. 材料领用清单

序 号	元器件名称	数　　量	设备故障记录	负责人签字

3. 项目实施记录与改善意见

____

____

____

____

拓展练习

完成以下拓展要求：8个霓虹彩灯一亮一灭、从左向右逐次移动点亮，然后又从右向左逐次移动点亮，实现彩灯的自动往复循环控制。

4.2 任务2 数字式显示器控制

任务目标

实现数码管的0，1，2，3…9 软/硬件显示控制。掌握在LabVIEW中簇和簇函数、条件结构的使用，并进一步熟悉数字I/O的使用方法（见表4-2）。

表4-2 数字式显示器控制

任务名称	数字式显示器控制
任务描述	编程实现数码管0～9软/硬件显示控制
预习要点	① 掌握簇及簇函数的使用 ② 条件结构的使用 ③ 数字I/O的使用
材料准备	① NI ELVIS Ⅱ 教学设备 ② 数码管1个、510Ω电阻1个 ③ 导线若干
参考学时	4

1. 簇

（1）簇的概念

簇把若干不同数据类型的元素组合在一起，类似于C语言等文本编辑语言中的结构体变量。可以把簇想象成一束通信电缆，电缆中每一根线就是簇中一个不同的数据元素，使用簇可以为编程带来以下便利：

① 把程序框图中不同位置、不同数据类型的多个数据捆绑在一起，减少了连线的混乱。

② 子程序有多个不同数据类型的参数输入/输出时，把它们捆绑成一个簇可以减少连线板上接线端的数量。

③ 某些控件和函数必须要簇这种类型的参数。

簇的元素可以是任意的数据类型，但是必须同时都是输入控件或同时都是显示控件。如果后放进簇的元素与先放进簇的元素数据流方向不一致，它会自动按先放进的元素转换。

簇的元素有一种逻辑上的顺序，这是由它们放进簇的先后顺序决定的，与它们在簇中摆放的位置无关。前面的元素被删除时，后面的元素会替补。改变簇元素逻辑顺序的方法为在簇边框上右击，在弹出快捷菜单中选择“重新排序簇中控件”命令，弹出一个对话框，为簇元素设置新的逻辑顺序。

（2）簇的创建

创建簇的方法与创建数组的方法极其相似：

① 在前面板上创建簇。图4-40所示为在前面板上创建簇的步骤。先在“数组、矩阵与簇”控件子选板中选择一个簇的外框放到前面板上；然后根据需要放置的控件多少用定位工具调整簇外框的大小；从控件选板中取控件或从前面板上移动控件到簇的外框中。这个簇的数据类型以及它是输入控件还是显示控件全取决于放入框内的控件。图4-40中放了一个字符型输入控件、一个数值型输入控件和一个布尔型输入控件。

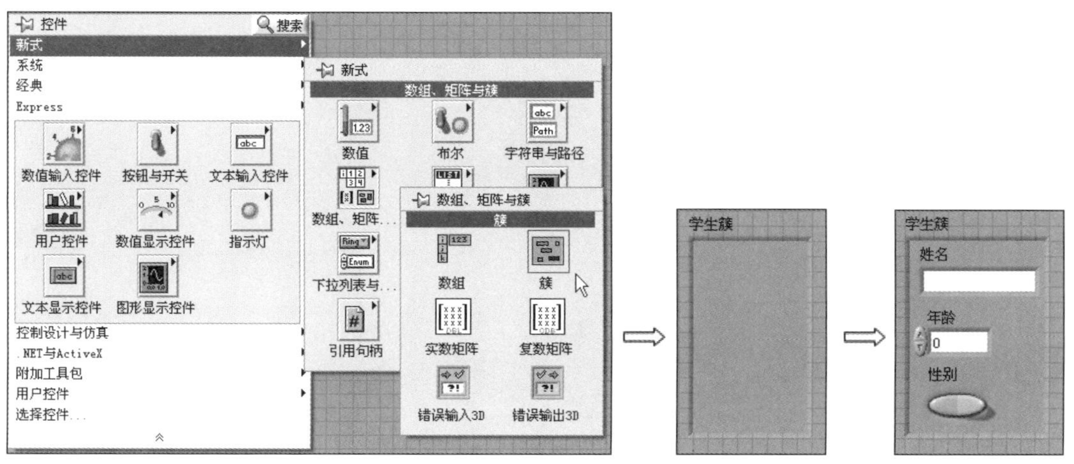

图4-40　在前面板上创建簇

可以看到在图4-40中簇外框内的元素布置不够紧凑，右击簇外框的边框，在弹出的快捷菜单中选择“自动调整大小”命令，在下一级子菜单中选择“水平排列”命令是把簇元素水平排列、顶端对齐并收紧外框；选择“垂直排列”命令是把簇元素垂直排列左端、对齐并收紧外框，如图4-41所示。选择“调整为匹配大小”命令不移动元素只收紧外框。如果选择了“自动调整大小”命令，以后无论增加簇元素还是调整簇元素大小，外框都会随着缩放。“水平排列”和“垂直排列”命令不仅把簇元素对齐，而且按它们的逻辑顺序进行排列。

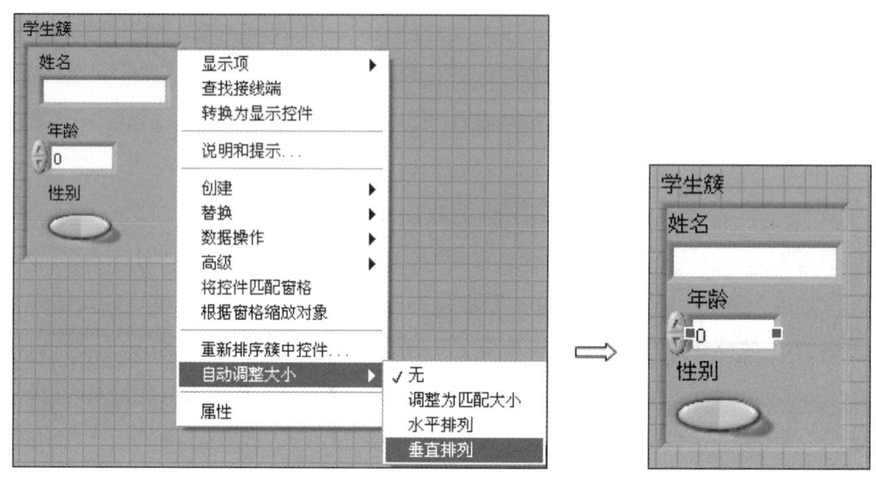

图4-41　簇外框的自动缩放

② 在程序框图中创建簇常量。在程序框图中创建簇常量的最一般的方法类似于在前面板上创建数组。先从“簇与变体”函数子选板中选择簇的外框放到程序框图中，然后根据需要选择一些数据常量放到空簇中。

图4-42选择了一个数值型常量、一个布尔型常量、一个字符型常量，并进行了自动缩放，在程序框图中如果簇外框选择自动调整大小，在以后为簇元素赋值引起簇元素显示的大小变化时，外框的大小也自动随之调整。

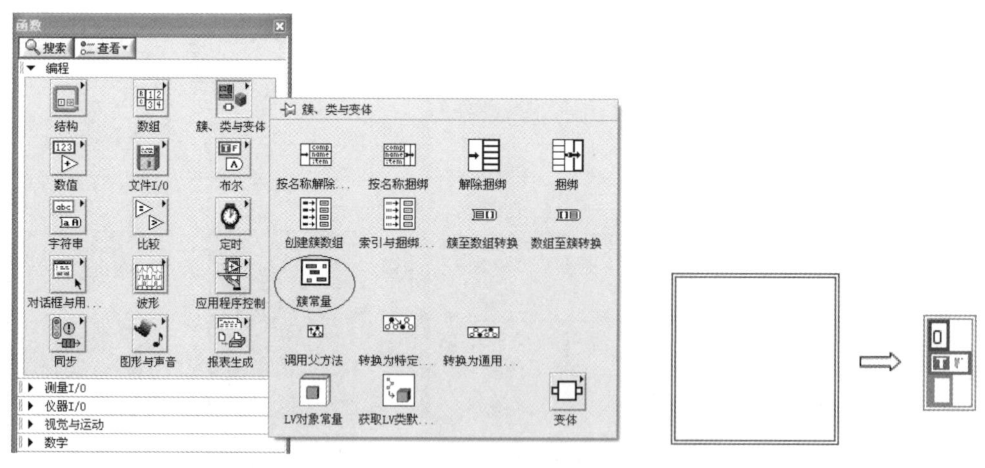

图4-42　在程序框图中创建簇常量

也可以把前面板上的簇控件拖动或复制到程序框图中产生一个簇常量。

③ 簇元素赋值。用②中所述方法创建的簇常量，它的元素没有有效的值，从外观上看显示为灰色。要根据需要用操作工具或编辑文本工具为簇元素逐个赋值。

簇是LabVIEW中比较独特的一个概念，它能包含任意数目和任意类型的元素，包括数组和簇。与数组不同的是，数组只能包含同一类型的元素，而簇可以同时包含多种不同类型的元素，数组中元素各自的位置不能独立地随意拖动，而簇中的元素控件的位置可以随意独立地通过拖动改变。如果簇中的元素类型相同，它还能与数组互相转换，因此，当显示控件繁多而又单一的时候，用簇来排版界面比用数组来编程会使程序更简洁、漂亮。

（3）簇中元素的顺序

簇中的元素有一个序，它与簇内元素的位置无关。簇内第一个元素的序为0，第二个是1等等。如果删除了一个元素，序号将自动调整。如果想将一个簇与另一个簇连接，这两个簇的序和类型必须统一。如果想改变簇内元素的序，可在快速菜单中选择“重新排序簇中控件”命令，这时会出现一个窗口，在该窗口内可以修改元素的序。

下面来创建一个温度显示器，该显示器不仅能显示当前温度值，还能显示是华氏还是摄氏，是否超过报警上限以及报警上限值。先将簇外框放置在前面板上后，再将需要的这些元素控件放在簇中。默认情况下，这些元素的索引与放入簇外框的先后顺序一致，但索引的顺序可以按照下面的方法改变：首先右击簇外框的边缘，选择“重新排序簇中控件”命令，出现如图4-43所示的界面，通常情况下只需要按照所希望的先后顺序逐个单击控件的索引，它就会自动按照单击的顺序索引，但是这样容易出错。可以在“单击设置”一栏中输入需要设定的值，然后单击控件索引处来设置某一控件的索引。全部设定完毕后，单击“OK”按钮就完成了簇内部控件的索引设定。

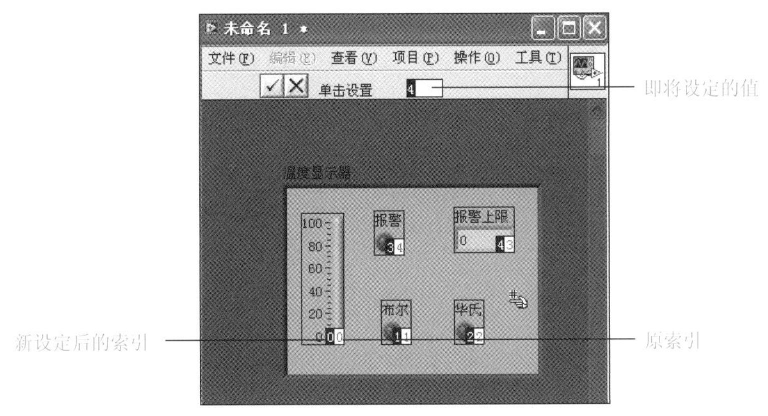

图4-43　簇元素排序编辑状态

（4）簇函数

① 解除捆绑函数。该函数的功能是把一个簇中的元素进行分解，并将分解后的元素输出。

解除捆绑函数刚刚放进程序框图时，有一个输入接线端和两个输出接线端，如图4-44（a）所示。

连接一个输入簇后，接线端数量自动增减到与簇的元素数一致，而且不能再改变。每个输出接线端对应一个簇元素，接线端上显示出这个元素的数据类型。各个簇元素在接线端上出现的顺序与它的逻辑顺序一致，如图4-44（b）所示。

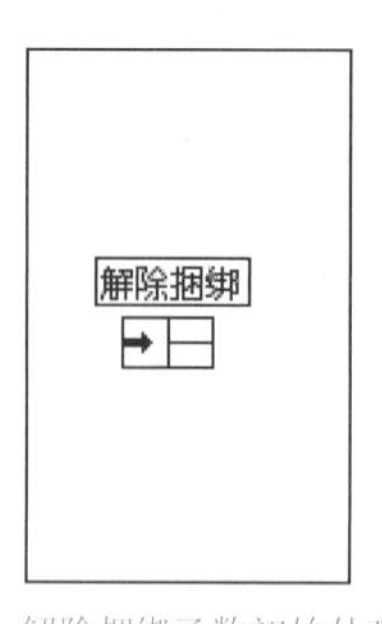

（a）解除捆绑函数初始外观

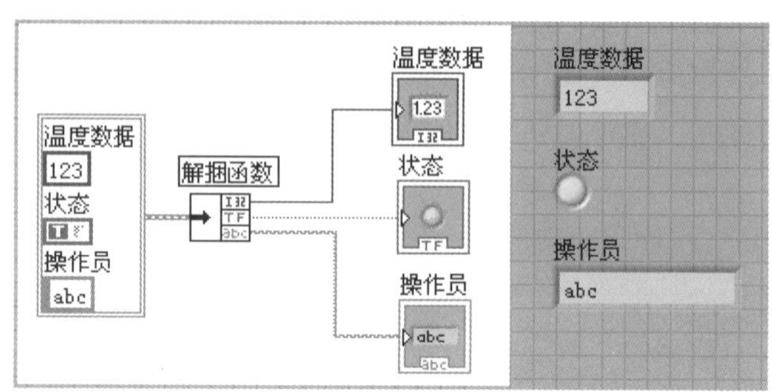

（b）解除捆绑函数的应用

图4-44　解除捆绑函数

② 捆绑函数。捆绑函数有两种基本用法，在图4-45（a）中，用这个函数将三个数据捆绑成一个簇，捆绑函数的输入接线端数量可以任意增减。在这种用法中，“簇”参数没有连接数据。

图4-45（b）中，用捆绑函数替换一个簇中的元素。将原有的簇连接到“簇”参数上，输入接线端自动与这个簇的元素匹配。此时将替换的数据连接到对应需替换的接线端，如果替换的数据与原数据类型不匹配，则不允许连线。在这里用一个双精度浮点数去替换整型数，虽然允许连线，但是输入数据被进行了强制转换。

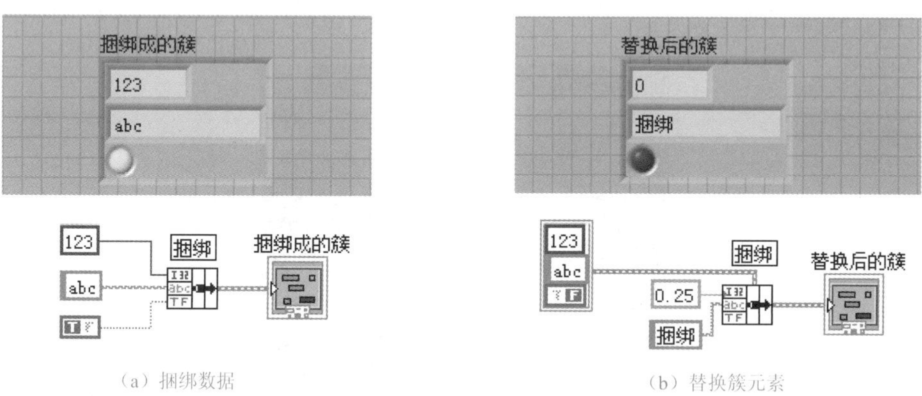

（a）捆绑数据　　（b）替换簇元素

图4-45　捆绑函数

③ 按名称解除捆绑函数。按名称解除捆绑函数按指定的元素名称从簇中提取元素。该函数的输出接线端可以任意缩放，它允许多次解析同一个元素。通过右击弹出快捷菜单中选择“选择项”命令可以提取簇中任意一个元素，如图4-46所示。

④ 按名称捆绑函数。按名称捆绑函数只能按照簇中元素的名称替换簇中的元素，如图4-47所示。

该函数根据名称，而不是根据簇中元素的位置引用簇元素。将函数连接到输入簇后，右击名称接线端，从快捷菜单中选择元素。也可使用操作工具单击名称接线端，或从簇元素列表中选择。

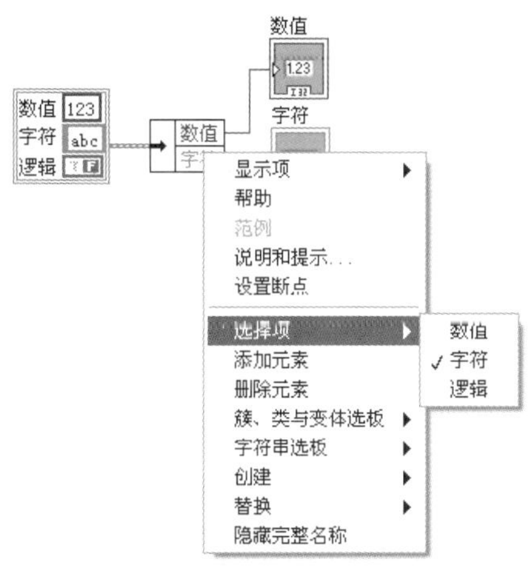

图4-46　按名称解除捆绑函数

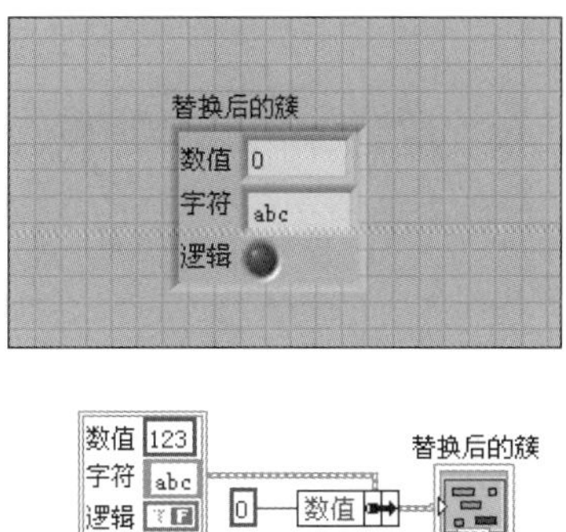

图4-47　按名称捆绑函数

⑤ 数组至簇转换函数和簇至数组转换函数。这两个函数同时存在于数组子选板和簇子选板。数组至簇转换函数把输入的一维数组转换为簇。默认的簇有9个元素，数组元素不足时补默认值，如图4-48（a）所示。在数组至簇转换函数上右击，在弹出的快捷菜单中选择“簇大小”命令即可修改簇元素个数，最大可到256个。

簇至数组转换函数将输入的簇转换为一维数组，簇元素的数据类型必须一致，如图4-48（b）所示。

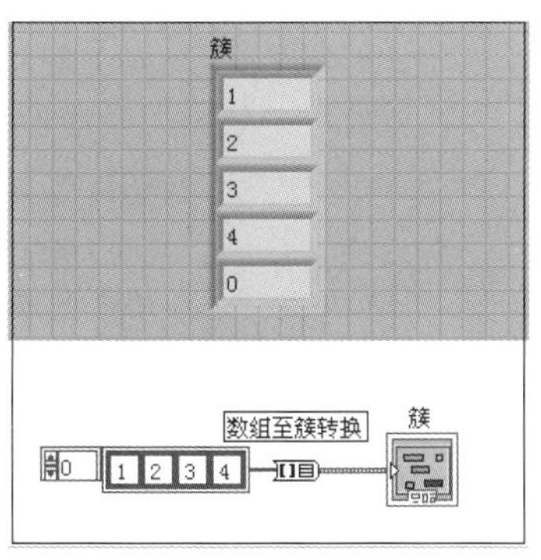

（a）数组至簇转换

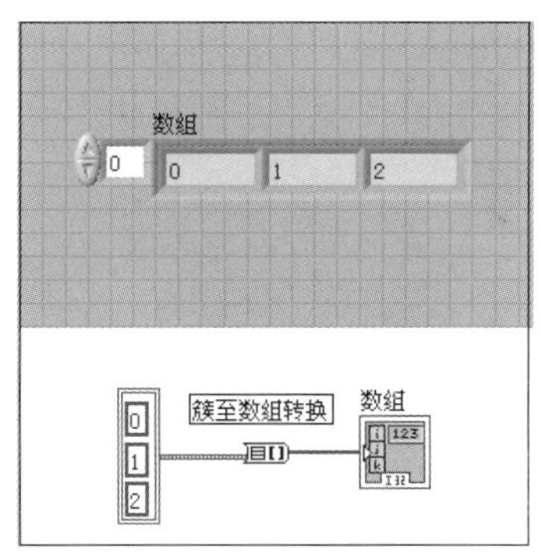

（b）簇至数组转换

图4-48　簇与数组之间转换的函数

2. 条件结构

条件结构又称分支结构，相当于C语言中的分支结构，即switch语句。LabVIEW中的条件结构包含多个子图形代码框，每个代码框中都有一段程序代码对应于一种情况或条件。每次只执行一个代码框中的程序代码。

（1）条件结构的创建

条件结构框的创建和循环结构一样，图4-49所示为其各组成部分的名称。

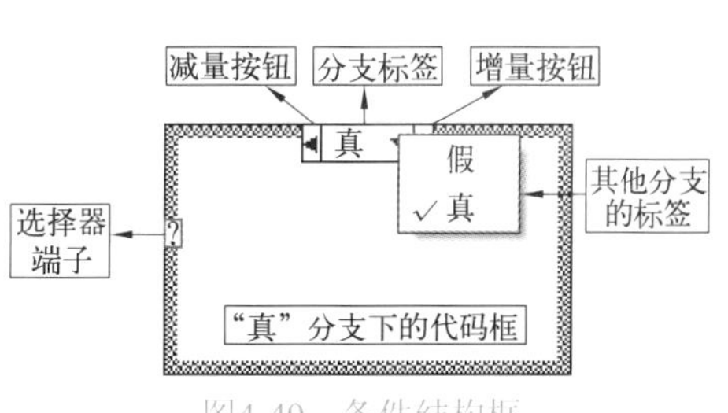

图4-49　条件结构框

选择器端子的输入数据类型有四种，分别是布尔型、数值整型、字符串型以及枚举类型。

图4-50（a）所示是一个布尔型条件结构，各个条件分支相互重叠。图4-50（b）所示是一个整型条件结构。图4-50（c）所示是一个字符串型条件结构，图4-50（d）所示是一个枚举型条件结构。

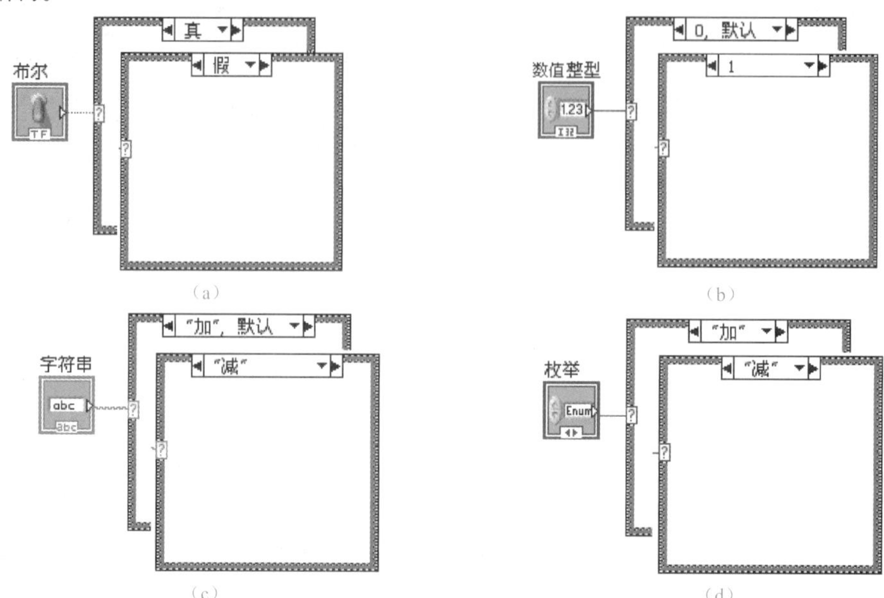

图4-50　条件结构选择器端子数据类型

说明

枚举控件可用于向用户提供一个可以选择的项列表。枚举控件的数据类型包括控件中所有数值和字符串标签的相关信息。当选择条件结构快捷菜单中的“为每个值添加分支”命令后，枚举控件中的每个项都对应于分支标签显示的一个字符串标签。条件结构根据枚举控件中的当前项，执行相应的条件分支子程序框图。

条件结构刚创建时，默认为布尔型，此时只有真和假两个代码框。在使用条件结构时，选择器端子的数据类型必须与分支标签的数据类型一致，二者若不匹配，LabVEW 会报错，分支标签中字体的颜色将变为红色。

在条件结构框上右击，弹出快捷菜单并选择“在前面添加分支”和“在后面添加分支”命令，就可以在当前代码框之前或之后增加代码框，然后依次在代码框内编辑相应的程序代码即可。若要重新排列代码框的顺序，可以在快捷菜单上选择“重排分支”命令，弹出“重排分支”对话框，对各个分支的顺序进行重新排列。

关于默认分支的问题，在条件结构中，要么在选择器标签上列出所有可能的分支情况，从而涵盖所有选择器端子的内容；要么设置一种默认情况，使得所有超出处理范围的情况按默认分支的代码执行，否则程序无法运行。

设置默认分支的方法是在目标分支下弹出快捷菜单并选择“本分支设置为默认分支”命令。若当前分支已经是默认分支，则该选项用“删除默认”命令代替。

指定分支标签时可以按列表和范围制定。列表是由英文逗号分开的多个项目，而范围则用连续的两个英文句点表示，例如“1,2,3”代表选择器端子输入为1，2，3时都执行该标签对应的分支代码；而“1..3”则代表选择器端子输入1～3之间的任何整数值时都执行该标签对应的分支代码。另外，指定分支标签时还可以指定开放的范围，如“..3”代表匹配所有小于或等于3的整数值；而“1..”则代表匹配所有大于或等于1的整数值。

具体使用说明如表4-3所示。

表4-3　分支标签内输入的表示方法及含义

分支标签内的输入	含　　义
1,3,5	表示1、3、5这三个数的列表方法
1..20	表示包括1~20范围内的所有的整数
..10	是范围开端口表示法，指所有小于等于10的整数
10..	是范围开端口表示法，指所有大于等于10的整数
..10,11,13,20..	是列表和范围的混合表示法，表示小于等于10的整数、11、13和大于等于20的整数
a..d	包括所有a，b或c开头的字符串
a..d,d	包括所有a，b，c或d开头的字符串

另外，在分支标签直接进行字符串输入的时候，不必为其添加引号，输入完成后，系统会为其自动增加引号，除非需要输入的字符串是“，”或“..”，这样是为了避免与表示列表和范围的字符串混淆。

（2）条件结构的数据通道

与循环结构类似的是，条件 结构也有输入和输出通道。当外部节点向结构框连接时，就创建了输入通道；而当框内的节点向外界输出数据时就创建了输出通道。条件结构每个分支的代码不必都与所有的输入通道连接，但必须连接所有的输出通道，否则程序不能运行，此时通道的小方块是空心的。只有当所有分支代码都与输出通道连接时，或者在小方块上弹出快捷菜单并选择“未连线时使用默认值”命令时，程序在这些分支的通道节点处输出相应数据类型的默认值，小方块变成实心。

（3）条件结构的应用示例

目标：创建VI，使用条件结构进行软件判定。

问题描述：求一个数的平方根，若该数大于或等于0，计算该值平方根并将计算结果输出；若该数小于0时，则用弹出式对话框报告错误，同时输出错误代码“-99999.9”。

图4-51所示为条件结构应用示例的程序框图。

在假分支中放置了一个“单按钮对话框”函数。该函数用于显示包含指定信息的对话框。不要连续运行该 VI，在某些情况下，连续运行 VI 会导致无限循环。

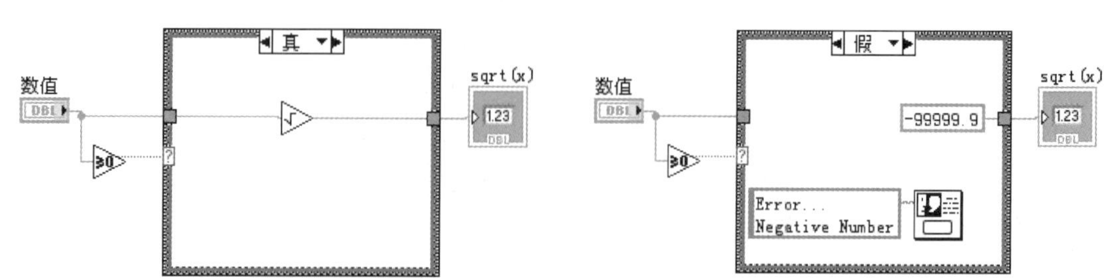

图4-51　条件结构应用示例的程序框图

3. 事件结构

（1）事件驱动的概念

LabVIEW是一种数据流的程序开发平台，由数据流决定程序中节点的执行顺序。事件驱动扩展了数据流编程的功能，允许用户在前面板上直接干预程序不同部分之间的交流从而影响程序的执行。

事件即发生了某种事情的通知。LabVIEW支持两种来源的事件：一是用户界面事件，例如单击鼠标产生的鼠标事件、使用键盘产生的键盘事件等；二是编程生成事件，这种事件用来承载用户定义的数据与程序其他部分通信。本书主要介绍用户界面事件。

下面我们举例来说明，编写一个简单的单击计数器，即当用户单击一个按钮时，计数器加1。通过While循环和条件结构不断地去查询这个按钮是否被单击，如果被单击的话，计数器加1，否则不执行，如图4-52所示。

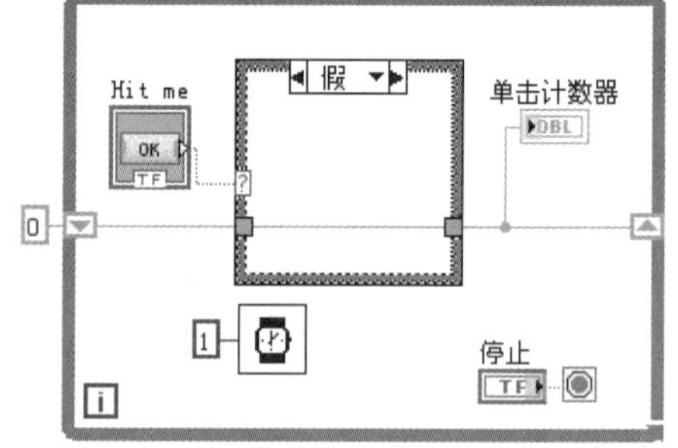

图4-52　基于while和条件结构的单击计数器

分析该程序可以看出，这个程序在没有用户单击的情况下完全都是在“空转”，浪费了大量的CPU资源，而且当“事件”发生得太快时可能会被忽略。因此LabVIEW提供了事件结构来解决这个问题，即仅当“事件”发生时，程序才作相应响应。通过事件结构，程序可以变得很简单，并降低CPU利用率。当多个事件发生时会形成事件队列，直到每个事件对应的代码都被执行为止，因此不会有事件被遗漏的情况。

（2）事件结构的创建

事件结构在“函数模板”→“编程”→“结构”子选板中可以找到，如图4-53所示。

事件结构的创建与条件结构类似，当单击函数模板中对应的图标，在程序框图中按住鼠标左键向右下角拉动拖放即可。框图中的程序就是对应事件发生时被执行的程序，如图4-54所示。其中事件数据主要包含一些该事件的信息，例如事件类型、触发时间等。

从图4-54中可以看到，事件结构包含如下几个基本的组成部分：上方边框中间是事件选择器标签，用于标识当前显示的子框图所处理事件的事件源；当前事件数据为子框图提供所处理事件的相关数据；超时端子属于整个事件结构，用于为超时事件提供超时时间参数。

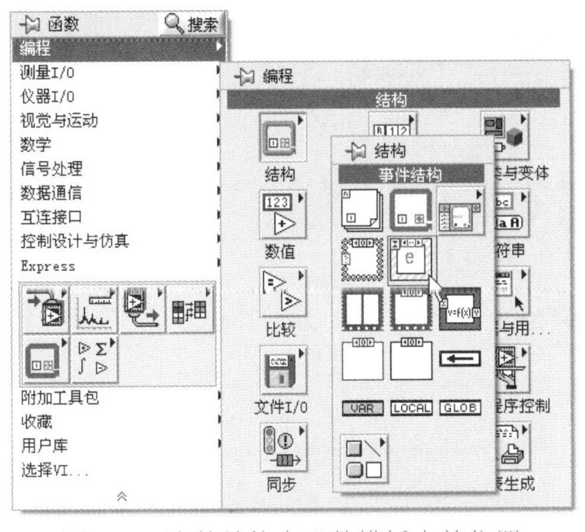

图4-53　事件结构在函数模板中的位置

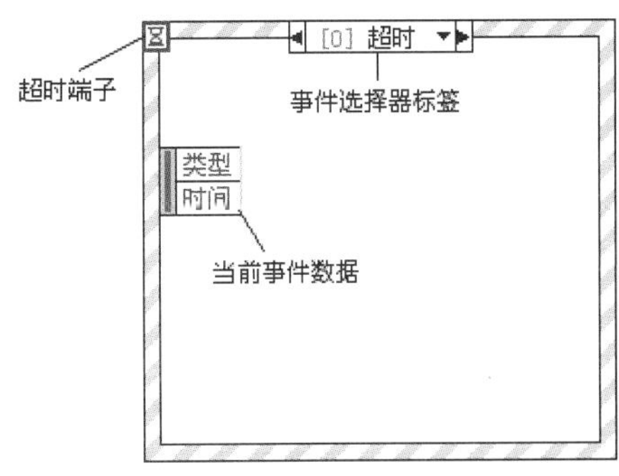

图4-54　事件结构

默认的事件为超时事件，它表示在指定的超时时间内没有任何该事件结构所定义的其他事件发生时，触发超时事件。由于现在不要这个事件，因此可以把它改为按钮单击事件。右击事件框，选择“编辑本分支所处理的事件”命令，出现的“编辑事件”对话框中的“事件源”栏中会有面板上已有的所有控件，如图4-55所示。

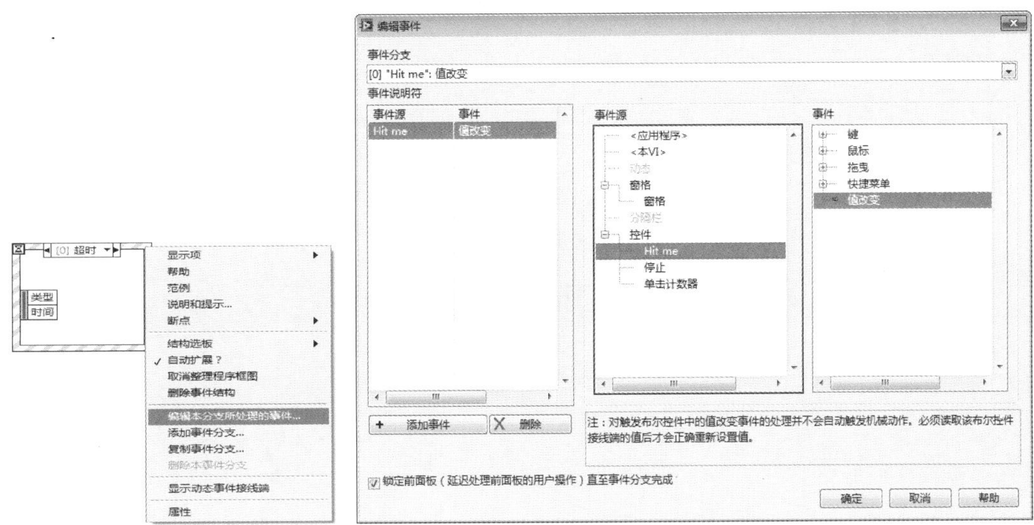

图4-55　编辑事件对话框

选中“Hit me”命令后，右边的事件栏中会出现可以选择的事件及对应按钮，例如鼠标按下、键释放和键按下等。对于功能为“释放时触发”的按钮，其值改变事件就对应单击事件。最下面的“锁定前面板直至本事件分支完成”复选框如果被选中，则表示在执行该事件程序时前面板所有的对象都被锁定。

在事件栏中，有些事件的左侧是绿色的箭头，有些事件的左侧是红色的箭头。其中绿色箭头表示该事件是通知事件，即当事件发生时通知程序运行该事件所对应的代码，大部分情况下都使用这种事件。红色箭头表示该事件是过滤事件，即当事件发生时可以选择是否过滤该事件。

下面将单击计数器用事件结构来实现，程序框图如图4-56所示。

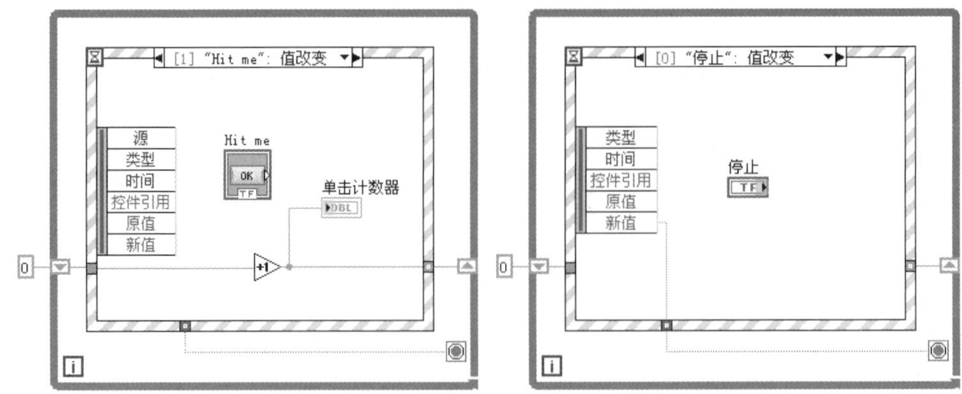

图4-56　基于事件结构的单击计数器

注意

在事件驱动程序中，一般是用一个循环等待事件发生，然后按照这个事件指定的程序代码对事件进行响应，再回到等待事件状态。因此，事件结构必须放在循环中，当一个事件完成后，程序需要去等下一个事件的发生，否则没有意义。

任务实施

按照下列步骤完成数字式显示器控制设计：

1．在前面板上创建数码管显示簇控件，要求簇中成员的逻辑顺序和数码管数码段a、b、c、d、e、f、g、h顺序一致。

2．在前面板上放置菜单下拉列表控件，编辑项内容为0～9。

3．实现软件手动选择数字，数码管软/硬件显示设计，如图4-57所示。

① 首先根据给定的数码管，先进行类型判断，如图4-58所示。

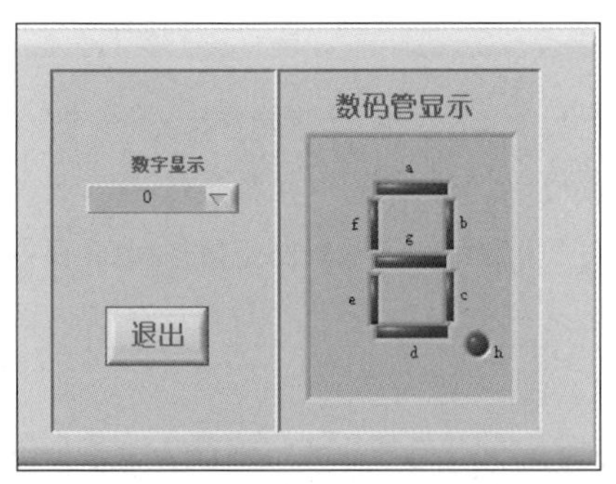

图4-57　数码管软件显示前面板

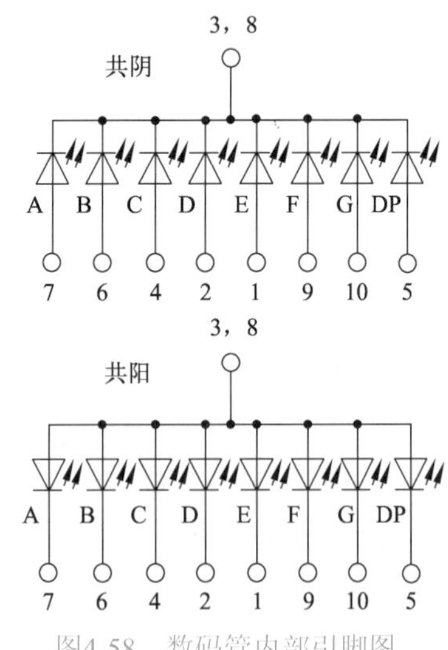

图4-58　数码管内部引脚图

② 参照图4-59，完成硬件电路的搭试。将数码管的八段输出分别与DO0～DO7对应连接，假设a为最低位，h为最高位，从低位到高位的顺序依次为：abcdefgh。3脚和8脚串联电阻R（限流）接地。

4．根据设计要求完成软/硬件调试，如图 4-60 所示。

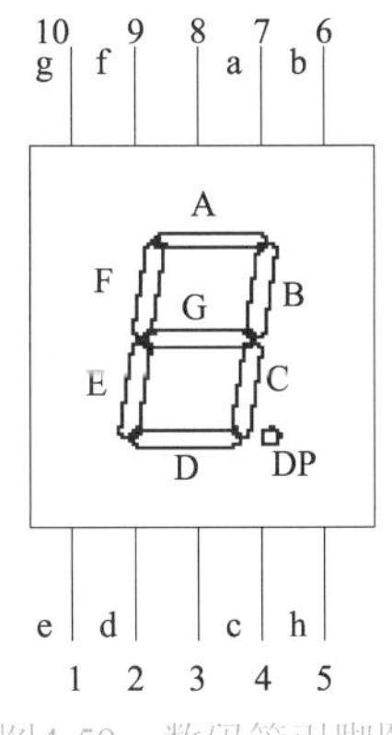

图4-59　数码管引脚图

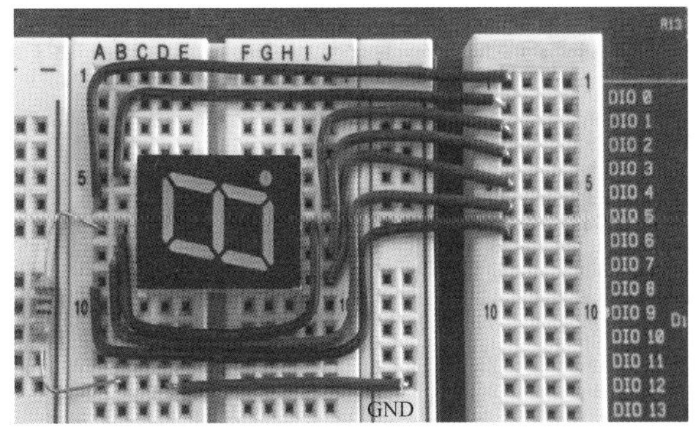

图4-60　数字式显示器硬件电路

计划总结

1．工作计划表

序　号	工作内容	计划完成时间	实际完成情况自评	教师评价

2．材料领用清单

序　号	元器件名称	数　　量	设备故障记录	负责人签字

3．项目实施记录与改善意见

____

____

____

____

拓展练习

在实现任务2基础上，完成以下拓展功能：

① 用数码管实现数字0~9的自动显示控制；

② 用两个数码管实现60s的计时显示控制。

4.3 任务3 交通信号灯控制

二极管具有电流的单向导电性，利用二极管的开关特性可以产生许多有趣的数字电路。在NI ELVIS Ⅱ原型设计面板上安装六个LED灯，用来模拟十字路口的交通信号灯控制（见表4-4）。

表4-4 交通信号灯系统控制

任务名称	交通信号灯系统控制
任务描述	设计一个智能交通信号灯的控制器，能够实现红绿灯的自动指挥。 ① 东西、南北各三盏红、黄、绿灯，交通灯亮灭规律为： 初始态：路口东西南北灯均灭； 次态1：东西路口的红灯亮，南北路口的绿灯亮，南北方向通车，延时25s 次态2：南北路口绿灯灭，黄灯亮5s； 次态3：东西路口绿灯亮，同时南北路口红灯亮，东西方向开始通车，延时25s 次态4：东西路口绿灯灭，黄灯亮5s后，再次切换到次态1重复。 ② 在东西和南北十字路口添加倒计时功能；
预习要点	① 选择结构、顺序结构、循环结构的使用； ② 循环结构的自动索引功能的使用； ③ 掌握数组与数组函数、簇与簇函数使用； ④ 交通信号灯系统硬件设计； ⑤ 交通信号灯系统软件设计流程图；
材料准备	① NI ELVIS Ⅱ 教学设备 ② 红、黄、绿色发光二极管各2个、510Ω电阻1个 ③ 导线若干
参考学时	8

预备知识

1. 顺序结构

顺序结构看上去像电影胶片一样，由一帧或多帧图框组成。在通用编程语言中，程序语句执行顺序根据它们在程序中的前后位置而定。而在数据流概念编程的程序中，只有当一个节点的所有输入数据均有效时，这个节点才能被执行。但是编程者要按顺序一个节点一个节点的执行，这时可以使用顺序结构改变不同节点的先后执行顺序。

（1）顺序结构的创建和使用

LabVIEW提供了两种顺序结构，两者的创建和使用方法类似。

① 层叠式顺序结构。层叠式顺序结构的图形代码框与条件结构类似，即多个代码框堆叠在一起，每个代码框称为一帧，如图4-61所示。通过在边框上弹出快捷菜单并选择“在前面添加帧”或“在后面添加帧”命令可增加帧的数目。LabVIEW按照帧标签上的帧序号由小到大执行顺序结构，最小的帧序号为0。

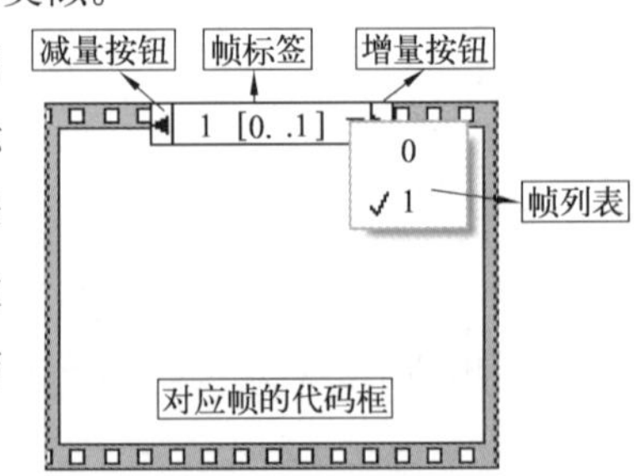

图4-61 层叠式顺序结构

当向代码框中写入数据时，各帧可以连接或不连接输入数据通道，但是当从代码框向外输出数据时，各帧只能有一个代码连接其输出数据通道。也就是说，输出数据通道仅能有一个数据源，这与条件结构是不一样的，条件结构的输出可以由任一个帧发出，但输出的数据要一直保留到所有帧完全执行时才能脱离结构。

帧与帧之间的数据信息的传递则通过局部变量实现。在边框上弹出的快捷菜单中选择“添加顺序局部变量”命令可以添加局部变量端口。初始的局部顺序变量端口只是一个黄色的小方块，当与数据连接后，小方块中就会出现一个黄色的向外或向内的箭头表示数据的流向，向外说明数据是从本帧向其他的帧输送，向内则是从其他的帧流入本帧，如图4-62所示。在局部顺序变量上弹出快捷菜单，选择“删除”命令就可以删除该局部顺序变量。

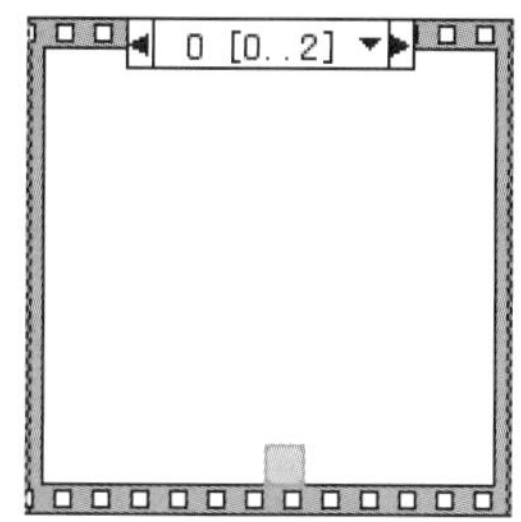

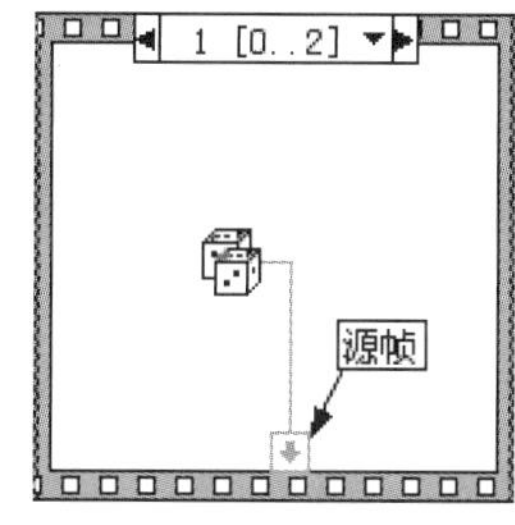

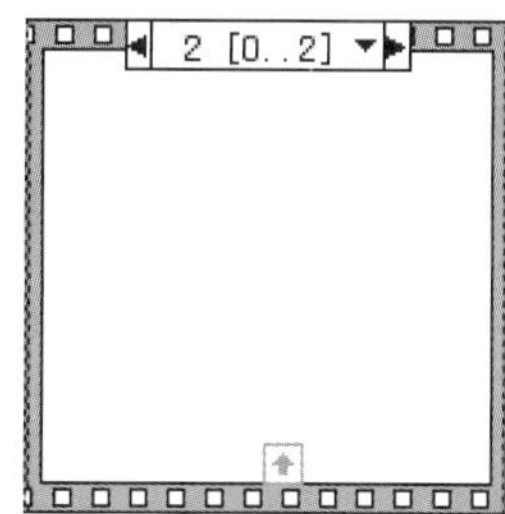

图4-62　有三个帧的顺序结构局部变量

在一个帧中给局部顺序变量赋值时，该帧称为数据源帧，简称源帧。这个数据源可以被后续的所有帧使用，但不可被源帧前面的帧使用。

② 平铺式顺序结构。平铺式顺序结构与层叠式顺序结构所实现的基本功能相同，只是在表现形式上有所不同。平铺式顺序结构如图4-63所示，其外形更像电影胶片，各个帧不是堆叠在一起而是平铺开的，每一帧可以通过拖动改变大小。平铺式顺序结构的缺点就是浪费很多空间，但这样的结构使代码的阅读更直观。

利用与层叠式顺序结构一样的方法可以为平铺式顺序结构增加或减少帧的数目。由于平铺式顺序结构在外形上是平铺的，帧与帧之间的数据流向可以轻易看出，不需要借助局部顺序变量在帧与帧之间传递信息，如图4-64所示。

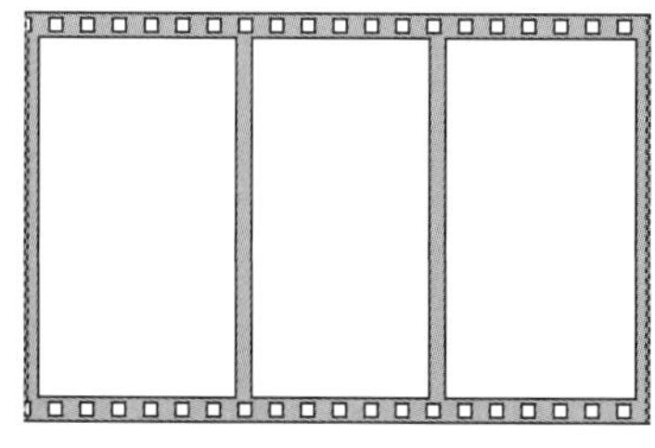

图4-63　平铺式顺序结构

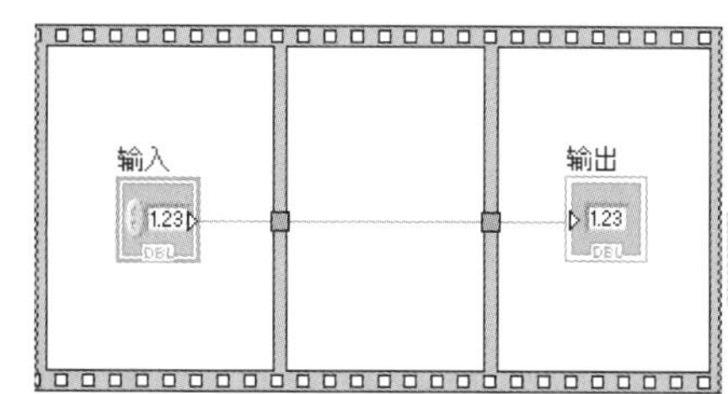

图4-64　平铺式顺序结构子程序框图传递数据

（2）顺序结构应用示例

例：将一随机数发生器产生的数字与面板输入的给定数字（范围为1~99的整数）进行比较，计算当两个数匹配时所需要的时间。

如图4-65所示，这个顺序结构共有3帧，在第1帧中，调用“编程”→“定时”函数子选板的“时间计数器”函数开始计时。时间计数器函数返回计算机记录到当前的时间毫秒数，并将数据结果通过顺序结构局部变量传递到后续的帧中。

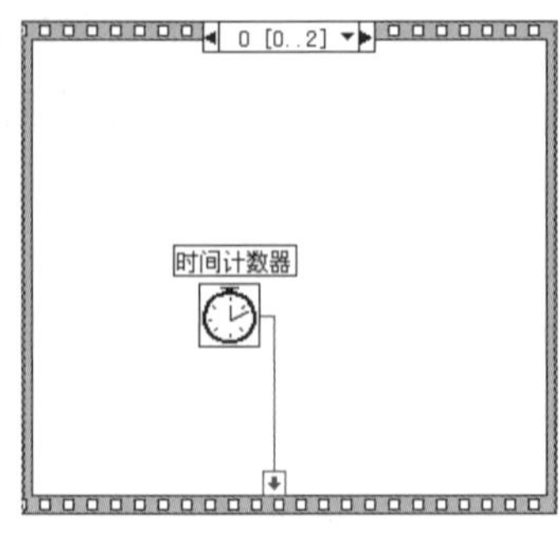

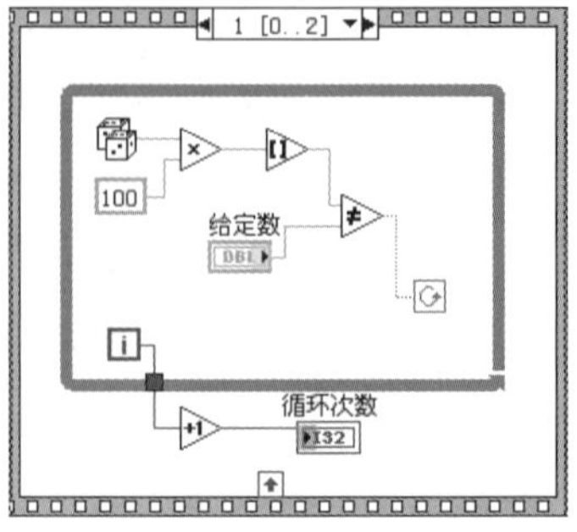

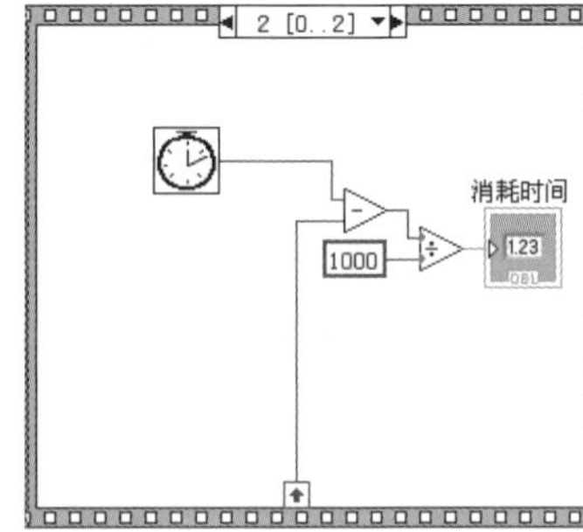

图4-65　使用顺序结构计时

在第2帧中，用随机数模拟产生任意0～100的整型数值，再调用不等于函数与给定数进行比对，直到找到相同的数时退出循环。

在第3帧中，再次调用时间计数器函数，用当前时间减去程序开始运行时间，得到程序运行所消耗的时间。

2．顺序结构的缺陷与人为的数据依从关系

不提倡过多使用顺序结构，顺序结构妨碍了LabVIEW的程序并行运行机制。除了使用顺序结构外，如果需要控制程序执行的顺序，可以通过建立人为的数据依从关系的方法来解决。在这种情况下，是数据的到达而不是它的值来触发对象的执行，数据的接收对象并不需要它的值。

在图4-66中如果不建立人为的数据依从关系，则两个While循环没有执行顺序，因为LabVIEW并不保证程序框图从左向右或从上到下执行。从需要先执行的结构内任一个节点连一条线到下一个结构的边框，保证了这两个结构执行的顺序。可以看到，后一个循环中没有对象需要这个数据，只是起到让它等待数据到达再执行的目的。

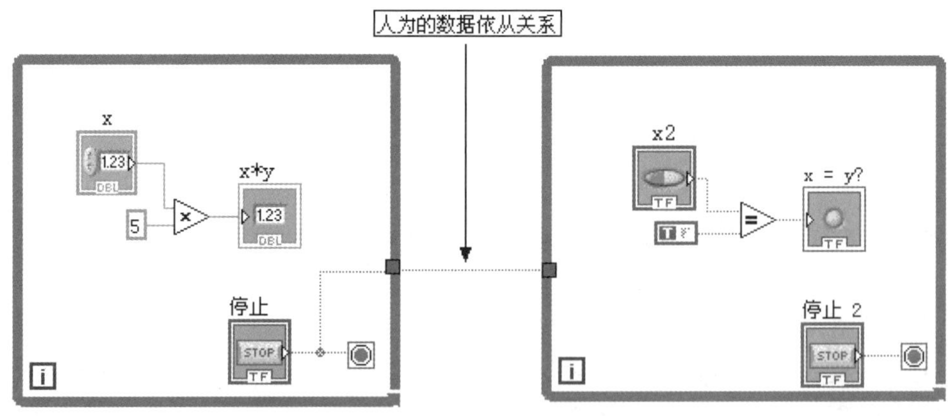

图4-66　人为的数据依从关系

3. 状态机

在编程时使用顺序结构或顺序连接各子VI都可以实现任务目标，但有时需要满足更多的要求：

- 如需改变执行的顺序，该怎么办?
- 如需多次重复执行序列中某一帧，该怎么办?
- 如需仅在满足一定条件时才执行某几帧，该怎么办?
- 如需立刻停止该程序而不是等到最后一帧执行完才停止该程序，该怎么样?

也许程序目前不需要满足以上要求，但将来有可能需要满足。因此，即使顺序结构编程已经足以满足要求，状态编程结构仍是一个很好的选择。绝大多数的测试、测量系统在运行时需要从一个状态转换到另一个状态，或者在不同的状态之间切换直至结束。因此，状态机模式作为一种典型的类顺序结构方式，被广泛地应用于各种自动化测试系统中。

（1）状态机

状态机是LabVIEW中常用且用途广泛的一个设计模型。用状态机设计模型可以实现任何用状态图或流程图明确描述的算法。状态机通常用于实现较为复杂的判决算法，如诊断程序或过程监控。

如图4-67所示，状态机的基本结构如下：

① While循环：不断地执行各个状态；

② 条件结构：包括对应于每一个状态的条件分支和执行代码；

③ 移位寄存器：包括状态转换信息；

④ 状态功能代码：实现状态的功能；

⑤ 状态转换代码：判定下一个状态。

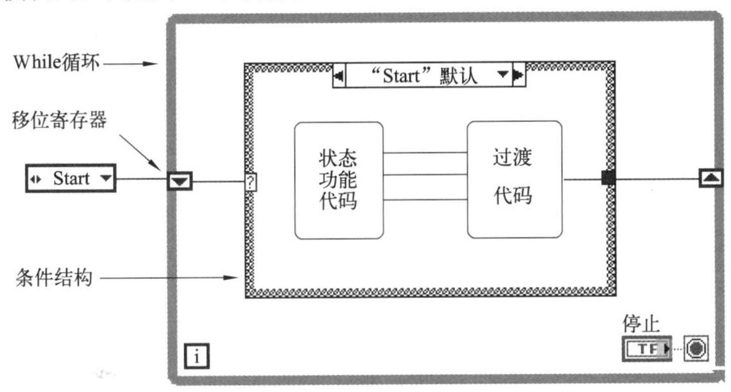

图4-67　LabVIEW状态机的基本结构

除了以上提到的几个基本组成以外，状态机的构建还有一个技巧，就是使用枚举型常量来作为状态转换代码。相对于其他数据类型来说，枚举常量表示了两组成对的数据，一组是字符串，一组是数值，两者一一对应，在前面板上，能直观地看到字符串，在程序面板上则简单地表示为数值型数据，整个枚举型数据的值可以是预定义的多个数据中的任何一个值。

使用枚举型数据来作为状态转换代码，是因为枚举型数据和条件结构配合使用时相当方便。第一，在条件结构的条件判断框中，我们看到的将不是单纯的数值，而是定义好的字符串，这样直观的表现形式给不同状态的管理带来了方便，另外，在条件结构上通过右键单击，选择为每个值添加分支，就能够自动地将条件结构根据枚举数据进行展开，从而保证每个状态的完整性。

此外，考虑到以后对状态机修改及维护的方便，通常，将该枚举常量保存为一个自定义控件，如图4-68所示。将该自定义控件作为枚举常量引入状态机中，当需要对状态变量进行修改的时候，只需要对这个自定义控件进行一次修改、更新，就能对该状态机中任何位置的状态变量进行统一的管理了。

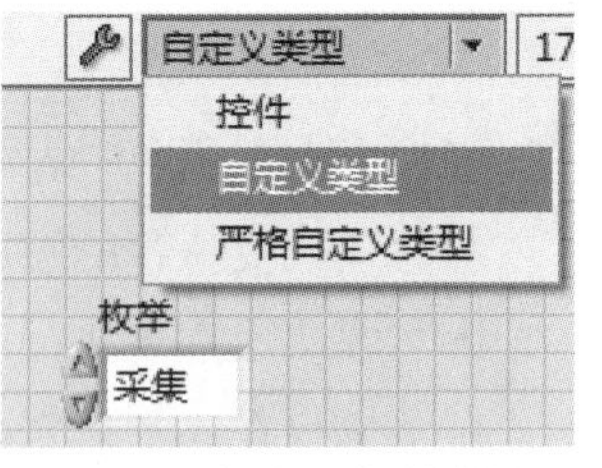

图4-68 自定义枚举常量

（2）状态机的编程使用

在状态区分明显的应用程序中可采用状态机。每一个状态都会导致另一个或多个状态，或者结束处理流程。状态机通过计算用户输入和内部状态来决定下一个状态。许多应用程序都需要一个初始状态，后面接着一个默认状态，以执行各种不同的操作。具体执行什么操作要依据以前和当前的输入及状态。停止状态通常用来执行清除操作。

状态机常用来创建用户界面。用户界面中，不同的用户操作会让用户界面进入不同的处理程序段。每一个处理程序段都相当于状态机里的一个状态。每一个处理程序段都会引起下一步的处理或者等待另一个用户操作。

过程测试是状态机设计模型的另一个常见应用。过程测试中，一个状态表示程序中的一段。根据每一个状态的测试结果，相应地调用不同的状态。这个过程可不断地执行，从而对整个过程有一个彻底全面地分析。

例如，根据以下要求完成温度检测系统设计：①每秒循环采集一次温度值并显示；②分析每次采集到的温度值，判断该温度是否太高或太低，如果有中暑或冻伤的危险，则向用户发出警告；③记录警告当时的数据。

图4-69和图4-70为系统的状态转换图和程序框图。程序中的开始状态和下一个状态都是使用了枚举常量数据类型，、、三个函数分别是文件输入/输出函数，用来记录越限温度值，并将数据以字符串的形式写入文本文件中，关于文件I/O函数的使用将会在后续的章节中介绍。

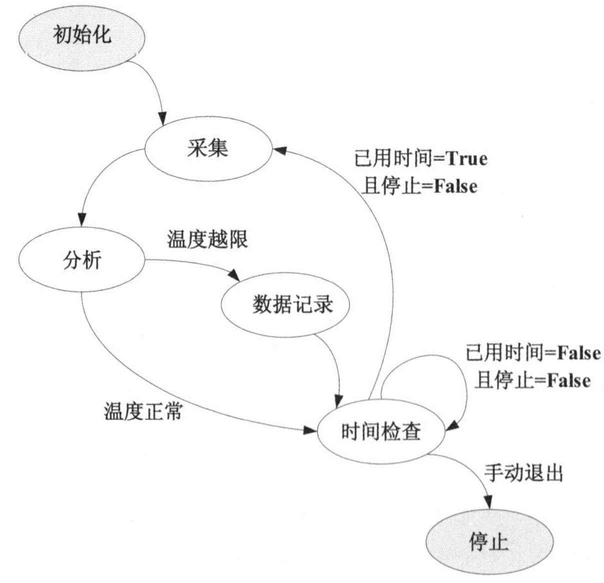

图4-69 系统状态转换图

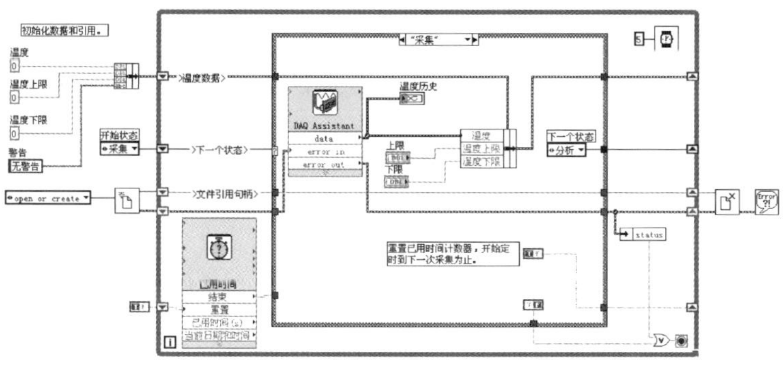

(a) 采集状态程序框图

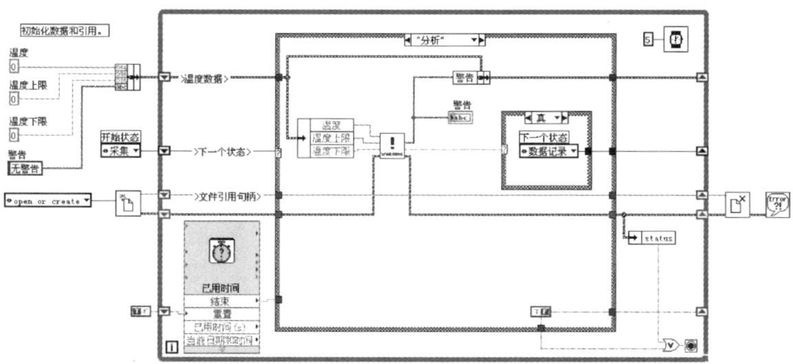

(b)分析状态程序框图

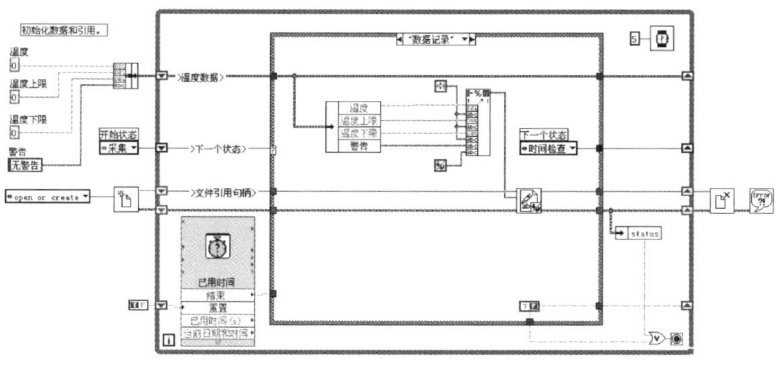

(c) 数据记录状态程序框图

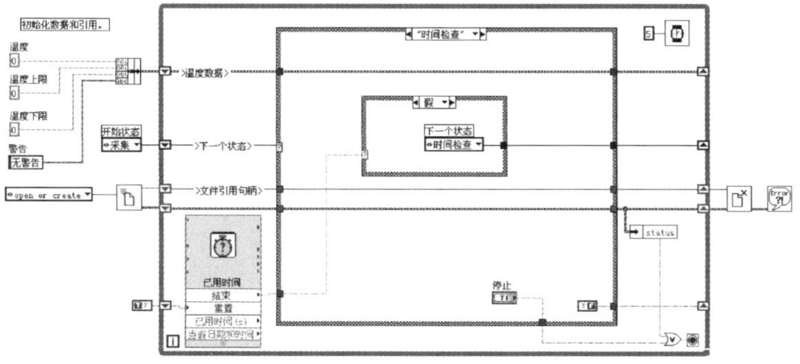

(d) 时间检查状态程序框图

图4-70 基于状态机的温度检测系统程序框图

3. 局部变量

在LabVIEW中，通常情况下都是利用连线在不同对象之间进行数据传输，使用局部变量可实现数据的“无线”传输。局部变量通常用于同一个VI内部数据的传输。

（1）局部变量的创建

局部变量的创建有两种：

① 局部变量节点位于函数选板的“编程”→“结构”子选板中，如图4-71所示。

从函数选板上选择一个局部变量将其放置在程序框图上，此时局部变量节点尚未与一个输入控件或显示件相关联，如图4-72所示。

图4-71　局部变量在函数选板中的位置

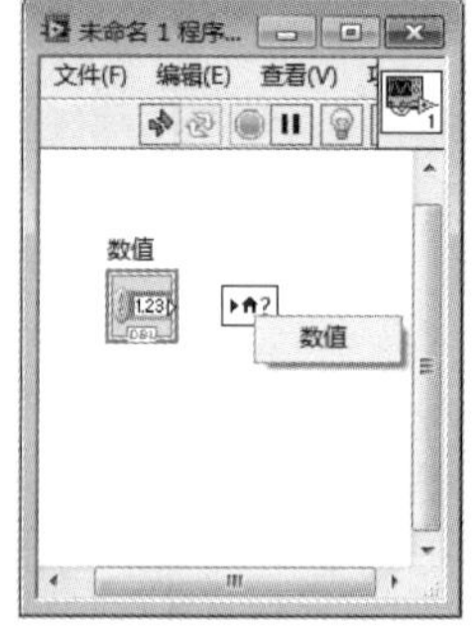

图4-72　局部变量节点

如需使局部变量与输入控件或显示控件相关联，可右击局部变量节点，从快捷菜单中选择“选择项”，展开的快捷菜单将列出所有带有自带标签的前面板对象。LabVIEW使用自带标签将局部变量和前面板对象联系起来，因此必须用描述性的自带标签对前面板输入控件和显示控件进行标注。

② 右击前面板对象或程序框图接线端，并从快捷菜单中选择“创建”→“局部变量”命令来创建一个局部变量。该对象局部变量的图标将出现在程序框图上，如图4-73所示。

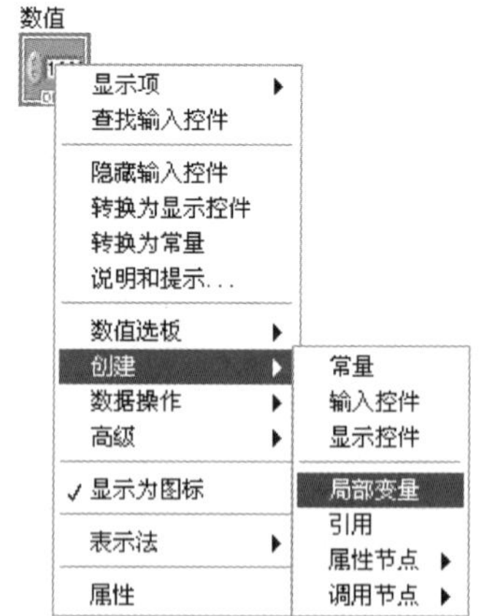

图4-73　通过快捷菜单创建局部变量

（2）局部变量的使用

创建一个局部变量后，可以对变量进行数据读写。默认状态下，新变量将接收数据。该变量类似于显示控件，同时属于写入局部变量。将新数据写入该局部变量时，与之相关联的前面板输入控件或显示控件将由于新数据而被更新。

变量也可配置为数据源读取局部变量，右击变量，从快捷菜单中选择“转换为读取”命令，便可将该变量配置为一个输入控件。节点执行时，VI将读取相关前面板输入控件或显示控件中的数据。

在程序框图上，读取局部变量与写入局部变量的区别相当于输入控件和显示控件间的区别。类似于输入控件，读取局部变量的边框较粗，而写入局部变量的边框较细，类似于显示控件。

例：局部变量的应用实例。

图4-74显示了使用一个局部变量来传递开关数据的VI的程序框图。

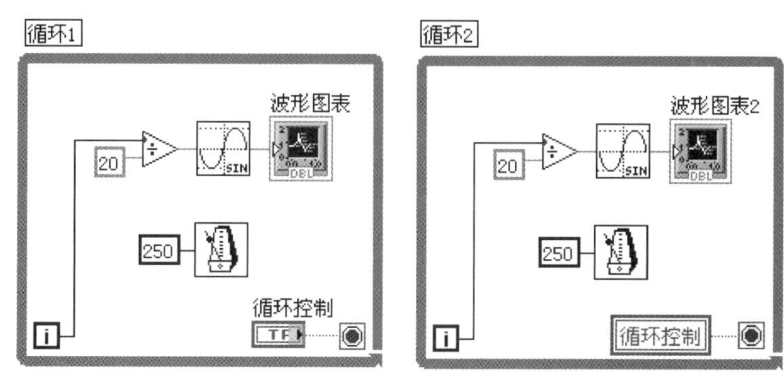

图4-74　用于停止并行循环的局部变量

本例中，循环2读取一个和开关相关联的局部变量，将前面板的开关设置为假时，循环1的开关接线端就将“假”值写入循环1的条件接线端。循环2读取循环控制局部变量，并将假值写入循环2的条件接线端。从而两个循环将同时运行，并且在关闭前面板开关时同时终止。

通过局部变量可对前面板上的输入控件或显示控件进行数据读写。写入一个局部变量相当于将数据传递给其他接线端。局部变量可向输入控件写入数据和从显示控件读取数据。事实上，通过局部变量前面板对象既可作为输入访问也可作为输出访问。

（3）局部变量使用注意事项

局部变量不是LabVIEW数据流执行模型中固有的部分，使用局部变量时，程序框图可能会变得难以阅读，因此使用时要谨慎。错误地使用局部变量，如将其取代连线板或用其访问顺序结构中的每一帧中的数值，可能在VI中导致不可预期的行为。滥用局部变量，如用来避免程序框图间的过长连线或取代数据流，将会降低执行速度。

很多情况下没有必要使用变量。图4-75所示为一个通过状态机的方式实现的交通灯的应用程序。每个状态都会更新灯的显示，并准备进入灯序列的下一个状态。在显示的状态中，东西向的交通灯是绿色的，而南北向的交通灯是红色的。如等待函数显示，这个状态会持续5 s。

图4-76所示程序完成了同一个任务，不过执行效率更高，设计更为合理。与前一个程序相比，由于减少变量的使用，该程序更易于阅读与理解。通过将While循环中的显示控件放置在条件结构的外面，可以使该显示控件在每个状态结束后更新，而不需要使用变量。这个程序和前一个程序相比，比较容易通过修改来增加新的功能，如添加左转的信号灯。

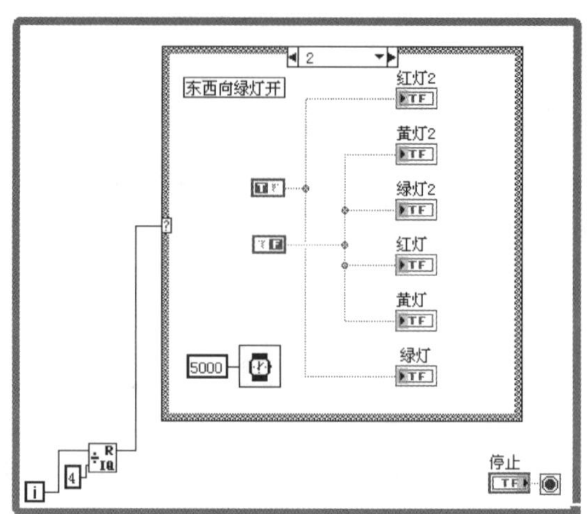

图4-75　使用过多变量的交通灯应用程序

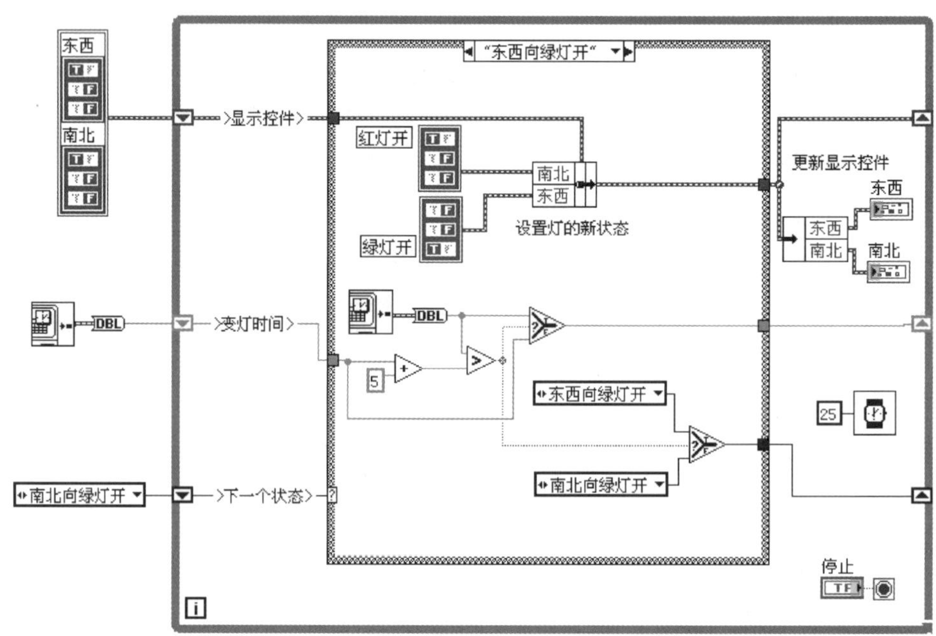

图4-76　减少变量的使用的交通灯应用程序

4. 属性节点

（1）属性节点的创建和使用

控件的属性，比如数值的界限、显示格式等，可以在控件的属性对话框中配置。但是，属性对话框只涵盖了控件属性中的小部分，它的大部分属性并未包括在属性对话框内。但是，可以通过程序来查看或设置这些属性。

在控件上右击，在弹出的快捷菜单上选择“创建”→“属性节点”命令，然后选择其中一项，即可得到该控件的一个属性。每个控件都拥有很多属性。例如，图4-77所示是一个普通数值控件的属性，它的属性还算比较少的，但也有10个多。初学者可以通过LabVIEW的即时帮助功能来学习这些属性的使用。

在选择属性时，属性菜单是按照属性所属类别来排列的。以图4-77所示的属性为例，排在最上面的一栏是LabVIEW中所有对象都具备的属性；紧接在下面的一栏是所有VI前面板对象都具备的属性；再下面一栏是所有控件都具备的属性；再下面的是所有数值类型控件的属性；最下面的是选择的这一数值控件的属性。每一类别之中都是按字母顺序排列。记住排列的类别，有助于寻找所需的属性。

图4-77　普通数值控件的属性

有些属性是只读或只写的，有些则既可读也可写。在属性的右键菜单中可以选择“全部转换为写入”、“全部转换为读取”或“转换为写入”、“转换为读取”命令，以改变属性的方向。有的属性虽然可写，但只有当VI在编辑状态下才可以改变属性的值，比如控件的标签文本便是如此。所以，在尝试设置控件属性时还要注意属性节点是否返回错误。

一个属性节点可以同时读/写多个属性。把鼠标移到属性节点下边框的中间部位，就可以将其拉长或缩短（见图4-78）。单击新增出来的条目，可将其更换为我们需要的属性。在右击弹出的快捷菜单中选择“增添元素”、“删除元素”命令，也可以完成上述功能。

在属性项中，有一项名为“值”，其作用相当于局部变量。但是程序运行时，属性节点的效率要大大低于局部变量。另一项名为“值（信号）”的属性则是用来作为该控件发出“值改变”事件信号的。

（2）调用节点

调用节点的创建、使用方法与属性节点类似，区别在于调用节点用于选择方法，以完成控件的某些行为。每个调用节点只能选择一种方法。

在控件的接线端上右击，选择“查找”→“控件”命令，则可以高亮显示接线端对应的控件。在程序中，也可以通过调用节点来实现这个功能。为控件创建一个“对象高亮显示”调用节点，运行程序，就可以看到控件被高亮显示了一次，如图4-79所示。

图4-78　属性节点的属性添加

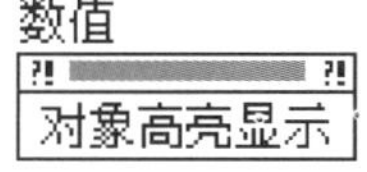

图4-79　“对象高亮显示”调用节点

任务实施

设计一个智能交通信号灯的控制器，能够实现红绿灯的自动指挥，疏通车流。

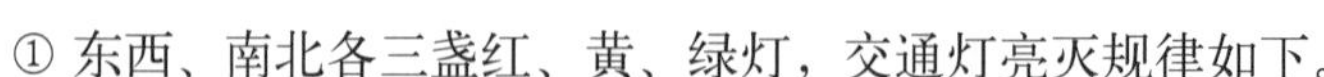

① 东西、南北各三盏红、黄、绿灯，交通灯亮灭规律如下。

初始态：路口红灯全亮，延时5 s之后，次态1东西路口的红灯亮，南北路口的绿灯亮，东西方向通车，延时25 s后；次态2：南北路口绿灯灭，黄灯亮5 s后；次态3：东西路口绿灯亮，同时南北路口的红灯亮，南北方向开始通车，延时25 s后；次态4：东西路口绿灯灭，黄灯亮5 s后，再次切换到次态1重复。

② 红黄绿交通灯亮和灭的时间可以调节。

③ 有倒计时功能。

1. 方案设计分析

根据设计要求画出交通信号灯时序图，如图4-80所示。这里交通灯控制是基于一个60 s的运行周期，其中东西向红灯亮30 s，然后是绿灯亮25 s，再接着黄灯亮5 s。南北向首先绿灯亮25 s，然后黄灯亮5 s，接着红灯亮30 s。对于两个通道的灯，比如说南北方向的黄灯亮时，东西方向红灯亮。这30 s周期正好是南北方向5 s的黄灯和25 s的绿灯的周期之和。对于两通道的十字路口，4个时间周期分别记为：T1，T2，T3，T4。

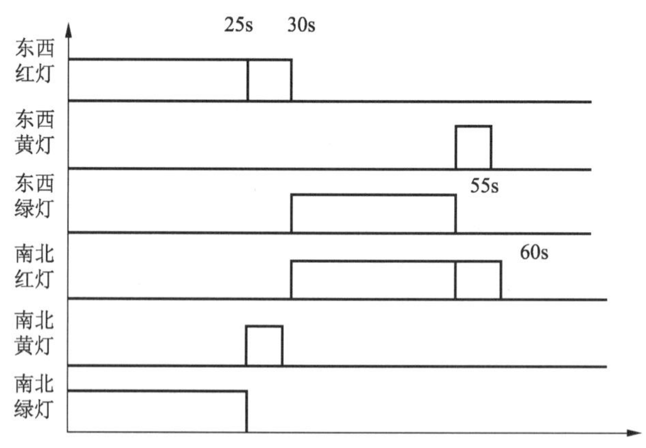

图4-80 交通信号灯控制时序图

根据时序图可以分析交通灯的工作情况，如表4-5所示。

表4-5 交通信号灯控制代码表

方向		南北向	东西向	8位代码	数值
交通灯		红黄绿	红黄绿		
位		012	456		
T1	25 s	001	100	00010100	20
T2	5 s	010	100	00010010	18
T3	25 s	100	001	01000001	65
T4	5 s	100	010	00100001	33

计算4个时间周期内发送到数字端口控制交通灯亮灭的8位代码。例如，时序周期T1对应的8位代码为00101000。从高位到低位对应的二进制代码为00010100，转换为十进制数为20。以此类推可以确定其他的时间周期T2、T3、T4。使用NI ELVIS I/O函数模块中Writer函数分别

依次将T1、T2、T3、T4对应的8位二进制代码输出到ELVIS的Write<0～7>端口，就可实现交通灯的亮灭控制了。

2. 完成软件程序设计调试（任选两种方案，并比较不同方案的优劣）

① 采用顺序结构实现交通信号灯控制。

② 采用循环结构自动索引实现交通信号灯控制。

③ 采用状态机来实现交通信号灯控制。

3. 完成硬件电路设计搭试（见图4-81）

4. 完成软硬件系统调试

交通信号灯前面板参考图4-82。

图4-81　交通信号灯控制硬件接线图

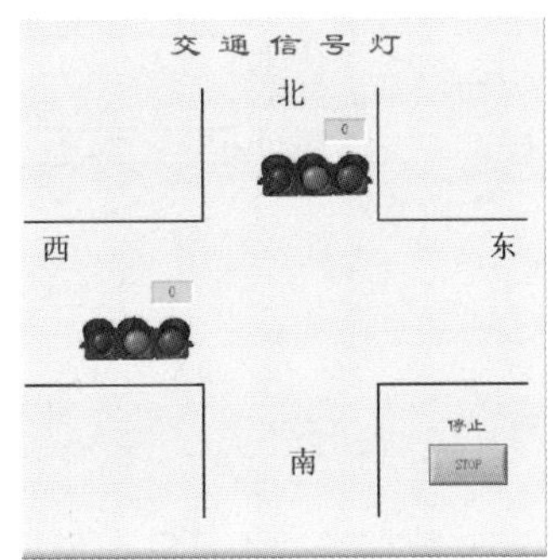

图4-82　交通信号灯控制软件前面板

计划总结

1. 工作计划表

序　号	工作内容	计划完成时间	实际完成情况自评	教师评价

2. 材料领用清单

序　号	元器件名称	数　量	设备故障记录	负责人签字

3. 项目实施记录与改善意见

拓展练习

如图4-83所示，在实现任务3基础上，完成以下拓展功能：

① 红绿灯交替时黄灯以每秒1次频率闪亮；

② 夜间无人值守时，以每秒1次的黄灯闪亮，提醒司机安全驾驶。

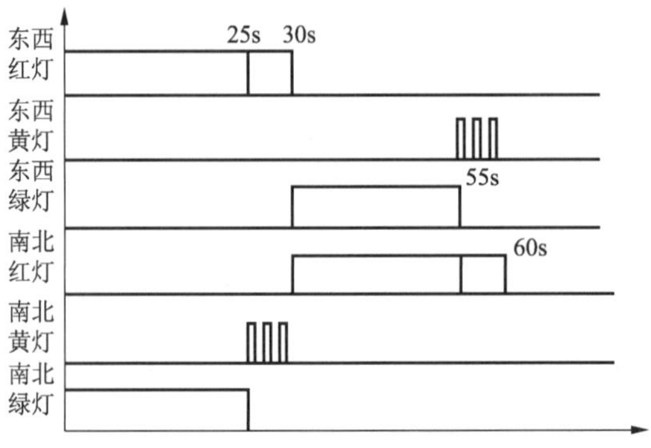

图4-83　交通信号灯控制时序图

思考与练习

1. 下列哪些数据类型不可以作为数组的元素（　　）。

A. 数值　　B. 布尔　　C. 路径

D. 字符串　　E. 波形图　　F. 簇

2. 如果有两个一维数组，维度分别是4、8，将其以索引的方式输入For循环，For循环的计数端没有连线，如图4-84所示，那么For循环实际循环次数是（　　）。

A. 4 次　　B. 8 次

C. 程序错误，不能运行　　D. 1 次

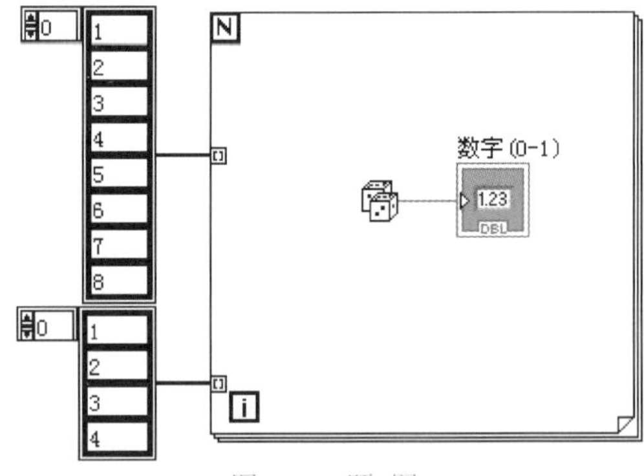

图4-84　题2图

3. 如果有两个一维数组，维度分别是4，8，将其以索引的方式输入For循环，For循环的计数端为5，如图4-85所示，那么For循环实际循环次数是（　　）。

A. 4 次　　B. 8 次

C．程序错误，不能运行　　　　　　D．5 次

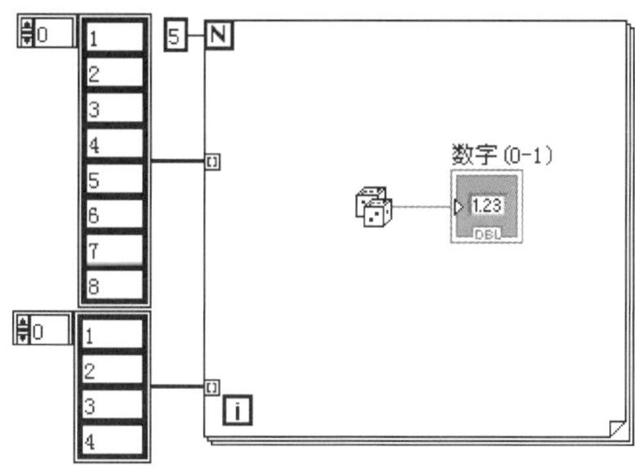

图4-85　题3图

4. 请分析图4-86所示程序框图，元素输出结果为（　　）。

A．{1，2，3}　　　　B．{1，2，3，0}

C．{1，2，3，0，0}　　　　D．结果为3

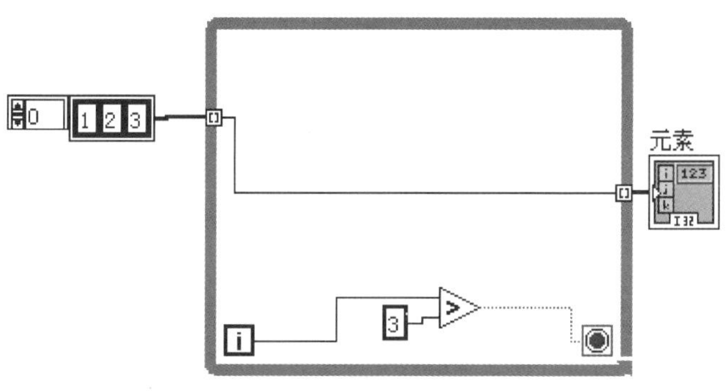

图4-86　题4图

5. 图4-87所示程序运行结果是(　　)。

A．10　　B．0　　C．15　　D．不确定

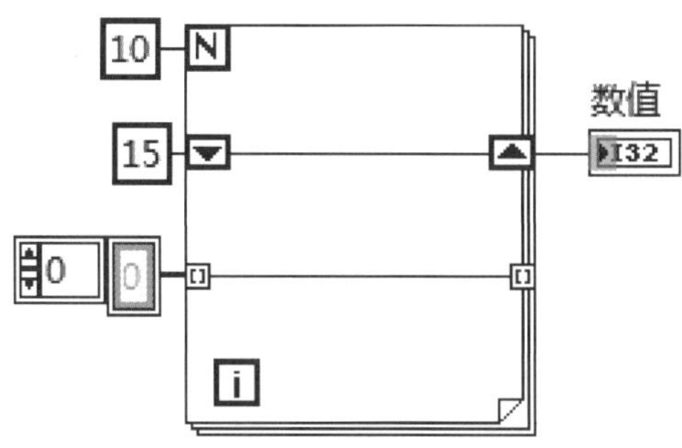

图4-87　题5图

6. 图4-88所示数组加法的计算结果是（　　）。

A．二维数组{{120, 90, 20}, {60, 30, -40}}　　　　B．一维数组{120, 30, -60}

C．一维数组{80, 20, 40, 10, -60}　　　　D．一维数组{120, 30}

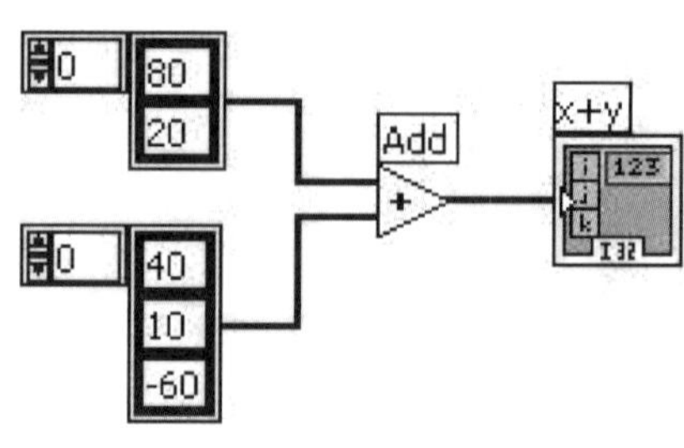

图4-88　题6图

7. 下列创建一个数组的最高效方法是（　　）。

A．在While循环中放置一个创建数组函数

B．初始化一个数组并在While循环中替换其元素

C．使用一个带自动索引的While循环

D．使用一个带自动索引的For循环

8. 下列叙述错误的是（　　）。

A．簇不可以进行数值运算

B．簇元素的顺序和该元素的放置位置无关

C．使用簇可以解决子VI所需的连线板接线端数目

D．簇元素类似文本编程语言中的结构体

9. 簇中元素顺序未知时，通过以下哪个函数可替换现有簇中的元素？（　　）

A．按名称解除捆绑　　B．解除捆绑

C．按名称捆绑　　D．捆绑

10. 以下数据类型中不可以作为条件结构选择器输入端的是（　　）。

A．枚举型　　B．双精度　　C．字符串　　D．整型

11. 如图4-89所示，当单击3次“布尔”按钮后，“数值2”的值是（　　）。

A．0　　B．2

C．3　　D．不确定的累加值

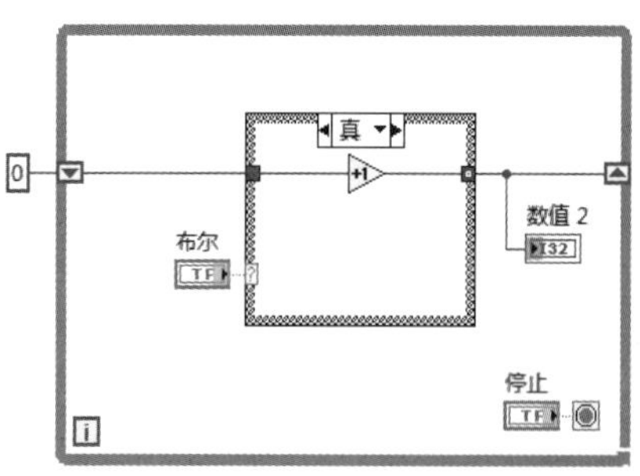

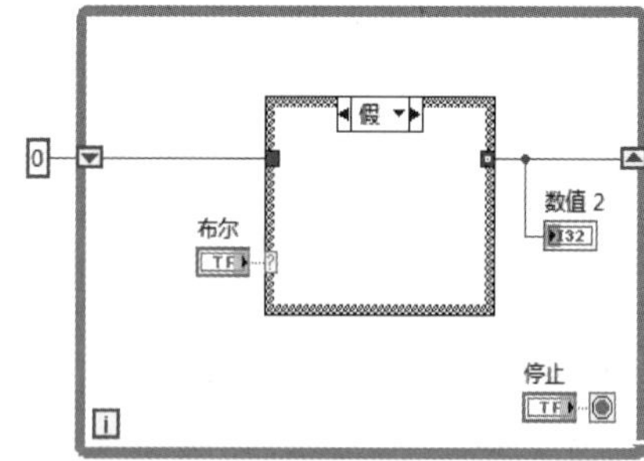

图4-89　题11图

12. 下面哪个是使用状态机VI结构的缺点？（　　）

A．状态机不能采集数据或使用数据采集函数

B．状态机只能按顺序执行

C．如果两个状态改变同时发生，只有第一个状态改变会被处理，而第二个会丢失

D．把一个普通结构改成状态机，程序会显著变大

13. 下列哪项将产生LabVIEW事件结构可捕捉的事件？（　　）

A．使用属性节点更新前面板的一个控件

B．通过鼠标单击改变前面板的一个控件值

C．通过控件引用编程更新前面板的一个控件

D．使用VI Server更新前面板的一个控件

14. 当连接输入被勾上时，图4-90所示程序框图中创建数组函数的输出是（　　）。

A．二维数组{{1, -4, 3, 0}, {7, -2, 6}}

B．一维数组{1, -4, 3, 7, -2, 6}

C．二维数组{{1, -4, 3}, {7, -2, 6}}

D．一维数组{1, 7, -4, -2, 3, 6}

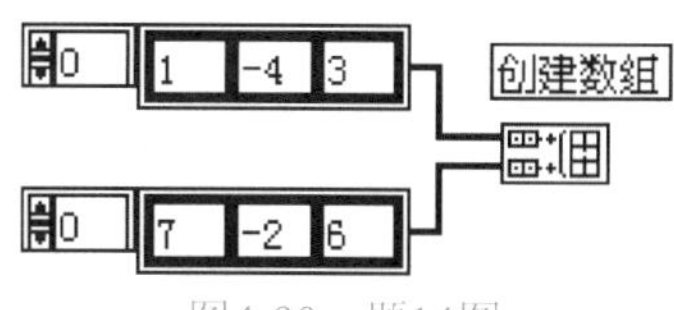

图4-90　题14图

15. 图4-91所示程序框图表现的是哪种常用VI架构？（　　）

A．多条件结构VI　　B．状态机VI

C．通用VI　　D．平行循环VI

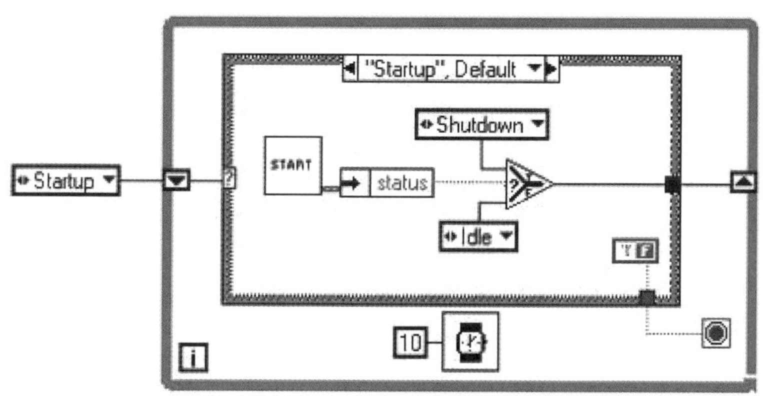

图4-91　题15图

16. 对同一个值进行多次写入，在考虑速度优先的前提下应该使用（　　）。

A．属性节点　　B．局部变量

17. 下列哪项不符合数据流编程方式？（　　）

A．移位寄存器　　B．隧道　　C．子VI　　D．局部变量

18. 关于消息事件和过滤事件，下列哪个说法是错误的？（　　）

A．在事件编辑器中，绿色箭头表示消息事件，红色箭头表示过滤事件

B．事件结构分支中，消息事件没有事件过滤节点

C．事件结构分支中，过滤事件含有事件过滤节点

D．在事件编辑器中，消息事件和过滤事件一一对应，即只要有一个消息事件就有一个与它同名的过滤事件

19. 事件结构正在执行某事件分支的同时，又产生了其他的事件，程序会如何执行？（　　）

A．产生冲突，直接退出前面执行的事件，并返回错误

B．产生冲突，直接退出前面执行的事件，并立即响应后面产生的事件

C．不产生冲突，继续执行前面的事件直到结束，忽略后面的事件

D．不产生冲突，缓存后面的事件，直到前面的事件执行完成，继续执行后面的事件

20. 执行图4-92所示代码后，移位寄存器结果的值是多少？（　　）

A． 16　　B．32　　C．24　　D．10

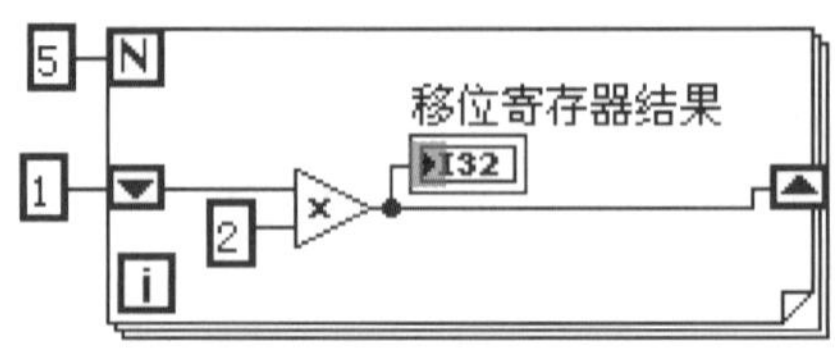

图4-92　题20图

21. 以下关于顺序结构的表述，不正确的是（　　）。

A．尽可能将顺序结构替换为包含条件结构的While循环

B．顺序结构可确保执行顺序

C．在VI中使用单个顺序结构将禁止并行操作

D．顺序结构的某一帧发生错误时将停止执行

22. 对一系列函数或计算进行编程时，以下哪种方式可获得最佳性能？（　　）

A．层叠式顺序结构

B．平铺式顺序结构

C．A和B可获得相同的性能

23. 执行图4-93所示代码后，比较值显示的图形是（　　）。

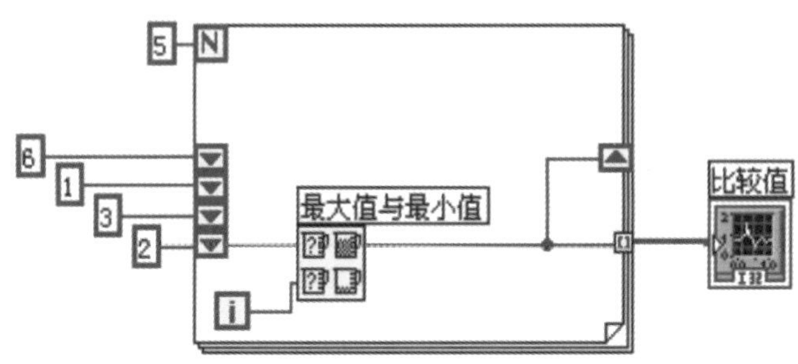

图4-93　题23图

A.

B.

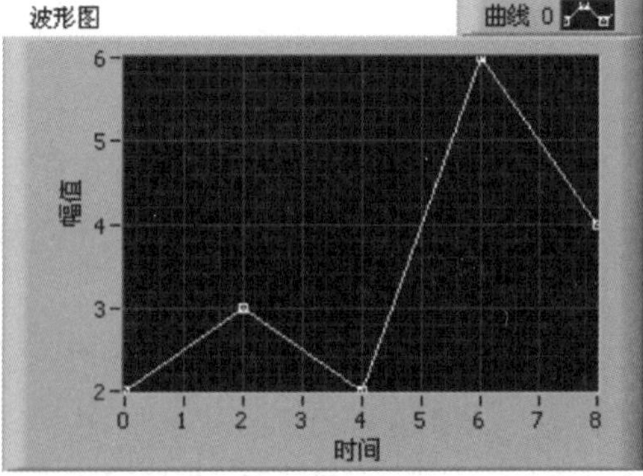

C.

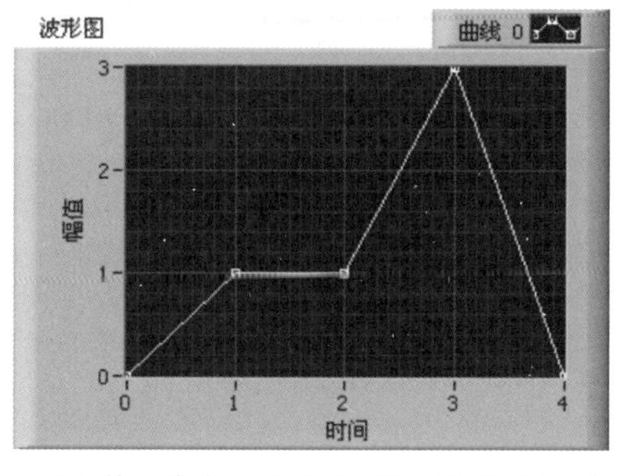

D.

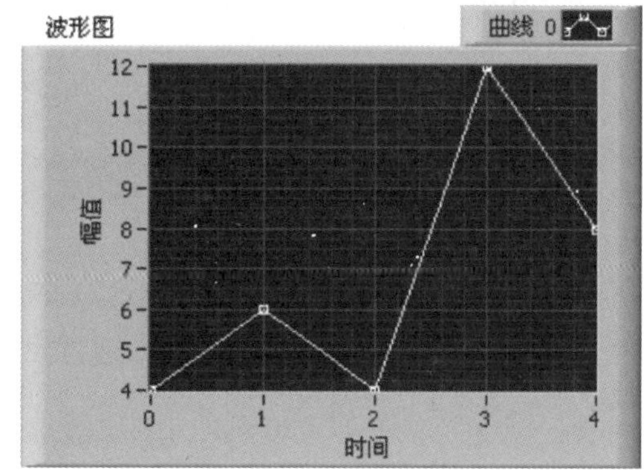

24. 使用自定义类型不可以更改控件的（　　）。

A．大小　　B．颜色　　C．功能　　D．元素的相对位置

25. 创建自定义控件时，哪些类型的控件的外形是和实例相关联的？（　　）

A．输入/输出控件　　B．自定义类型　　C．严格自定义类型

26．产生100个随机数，以图表方式显示在前面板上，使用For循环结构和移位寄存器计算最大值、最小值和平均值。

27．设计一个VI，使用移位寄存器计算每测量5个随机函数，取其算术平均值送波形图表显示。

28．建立一个实现计算器功能的VI前面板（见图4-94），设有数值控件用来输入两个操作数，数值显示器用来显示运算结果。运算方式有：加、减、乘、除。

思考：若用一个滚动条来规定运算方式，程序该如何设计？

29．用条件结构编程：在前面板放置一个数值型控件，用来输入学生成绩，成绩在90～100间输出“优秀”，89～80之间为“良好”，79～70之间为“中等”，69～60之间为“合格”，60分以下为不合格。输入分数在0～100以外时，要求显示”Error!”，并要求弹出“错误输入，请重新输入！”的提示对话框。

30．用随机函数连续产生0～1的随机数，计算出这些随机数的平均值达到0.5所用的时间。

31．创建VI，在前面板上放置3个圆形LED。程序运行时，第一个LED打开并保持打开状态，1 s以后，第二个LED打开并保持打开状态；再过2s，第三个LED打开并保持打开状态。所有LED都保持打开状态3 s，然后结束程序。

32．设计一个5人3门课的成绩录入程序，要求能对每一个人的每一门课成绩进行修改，如图4-95所示。

33．建立包含姓名、年龄、性别、出生年、月、日信息的簇（Bundle函数实现），并设置一个身份验证功能（例如：当姓名为王浩、年龄为22、性别男时，身份验证指示灯亮），界面如图4-96所示。

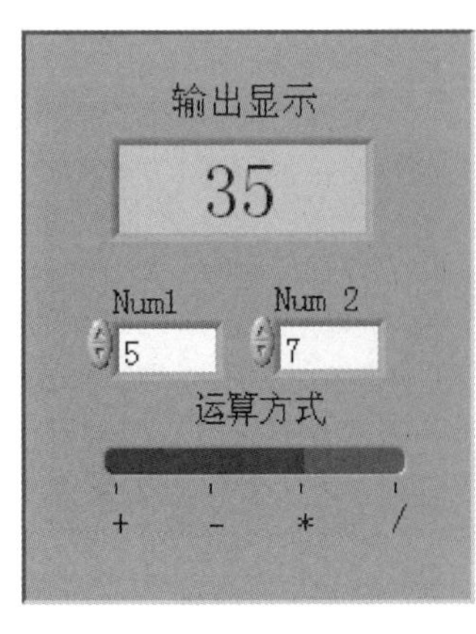

图4-94　题28图

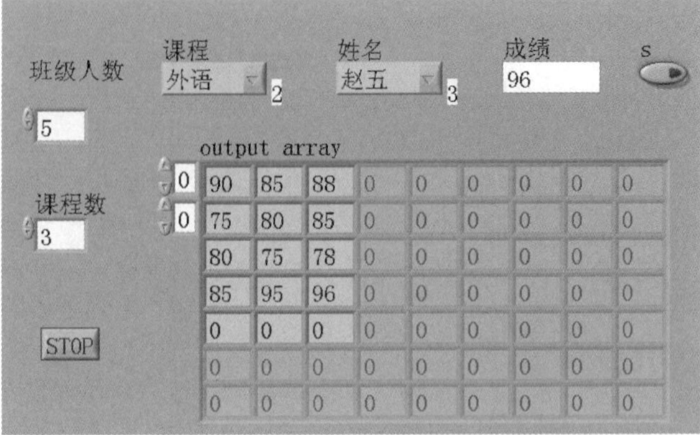

图4-95　题32图

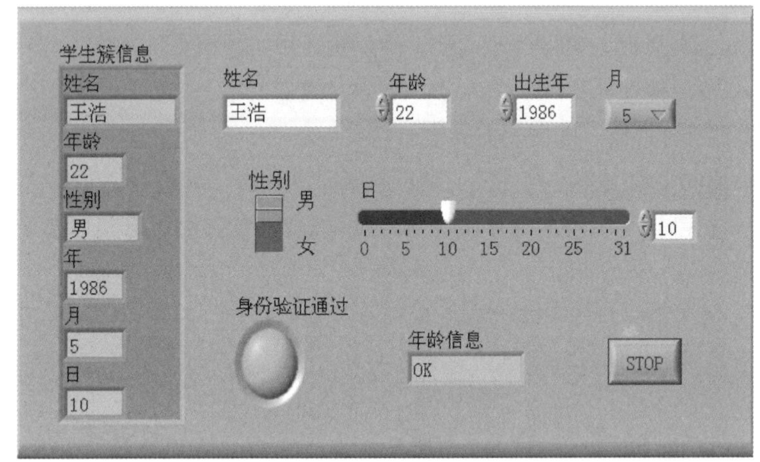

图4-96　题33图

34．设计一个抽奖程序，参与抽奖人数为10人（任意假设10个姓名），奖品数为5个，主持人运行一次程序产生一个中奖者，要求中奖者随机产生且不能重复。、

35．面板上有5个互锁按钮，对按键操作可使用鼠标或<F1>~<F5>功能键。按下任何一个按键，在面板的右侧会显示出该键的序号。刚运行时所有按键为假态，当选择按键时，同一时刻只能有一个按键被选中，而先前被选择的按键会自动返回假态，如图4-97所示。

图4-97　题35图

36．在前面板上创建“前进”、“后退”、“左转”、“右转”4个按钮控件，为4个控件分别添加事件结构，实现当鼠标单击控件释放或按下键盘上“↑、←、↓、→”键后，“按键记录”控件显示相应的按键记录。

应用篇

本篇中，基于实际的工程应用案例，设计了几个可在实训室条件下完成的应用型教学项目，使读者在进一步掌握LabVIEW有关编程知识点的同时，较深入了解和掌握利用虚拟仪器技术构建典型测试系统的方法，达到对前面所学内容的融会贯通。

项目四 电气设备性能测试。

项目五 自动称重系统测试。

项目六 基于机器视觉的电路板插件检测。

项目四　电气设备性能测试

本项目通过RC电路过渡过程的测试和计算、数字信号的频率测量和滤波处理、电气设备谐波的测试和计算这三个子任务的训练，学习和掌握对典型应用电路和电气设备进行一般性能测试和分析的方法。

教学目标

1. 能力目标

① 会使用 LabVIEW 图形显示控件显示数据分析结果；

② 会使用常用的信号分析与处理函数进行一般信号的测试和处理；

③ 会使用 ELVIS 平台的函数发生器、滤波器、谐波分析仪等常用仪器；

④ 能基于 LabVIEW 设计实现电路暂态分析、滤波处理、谐波分析等常用功能；

⑤ 能根据测试要求进行典型测试系统的设计、编程、调试和软硬件集成。

2. 知识目标

① 掌握 LabVIEW 波形图控件；

② 了解和掌握 LabVIEW API；

③ 掌握 RC 电路过渡过程和 LabVIEW 数据采集函数；

④ 掌握滤波器的功能和分类以及 LabVIEW 滤波函数；

⑤ 掌握谐波分析原理和 LabVIEW 的频域分析以及窗函数。

3. 素质目标

① 培养团队协作能力、交流沟通能力；

② 养成良好的实训室 5S 操作素养；

③ 培养自学能力、文献检索能力及独立工作能力；

④ 培养创新精神和工程规范意识。

任务进阶

任务1　RC电路过渡过程的测试和计算。

任务2　数字信号的频率测量和滤波处理。

任务3　电力设备谐波的测试和计算。

5.1　任务1　RC电路过渡过程的测试和计算

任务目标

本次任务中，我们学习和使用ELVIS的SFP仪器、LabVIEW仪器驱动程序、NI-DAQmx的LabVIEW程序三种不同的方法来观察、测试RC电路过渡过程和计算其时间常数（见表5-1）。

表5-1　RC电路过渡过程的测试和计算

任务名称	RC电路过渡过程的测试和计算
任务描述	① 认知：使用ELVIS 函数发生器和万用表测试RC 电路 ② 学习：使用LabVIEW API例程观察RC 电路暂态电压变化 ③ 设计：使用NI-DAQmx编程实现电容充放电波形显示和计算
预习要点	① RC一阶电路的过渡过程 ② LabVIEW波形图图形显示 ③ ELVIS 函数发生器和万用表 ④ LabVIEW API
材料准备	① NI ELVIS教学设备 ② 电子元器件：1μF电容器（1个）、1MΩ电阻器（1个）、导线（6根）
参考学时	8

预备知识

1. RC一阶电路过渡过程

（1）RC 过渡过程分析

电路的过渡过程是指从一种稳定状态转到另一种稳定状态所需的过程时间，RC一阶电路的零输入响应和零状态响应分别按指数规律衰减和增长，其变化快慢决定于电路的时间常数τ。

图5-1所示电路的零状态响应$i=C\dfrac{du_c}{dt}=\dfrac{U}{R}e^{-t/\tau}$，$u_C(t)=U(1-e^{-t/\tau})$；图5-2所示电路的零输入响应$i=\dfrac{U}{R}e^{-t/\tau}$，$u_C(t)=Ue^{-t/\tau}$，在电路参数、初始条件和激励都已知的情况下，上述响应的函数式可直接写出。

其中时间常数$\tau=RC$，它直接影响U_C变化快慢程度，RC越大，U_C变化越慢，τ的量纲为s。

分析：$u_C(t)=U(1-e^{-t/\tau})$，当$t=\tau$时：

$$u_C(t=\tau)=U(1-e^{-1})=U(1-0.368)=63.2\%U$$

由此可见：τ的意义就是U_C由初始值变到稳态值63.2%所需时间。一般认为$t=3\sim5\tau$（即99.3%U）时，即到达稳态了。

（2）研究过渡过程的意义

过渡过程虽时间短，但在实际工作中，某些电路接通或断开时会产生过电压、过电流，不充分考虑过渡过程因素会造成电气设备损坏。另外可以利用过渡过程原理制造一些电气元件。例如：时间继电器等。

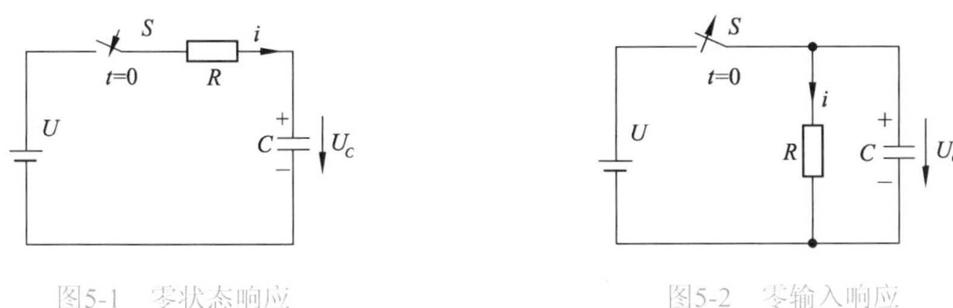

图5-1　零状态响应　　　　图5-2　零输入响应

2．波形图（waveform graph）

图形显示对于虚拟仪器面板设计是一个重要的内容，LabVIEW为此提供了丰富的功能。在前面我们已经了解和使用了其中的波形图表（waveform chart），现在再来看一种常用的图形显示控件——波形图。

（1）波形图表和波形图的区别

在LabVIEW的图形显示功能中波形图和波形图表是最常用的两个基本控件。一般说来波形图表是将数据源（例如采集得到的数据）在某一坐标系中，实时、逐点地显示出来，它可以反映被测物理量的变化趋势，例如显示一个实时变化的波形或曲线，传统的模拟示波器、波形记录仪就是这样。而波形图则是对已采集数据进行事后处理的结果。它先将被采集数据存放在一个数组之中，然后根据需要组织成所需的图形显示出来。它的缺点是没有实时显示，但是它的表现形式要丰富得多。例如采集了一个波形后，经处理可以显示出其频谱图。现在，数字示波器也可以具备类似波形图的显示功能。

波形图和波形图表都用于显示图形，波形图表方式能实时、直接地显示结果，但其表现形式有限，而波形图方式表现形式要远为丰富，但这是以牺牲实时为代价的。二者的区别还在于接收数据的方式及波形刷新方式的不同。波形图表是以一点一点（或一个一个数组）的方式接收数据和实时显示数据的，而波形图是以数据块方式接收一个数组，然后把这个数组数据一次性送入波形图控件中全部显示出来。波形图以二维作图方式显示一条或多条曲线。

（2）波形图控件

如图5-3所示，波形图控件的图例和选板十分丰富，详细说明可参阅LabVIEW帮助文档。

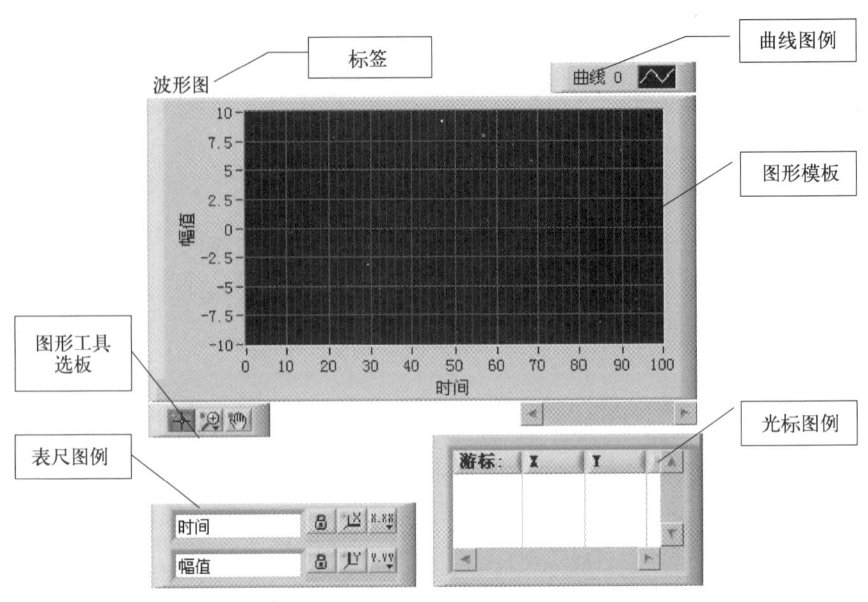

图5-3　波形图控件可显示项

(3) 波形图接收的数据类型

① 单曲线数据类型：

• 第一种接收数据类型：单值数组。每个数据被视为图形中的点，从$x=0$开始以1为增量递增x索引。

• 第二种接收数据类型：包含x_0初始值、Δx间隔、y值数组的簇。如图5-4所示，在该例子中，使用for循环生成y数组，然后定义初始值$x_0=10$和$\Delta x=2$。

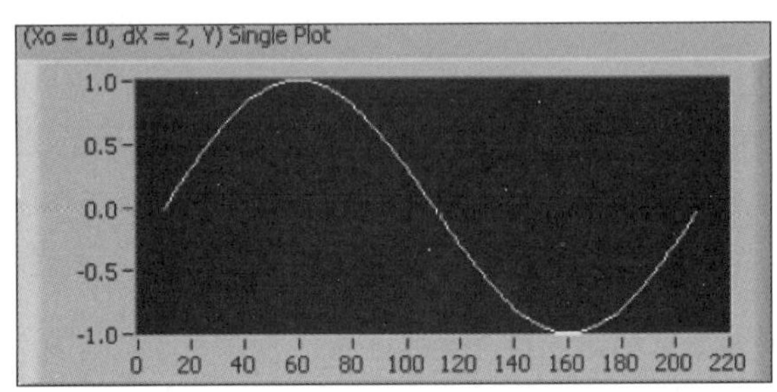

图5-4　单曲线数据类型

② 多曲线数据类型（见图5-5）：

• 第一种接收数据类型：二维数组。数组中的一行即一条曲线。波形图将数组中的数据视为图形上的点，从$x=0$开始以1为增量递增x索引。多曲线波形图尤其适用于DAQ设备的多通道数据采集。DAQ设备以二维数组的形式返回数据，数组中的一列即代表一路通道的数据。

• 第二种接收数据类型：初始x值、Δx和y二维数组的簇。波形图将y数据作为图形上的点，从x初始值开始以Δx为增量递增x索引。该数据类型适用于显示以相同速率采样的多个信号。

• 第三种接收数据类型：两个簇构成的数组，每个簇都由x初始值、Δx间隔和一组波形数据的簇。

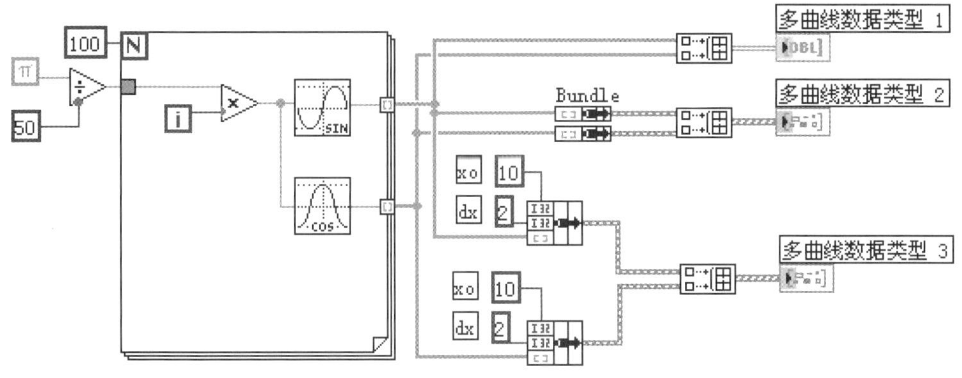

图5-5　双曲线数据类型的三种形式

③ 波形和动态数据类型。如图5-6所示，波形图接收波形数据类型和动态数据类型，波形数据类型包含了波形的数据、起始时间和时间间隔(Δt)；动态数据类型，用于Express VI。

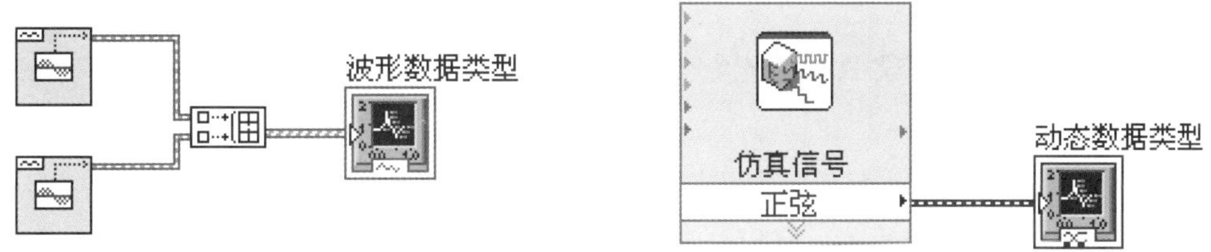

图5-6　波形和动态数据类型

任务实施

1．用ELVIS函数发生器和万用表测试RC电路

首先，利用ELVIS函数发生器和万用表等ELVIS相关SFP设备对RC电路进行测试。完成以下步骤来观察RC瞬态电路的电压变化：

① 构造 RC 串联电路。它与分压电路相似，其中电阻器 R=1MΩ，电容器 C=1μF。电源由 5V 直流电源提供，如图 5-7 所示。

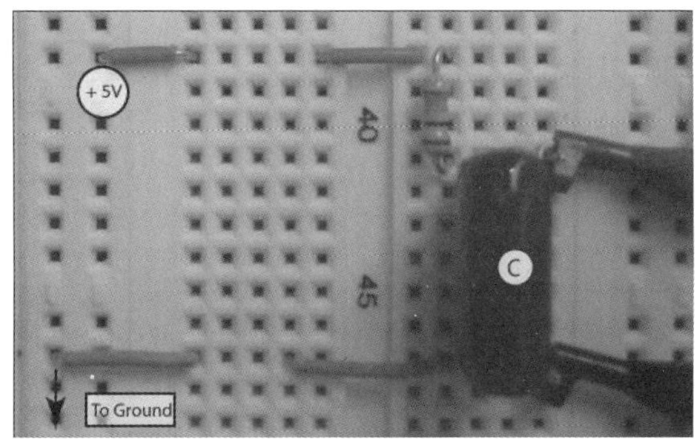

（a）ELVIS原型板接线图

图5-7　测试RC串联电路

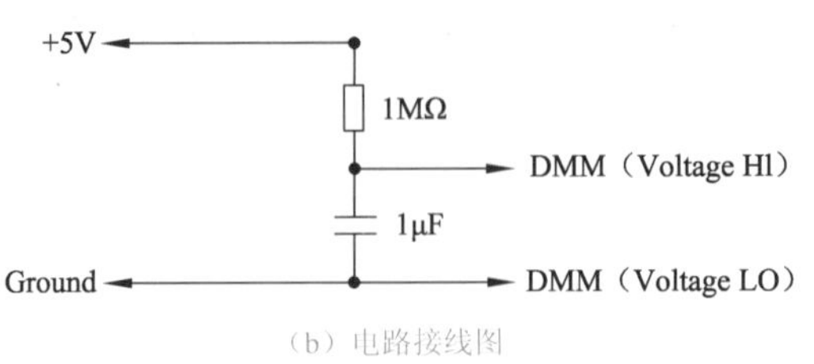

（b）电路接线图

图5-7　测试RC串联电路（续）

注意电解电容器有正负极性之分，不能接反，接反可能致使电容器烧毁甚至爆裂，使用时必须特别注意。

② 将万用表 DMM[V] 输入端连接电容器 C 两端，并选择 DMM[V]。

③ 接通 5V 电源之后，观察 DMM 显示器显示的电压变化情况。电容器两端的电压 V_o 以指数函数增加，大约经过 5s 达到稳态值。关闭电源后，电容器两端的电压又以指数函数下降至 0V。

④ 再次打开以及关闭电源，观察电压的上升与下降。电路的充放时间由时间常数 τ 决定，τ 由 R 和 C 的乘积确定。

根据以上分析，电容器两端的充电电压 $V_c=V_o\ [1-e^{(-t/\tau)}]$

放电电压　$V_D=V_o e^{-t/\tau}$

电容在（3～5）τ 后可认为基本充放完全。

2．LabVIEW API例程观察RC电路暂态电压变化

使用LabVIEW API的例程观察这种瞬态效应。完成以下步骤实现RC瞬态电路电压可视化：

① 如图 5-8 所示，移去＋ 5V 电源接头，更换电线连接到可变电源插槽针脚 VPS[+]。

② 将输出电压 V_1 连接到 ACH0[＋] 和 ACH0[－]。

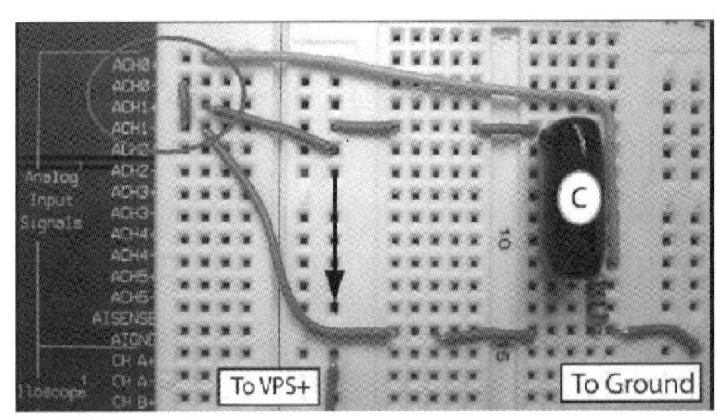

（a）ELVIS原型板接线图

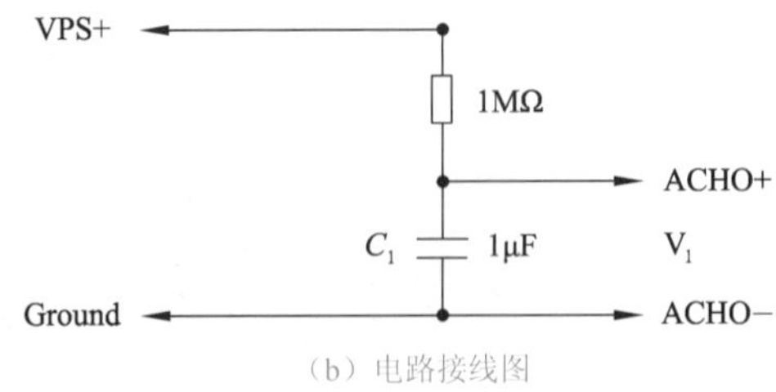

（b）电路接线图

图5-8　观察RC电路暂态电压变化

③ 关闭 NI ELVIS 软件套件，启动 LabVIEW。

④ 在“Hands-On NI ELVIS VI Library”文件夹中，选择“RC Transient.vi”VI。

这个程序使用LabVIEW API打开电源维持5s后，再关闭电源维持5s。其间，电容器两端的电压显示在LabVIEW图表中。

这种方波激励清楚地展现了一个简单RC 电路的充电和放电特性，如图5-9所示。从前面板中还可以得到充/放电时间。

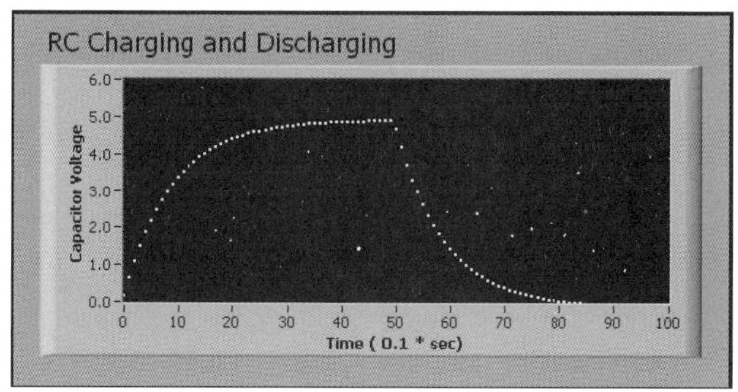

图5-9　RC Transient.vi运行前面板

⑤ 打开 LabVIEW 程序框图（见图 5-10），了解程序的工作方式。

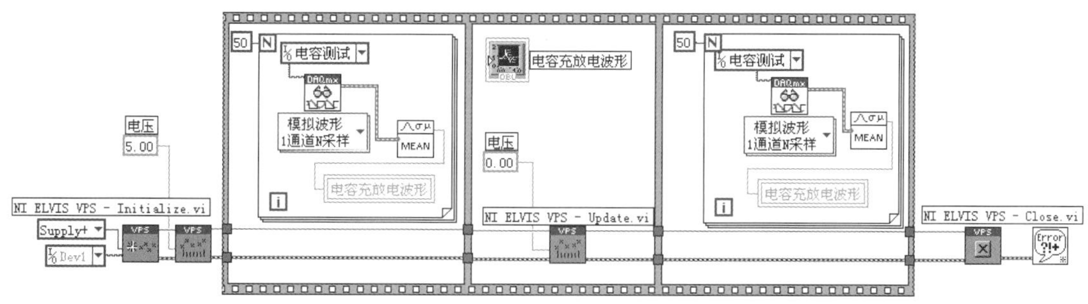

图5-10　RC Transient.vi程序框图

程序中依次发生的事件如下：

- 左边的“VPS Initialize.vi”VI 打开NI ELVIS，并选定[＋]电源。
- “Update.vi”VI 将VPS＋输出电压设定为5V。
- 第一个顺序执行框连续测量50 次电容器两端的电压。
- 在for循环中，DAQ数据采集助手VI以每秒1000次的采样速率读取100个采样点，并将结果存入数组中。
- 数组被传入“Mean”VI，返回这100 个读数的平均值。
- 使用局部变量（RC 充电与放电）将平均值传入图表。
- 第二个顺序执行框将VPS＋电压设置为0V。
- 最后一个顺序执行框测量放电过程中的另50个平均值采样点。

3．使用NI-DAQmx编程实现电容充放电波形显示和计算

① 使用数据采集卡 PCI-6251 的模拟量输出通道为电路提供方波激励电源。

② 使用模拟量输入通道测试电容器两端电压。

③ 利用之前学过的知识，自行编程，实现电源控制、电容电压值测试、波形图显示、充/放电时间计算等软/硬件功能。

④ 参考图 5-11 所示的程序前面板，完成电容器充/放电波形显示和时间常数计算。

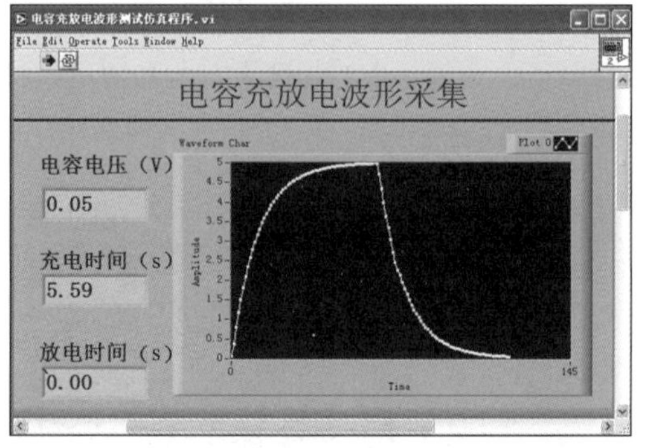

图5-11　电容器充/放电波形显示和计算程序

计划总结

1. 工作计划表

序　号	工 作 内 容	计划完成时间	实际完成情况自评	教 师 评 分

2. 材料领用清单

序　号	元器件名称	数　　量	设备故障记录	负责人签字

3. 思考

将测试曲线与理论计算结果进行比较，分析误差可能产生的原因。

4. 项目实施记录与改善意见

拓展练习

① 使用自动索引功能创建数组

目标：利用For循环的自动索引特性创建一个数组，并在波形图上显示该数组波形。数组序列由随机数函数产生。

② 使用波形图显示温度分析结果

目标：创建一个VI，用于实时测量和显示温度，同时显示温度的最大值、最小值和平均值。测量间隔0.2s，测量40个点。（使用项目二中创建的虚拟温度计）

5.2 任务2 数字信号的频率测量和滤波处理

滤波器是对特定频段的信号或该频段以外的信号进行有效滤除的电路，在工控应用尤其是测量领域有着广泛的应用。本次任务通过ELVIS构建实际的滤波器电路，并使用伯德分析仪完成频率测量，了解和掌握有关于滤波器的一般知识，最后通过LabVIEW的编程实现常用的滤波器功能（见表5-2）。

表5-2 数字信号的频率测量和滤波处理

任务名称	数字信号的频率测量和滤波处理
任务描述	① 认知：通过使用ELVIS 了解高通、低通、带通滤波器性能 ② 学习：滤波器的分类功能和电路特性 ③ 设计：使用LabVIEW实现常用滤波器功能
预习要点	① 滤波器的功能和分类 ② 741 运算放大器 ③ LabVIEW信号分析函数功能 ④ LabVIEW滤波函数 ⑤ ELVIS 伯德图分析器和阻抗分析器
材料准备	① NI ELVIS教学设备 ② 741 运算放大器、10kΩ电阻器、100kΩ电阻器、1μF电容器
参考学时	4

1. 滤波器的功能和分类

滤波是将信号中特定波段频率滤除的操作，是抑制和防止干扰的一项重要措施。能实施滤波功能的装置称为滤波器。

在信号处理中，要对信号做时域、频域的分析与处理。对于不同目的的分析与处理，需要将信号响应的频率成分选出来，而无须对整个信号的频率范围进行处理。此外，在信号的测量与处理过程中，会不断受到各种干扰的影响。因此在对信号做进一步处理之前，有必要将信号中的干扰成分滤除，以利于信号处理的顺利进行。滤波和滤波器便是实施上述功能的手段和装置。

① 按所采用的元器件来分：滤波器可分为无源滤波器和有源滤波器以下两种。

无源滤波器：仅由无源元件（R、L和C）组成的滤波器，它是利用电容和电感元件的电抗随频率的变化而变化的原理构成的。这类滤波器的优点是：电路比较简单，不需要直流电源供电，可靠性高；缺点是：通带内的信号有能量损耗，负载效应比较明显，使用电感元件时容易引起电磁感应，当电感L较大时滤波器的体积和重量都比较大，在低频域不适用。

有源滤波器：由无源元件（R和C）和有源器件（如集成运算放大器）组成。这类滤波器的优点是：通带内的信号不仅没有能量损耗，而且还可以放大，负载效应不明显，多级相联时相互影响很小，利用级联的简单方法很容易构成高阶滤波器，并且滤波器的体积小、质量轻、不需要磁屏蔽（由于不使用电感元件）；缺点是：通带范围受有源器件（如集成运算放大器）的带宽限制，需要直流电源供电，可靠性不如无源滤波器高，在高压、高频、大功率的场合不适用。

② 按照功能来分：滤波器一般可分为低通滤波器、高通滤波器、带通滤波器和带阻滤波器。图 5-12 大致表示出这四种滤波器的幅频特性。

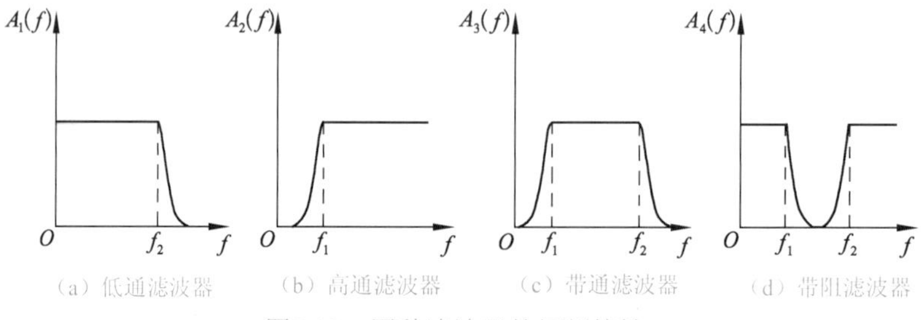

图5-12　四种滤波器的幅频特性

- 低通滤波器。从0～f_2频率，幅频特性平直，该段范围称之为通频带，信号中高于f_2的频率成分则被衰减。
- 高通滤波器。滤波器通频带从频率$f_1\rightarrow\infty$，信号中高于f_1的频率成分可不受衰减地通过，而低于成分被衰减。
- 带通滤波器。它的通频特性在$f_1\rightarrow f_2$之间，信号中高于f_1，低于f_2的频带成分可以通过，而其他频率成分衰减。
- 带阻滤波器。与带通滤波器相反，其带阻在$f_1\rightarrow f_2$之间。在该带阻之间的信号频率成分被衰减，而其他频率成分则可通过。

典型应用：带通滤波器用作频谱分析仪中的选频装置；低通滤波器用作数字信号分析系统中的抗频混滤波；高通滤波器被用于声发射检测仪中滤除低频干扰噪声；带阻滤波器用作电涡流测振仪中的陷波器等。

③ 按照信号处理的性质来分：滤波器可分为模拟滤波器和数字滤波器。所谓数字滤波器，是指输入和输出信号均为数字信号，通过一定运算改变信号频率的比例或滤除某些频率成分的器件。对模拟信号也可以通过 A/D 及 D/A 转换使用数字信号进行滤波。

模拟滤波器的频率特性不易改变，但不稳定。数字滤波器必须输入一个时钟频率，其低通、高通、带通、带阻这四种滤波器的频率特性取决于时钟频率。因而不仅频率特性稳定，而且只要改变时钟频率，就可以改变滤波器的频率特性。

从实现数字滤波器的网络结构或者从单位脉冲响应分类，可分为无限脉冲响应（IIR）滤波器和有限脉冲响应（FIR）滤波器。其中无限脉冲响应滤波器又具有多种拓扑结构响应：

- 巴特沃斯响应（最平坦响应）。巴特沃斯响应能够最大化滤波器的通带平坦度。该响应非常平坦，接近DC信号，然后慢慢衰减至截止频率点为-3dB，最终逼近-20*n* dB/decade的衰减率，其中*n*为滤波器的阶数。巴特沃斯滤波器特别适用于低频应用，它对于维护增益的平坦性来说非常重要。
- 贝塞尔响应。除了改变依赖于频率的输入信号的幅度外，滤波器还会为输入信号引入一个延迟。延迟使得基于频率的相移产生非正弦信号失真。就像巴特沃斯响应利用通带最大化了幅度的平坦度一样，贝塞尔响应最小化了通带的相位非线性。
- 切比雪夫响应。在一些应用当中，最为重要的因素是滤波器阻断不必要信号的速度。如果你可以接受通带具有一些纹波，就可以得到比巴特沃斯滤波器更快速的衰减。

2．LabVIEW的信号分析功能

数字信号在我们周围无所不在。因为数字信号具有抗干扰能力强，便于存储、处理和交换，便于加密处理等优点，所以得到了广泛的应用。例如电话公司使用数字信号传输语音，广播、电视和高保真音响系统也都在逐渐数字化。太空中的卫星将测得数据以数字信号的形式发送到地面接收站。对遥远星球和外部空间拍摄的照片也是采用数字方法处理，去除干扰，获得有用的信息。

LabVIEW不仅是出色的数据采集和显示编程工具，同样是强大的数字信号数据分析处理工具，LabVIEW数字信号处理模板如图5-13所示。其子选板的名称及功能说明如表5-3所示。

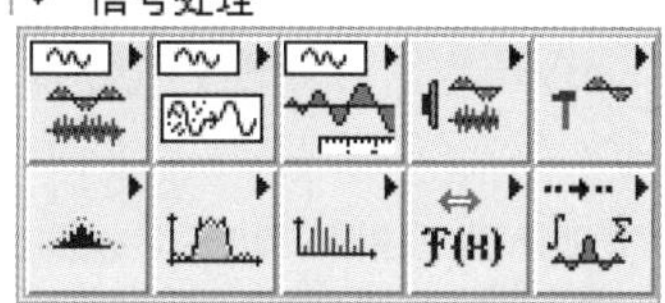

图5-13　LabVIEW中信号处理函数模板

表5-3　LabVIEW数字信号处理子选板及功能说明

子选板名称	子 选 板 功 能 说 明
变换VI	变换VI用于执行信号处理中的常见变换
波形测量VI	波形测量VI用于执行常见的时域和频域测量，如直流、RMS、单频频率/幅值/相位、谐波失真、SINAD以及平均FFT测量
波形调理VI	波形调理VI用于执行数字滤波和加窗
波形生成VI	波形生成VI用于生成各种类型的单频和混合单频信号、函数发生器信号及噪声信号
窗VI	窗VI用于使用平滑窗并执行数据加窗
滤波VI	滤波VI用于IIR、FIR及非线性滤波器的相关操作
谱分析VI	谱分析VI用于在频谱上执行数组的相关分析
信号生成VI	信号生成VI用于生成描述特定波形的一维数组，它生成的是数字信号和波形
信号运算VI	信号运算VI用于信号操作并返回输出信号
逐点VI	逐点VI用于方便而有效地逐点处理数据。逐点VI只在LabVIEW完整版和专业版开发系统中可用

这些VI可在信号分析处理时被调用，方便而高效地执行相关分析功能。此外，LabVIEW还提供了附加工具软件专业应用于某些信号处理应用中，如声音与振动、机器视觉、RF/通信测量、瞬态/短时持续信号分析等。

一般情况下，可以将数据采集VI的输出直接连接到信号处理VI的输入端。信号处理VI的输出又可以连接到图形显示VI以得到可视的显示。

3．LabVIEW的滤波器函数功能

LabVIEW中提供了普通VI和Express（快捷）VI两类滤波器函数。路径分别为“信号处理”→“滤波器”，如图5-14所示，“Express”→“信号分析”→“滤波器”，如图5-15所示。

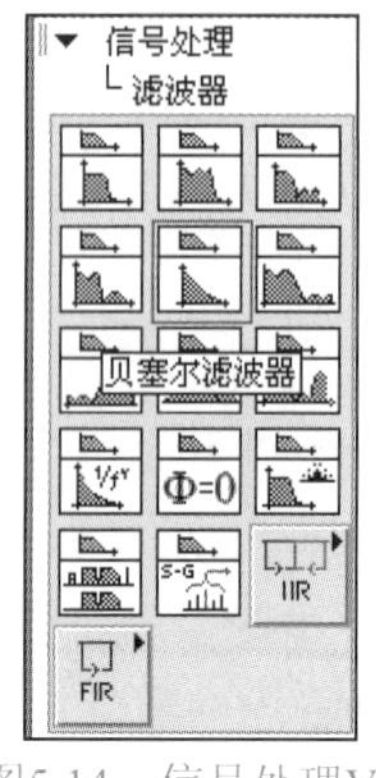

图5-14 信号处理VI

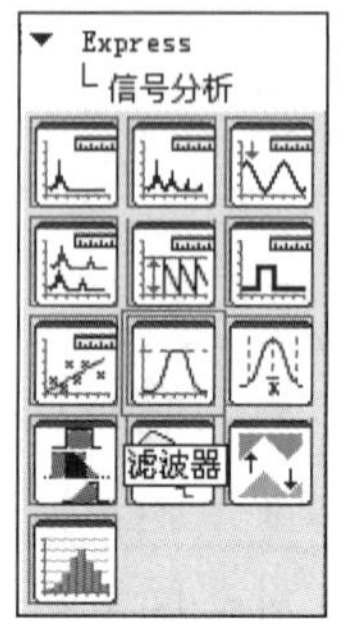

图5-15 ExpressVI

LabVIEW信号处理VI中提供了数10种滤波器函数。举贝塞尔滤波器VI为例，通过“滤波器类型”“输入信号X”“采样频率”“高低截至频率”“阶数”等参数的设置，就可以很方便地实现一种滤波器功能。如图5-16所示。

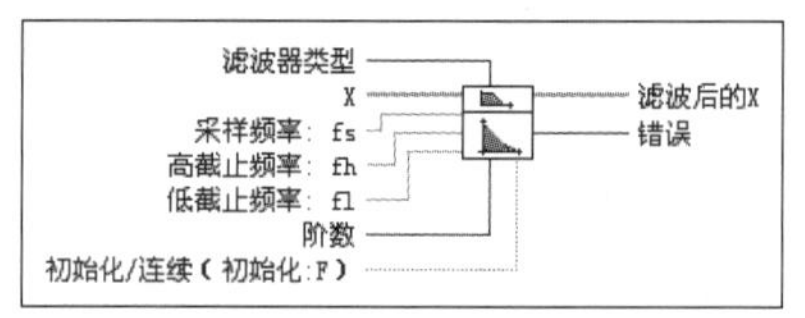

图5-16 贝塞尔滤波器VI

LabVIEW中提供的Express VI，则像其他的Express VI一样，通过对话框更加方便的进行滤波器类型的选择和各项参数的设置，如图5-17所示。

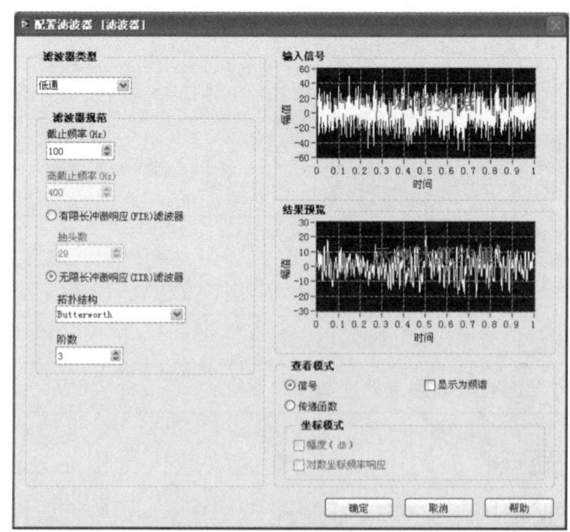

图5-17 Express VI配置对话框

任务实施

1．滤波器的ELVIS实验

实验1　高通滤波器

① 在 ELVIS 原型设计板上，构造一个以 741 运算放大器为基本电路构建的高通滤波器电路，如图 5-18 所示，其中所使用的元器件为：

- 10 kΩ电阻器R_1（棕色、黑色、橙色）；
- 100 kΩ电阻器R_f（棕色、黑色、黄色）；
- 1μF电容器C_1；
- 741运算放大器。

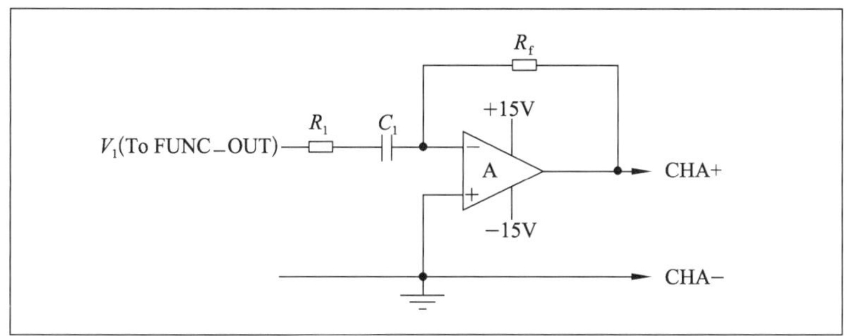

（a）高通滤波器电路接线图

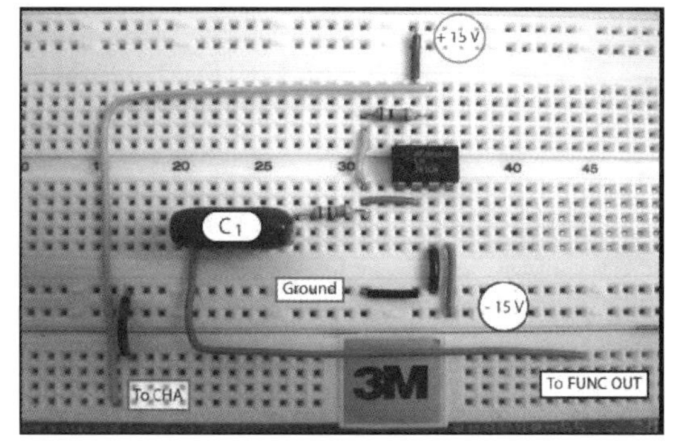

（b）高通滤波器ELVIS原型设计板接线图

图5-18　高通滤波器实验

② 在 NI ELVIS 仪器启动界面中，打开伯德图分析器。

补充知识

研究滤波器电路特性响应曲线的最佳方法是测量其伯德图。伯德图通常是增益 A(dB) 或相位 φ（°）对于频率（对数）的函数图。其中，增益对于频率（对数）的函数图是一条幅值为 20 × lg（A）的直线。

对于本电路中使用的741运算放大器，其传递函数可以表示为V_{out}=-(R_f/R_1)V_1，其中V_{out}是运算放大器的输出，V_m是运算放大器输入（电路中FGEN的幅值）。增益为（R_f/R_1）=10dB。

第五篇　应用篇

负号表示输出信号相对输入信号反向。所以，理想的741 运算放大器伯德图幅值应在相当大的频段内恒定为20×lg（10）=20 dB。

③ 按如下接线要求连接伯德图分析器针脚：

- V_m→ACH1+（来自FUNC_OUT）；
- 地→ACH1−；
- V_{out}→ACH0+（来自运算放大器输出）；
- 地→ACH0−。

④ 设置如下伯德图分析器扫描参数：

- 开始：5（Hz）；
- 结束：50 000（Hz）；
- 步长：10（每10倍频程）。

⑤ 单击“运行”按钮，观察高通滤波器电路的伯德图，如图 5-19 所示。

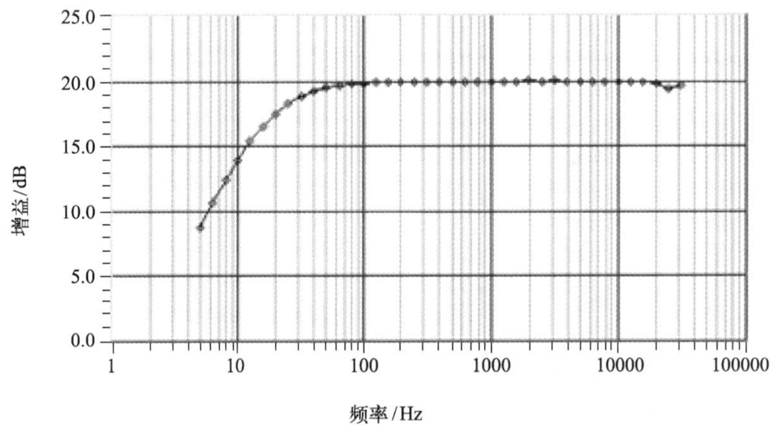

图5-19　高通滤波器电路的伯德图

从图5-19可知，高通滤波器低频响应出现衰减，而高频响应与运算放大器的基本相似。

⑥ 使用游标功能找出低频截止频率点f_L，它是幅值下降 −3dB 或者相位变化 45° 时对应的频率。

⑦ 将低频截止频率点f_L实际测量结果与理论预测值进行比较。

补充知识

低频截止频率点f_L的计算和意义

电容器C_1和电阻器R_1，两者串联，其低频截止频率点f_L可由下式得到：

$$2\pi f_L=\frac{1}{R_1+C_1}$$　其中f_L的单位是Hz。

低频截止频率点是增益（dB）下降−3dB时对应的频率。在这点上，电容器的阻抗与电阻器阻抗大小相等：

$$R_1=\frac{1}{2\pi f_L C_1}=X_C$$

实验2　低通滤波器

① 在 ELVIS 原型设计面板上，在实验 1 的基础上修改一下电路：

- 短接输入电容C_1（不用移该除输入电容，因为在实验3中还要使用）。
- 增加一个与100kΩ反馈电阻R_f并联的0.01μF反馈电容C_f，如图5-20所示。

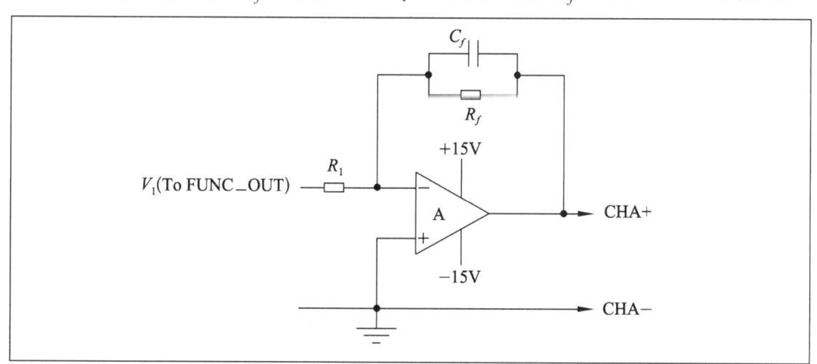

图5-20　低通滤波器电路接线图

② 打开伯德图分析器，按实验 1 连接针脚。

③ 用同样的扫描参数生成第二个伯德图。低通滤波器电路的伯德图，如图 5-21 所示。

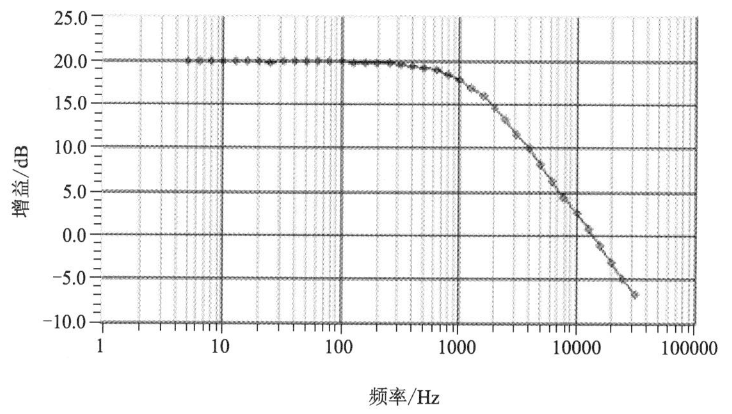

图5-21　低通滤波器电路的伯德图

从图可知，低通滤波器高频响应出现衰减，而低频响应与运算放大器的基本相似。

④ 使用游标功能找出高频截止频率点，即幅值下降 −3dB 或相位变化 45° 时对应的频率。

⑤ 将实际测量结果与以下理论预测值进行比较。

实验3　带通滤波器

如果在运算放大器电路中同时加入输入电容和反馈电容，响应曲线将同时具有低截止频率f_L和高截止频率f_U。频率范围（f_U～f_L）称为带宽。例如一台优质的立体声放大器至少应具有20kHz的带宽。

① 在 ELVIS 原型设计面板上，在实验 2 的基础上去掉 C_1 上的短路线，其他保持不变；

② 打开伯德图分析器，用同样的扫描参数生成第三个伯德图。如下图 5-22 所示。

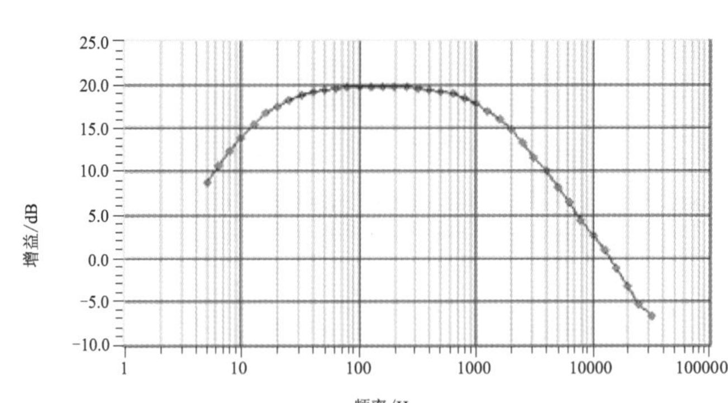

图5-22　带通滤波器电路的伯德图

③ 在最大幅值区域下方 3dB 处做一条直线，这条直线上方所包含的整个频率范围就是带宽。

实验4　深入探索

以上运算放大器及其构成的滤波器电路的阻抗值见表5-4。

表5-4　由运算放大器构成的滤波器电路的阻抗值

运算放大器电路	Z_f	Z_1	增　益
运算放大器基本电路	R_f	R_1	R_f/R_1
高通滤波器	R_f	R_1+X_{C1}	$R_f/(R_1+X_{C1})$
低通滤波器	R_f+X_{Cf}	R_1	$(R_f+X_{Cf})/R_1$
带通滤波器	R_f+X_{Cf}	R_1+X_{C1}	$(R_f+X_{Cf})/(R_1+X_{C1})$

在任何频率下，都可以使用阻抗分析器测量阻抗Z_f和Z_1。LabVIEW 程序可以计算两个复数之比，比值$|Z_f/Z_1|$的幅值即为增益。还可以使用阻抗分析器（见图5-23）找出R_1等于X_{C1}并且R_f等于X_{Cf}时的频率，从而验证伯德图上读取到的下限截止频率点和上限截止频率点与这些频率值相等。

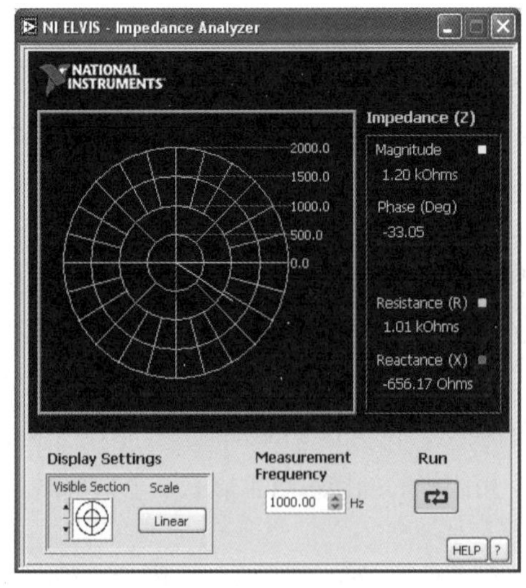

图5-23　ELVIS阻抗分析仪SFP

2. 滤波器的LabVIEW编程实现

在上面的介绍中，我们知道在LabVIEW实现各类数字滤波器的功能，无须烦琐的编程，十分方便快捷。图5-24所示为一贝塞尔低通滤波器程序的前面板，输入信号为带有均匀噪声的三个不同频率（10Hz、50Hz、100Hz）的正弦波的叠加，经过贝塞尔低通滤波器滤波处理后，只有10Hz频率的信号清晰的显示在波形显示器上。

接下来，请大家选择相应的滤波器函数，自行设计完成该滤波器的程序功能和前面板。

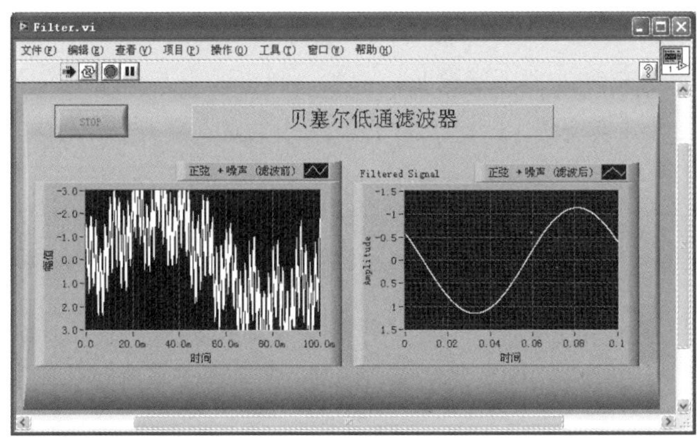

图5-24　贝塞尔低通滤波器程序的前面板

计划总结

1. 工作计划表

序　号	工 作 内 容	计划完成时间	实际完成情况自评	教 师 评 价

2. 材料领用清单

序　号	元器件名称	数　　量	设备故障记录	负责人签字

3. 思考

贝塞尔滤波器的高截止频率f_H和低截止频率f_L必须符合什么条件？

4. 项目实施记录与改善意见

拓展练习

使用一个低通数字滤波器对实际采集的方波信号滤波。

5.3 任务3 电力设备谐波的测试和计算

任务目标

电网中大量非线性电子产品的应用造成了日益严重的谐波污染，谐波测试是谐波治理的首要技术。本次任务通过ELVIS设备的两个实验，了解频谱分析的仪器和方法，讨论在LabVIEW中实现频域分析和处理频谱泄漏的函数，介绍电力谐波产生的原因、危害和一般处理方法，最后综合设计并实现基于LabVIEW的谐波测试仪（见表5-5）。

表5-5 电力设备谐波的测试和计算

任务名称	电力设备谐波的测试和计算
任务描述	① 认知：频谱分析ELVIS实验 实验1 任意波形发生和编辑实验 实验2 动态分析仪频谱分析实验 ② 学习：谐波概念和LabVIEW的频域分析和窗函数 ③ 设计：基于LabVIEW的谐波测试仪的设计和实现
预习要点	① 电力谐波的产生和危害 ② 谐波测试原理和基本参数 ③ 窗函数的概念 ④ LabVIEW频域分析函数 ⑤ ELVIS 任意波形发生器和动态分析仪
材料准备	① NI ELVIS教学设备 ② NI-CSM转换器、PCI-4070 DMM数字化仪等（选用）
参考学时	4

预备知识

1. 电力谐波的产生和危害

在理想的电力系统中，电流和电压都是纯粹的正弦波。在只含线性元件（R、L及C）的简单电路里，流过的电流和施加的电压成正比。

但是，当电力系统中有非线性（时变或时不变）负载时，即使电源都以工频50Hz供电，当工频电压或电流作用于非线性负载时，就会产生不同于工频的其他频率的正弦电压或电流，这些不同于工频频率的正弦电压或电流，用傅氏级数展开，除了得到与电网基波频率相同的分量，还得到一系列大于电网基波频率的分量，这部分电量称为谐波。谐波频率与基波频率的比值（$n=f_n/f_1$）称为谐波次数。

电网谐波产生于三个方面：一是发电源质量不高产生谐波；二是输配电系统产生谐波；三是用电设备产生的谐波。其中用电设备产生的谐波最多。

随着电力电子技术的迅猛发展，大量非线性负载设备（如大功率晶闸管、开关模式电源、磁性铁心装置等）在电力系统、工业、交通甚至家庭中的应用也越来越多。这些设备在提升电力产品性能、改善人们生活的同时，产生的高次谐波对电网造成了日益严重的电磁污染，使电能质量恶化，对供配电线路、电力设备正常运行产生严重影响。

世界各国都对谐波问题予以充分的关注。国际上召开了多次有关谐波问题的学术会议，不少国家和国际学术组织都制定了限制电力系统谐波和用电设备谐波的标准和规定。

目前对电力谐波的测试主要有专业的EMC系统和谐波分析仪等，前者价格十分昂贵，一般在专业评估机构才有配备；后者价格同样不菲，且功能固化，不能满足不同场合的谐波测试对测试仪器的功能和性能的不同要求。利用虚拟仪器技术，基于LabVIEW开发平台，可以方便的开发高精度、多测量参数、功能可扩展的谐波测试系统，在弥补传统谐波分析仪的不足的同时，也可以大大地降低了系统的成本。

2. 谐波分析原理及相关参数

（1）谐波分析原理

对于周期为$T=2\pi/\omega_0$的非正弦电量进行傅里叶级数分解，除了得到与电网基波频率相同的分量，还得到一系列大于电网基波频率的分量。以电压$u(t)$为例，在满足狄里赫利条件下，可分解为如下表达式：

$$u(t)=a_0+\sum_{n=1}^{k}A_n\sin(n\omega_0 t+\varphi_0) \qquad (n=1,2,3,\cdots,k)$$

式中：$A_n\sin(n\omega_0 t+\varphi_0)$称为$n$次谐波，$A_n$为$n$次谐波的幅值。

对上式信号进行谐波分析，通常要给出总谐波畸变率（THD）、信号噪声电压比（SINAD）及各次谐波占有率（P_n）等测量参数。

求模拟信号连续频谱的一般方法是对其进行傅里叶变换，其数学方法即为离散傅里叶变换（DFT）。但DFT计算是相当繁复的，而快速傅里叶变换（FFT）作为一项信号处理史上革命性的技术给DFT计算提供了快捷的手段，是当今应用最多的谐波测量方法之一，它极大地提高了频谱分析时的计算效率，减少了计算机内存的占用。但是即便如此，常规的脚本编程实现FFT仍然需要较高的编程技巧和较大的编程工作量。

（2）谐波测试各参数的意义

① 总谐波畸变率（total harmonic distortion，THD）。非正弦周期性交变量的各次谐波含有率的平方和的平方根值，简称畸变率，通常用百分数表示。计算公式为

$$\mathrm{THD}=\frac{\sqrt{A_2^2+A_3^2+A_4^2+\cdots A_n^2}}{A_1} \qquad (n=1,2,3,\cdots,k)$$

它是非正弦周期性波形的一个重要数字特征量，用以衡量波形畸变的程度。许多国家规定，低压电力网供电电压的总谐波畸变率不得超过5%。通常认为符合这种标准的工业用电 的电压波形是工业的正弦波形。

② 信号噪声电压比（signal noise and distortion，SINAD）。定义为作为“信号”的基波频率分量的RMS与作为“噪声”的全部频率分量（DC除外）以及作为“失真”的全部谐波分量的RMS之和的比值，以dB为单位，计算公式为

$$\mathrm{SINAD}=20\lg\left(\frac{V_{\mathrm{signal}}}{V_{\mathrm{noise}}+V_{\mathrm{harmonic}}}\right)$$

③ 各次谐波占有率（P_n）。各次谐波分量与基波分量的比值，用百分数来表示。

（3）窗函数的概念

傅里叶变换是研究整个时间域和频率域的关系．然而，当运用计算机实现工程测试信号处理时，不可能对无限长的信号进行测量和运算，而是取其有限的时间片段进行分析。做法是从信号中截取一个时间片段，然后用观察的信号时间片段进行周期延拓处理，得到虚拟的无限长的信号，接着就可以对信号进行傅里叶变换、相关分析等数学处理。

但是，周期延拓后的信号与真实信号是不同的，原来的信号被截断以后，其频谱发生了畸变，产生了能量泄漏现象，影响了测量的精度。

为了减少频谱能量泄漏，可采用不同的截取函数对信号进行截断，截取函数称为窗函数，简称为窗。选择合适的窗函数，使采样窗函数宽度正好和基频信号的一个整周期相等，就可以较为接近于真实的频谱。

窗函数的类型较多，实际应用的窗函数，可分为以下主要类型：

① 幂窗：采用时间变量某种幂次的函数，如矩形、三角形、梯形或其他时间（t）的高次幂。

② 三角函数窗：应用三角函数，即正弦或余弦函数等组合成复合函数，例如汉宁窗、海明窗等。

③ 指数窗：采用指数时间函数，例如e-st形式、高斯窗等。

其中，汉宁窗（hanning）在大多数场合很有效，因为它具有良好的频率分辨率，并且能降低频率泄漏。当你不了解信号的特性时，可以先使用汉宁窗。

注意

加窗函数可能降低频率分辨率。为了克服这种下降，提高采样率并按比例增大采样时间。

3．LabVIEW的谐波分析和窗函数

（1）LabVIEW 波形测量函数

上面提到，快速傅里叶变换（FFT）是应用最多的谐波测量方法之一，LabVIEW提供了基于FFT算法的Express VI、波形VI的丰富的频域分析处理函数，使用这些函数，可以快捷地进行时域-频域的转换，频谱、功率谱、频响及相干函数的分析，从而也为构建谐波测量系统带来了极大的便利。如图5-25所示，LabVIEW波形测量VI的路径为“函数模板”→“信号处理”→“波形测量”。

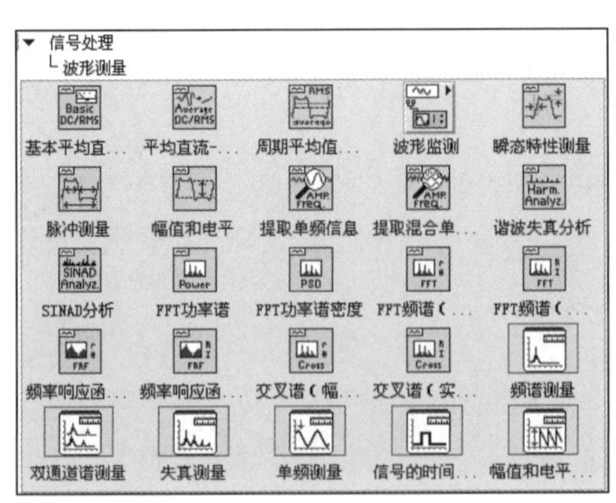

图5-25　LabVIEW波形测量VI

（2）用 LabVIEW 提供的函数测试计算各参数

在图6-21中，选择以下三个波形VI可以实现频谱测量显示和参数计算：

① FFT频谱（幅度-相位）VI（见图5-26）。计算时间信号的平均FFT频谱，以幅度和相位返回FFT值。

② 谐波失真分析VI（见图5-27）。输入一个信号，进行完全谐波分析，包括测量基频和谐波，并返回基频、所有谐波幅值电平，以及总谐波失真(THD)。

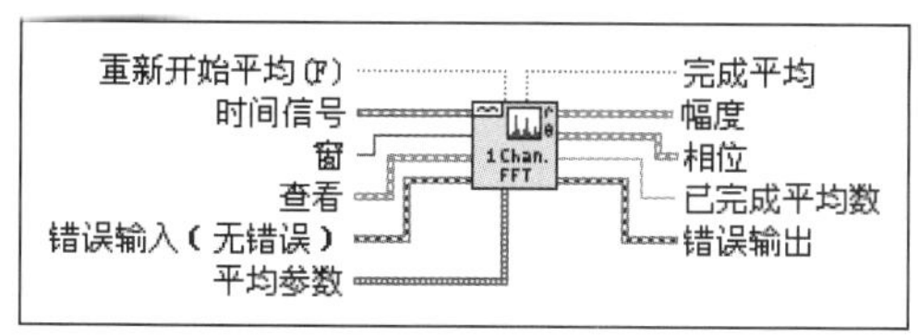

图5-26　FFT频谱（幅度-相位）VI

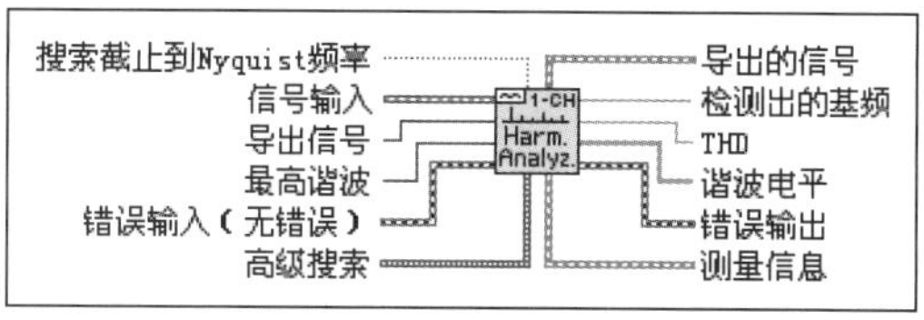

图5-27　谐波失真分析VI

③ SINAD分析VI（见图5-28）。接收一个信号，进行完全的信号与噪声失真比(SINAD)分析，包括测量基频和以dB为单位返回基频和SINAD。

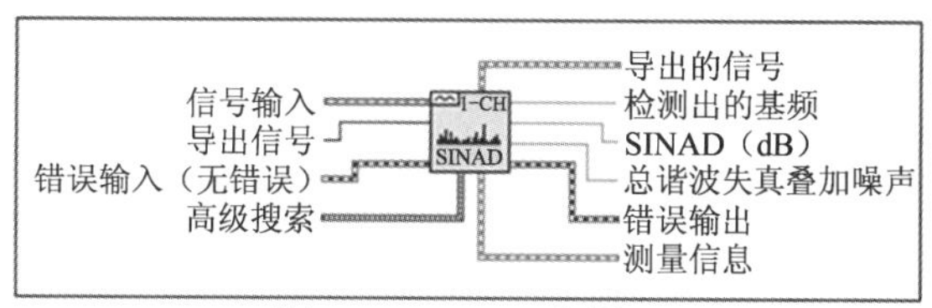

图5-28　SINAD分析VI

在图5-25中，也可以选择以下Express VI实现频谱测量显示和参数计算，以对话框的形式设置各项测量参数。

④ 频谱测量Express VI（见图5-29）。进行基于FFT的频谱测量，如信号的平均幅度频谱、功率谱、相位谱。

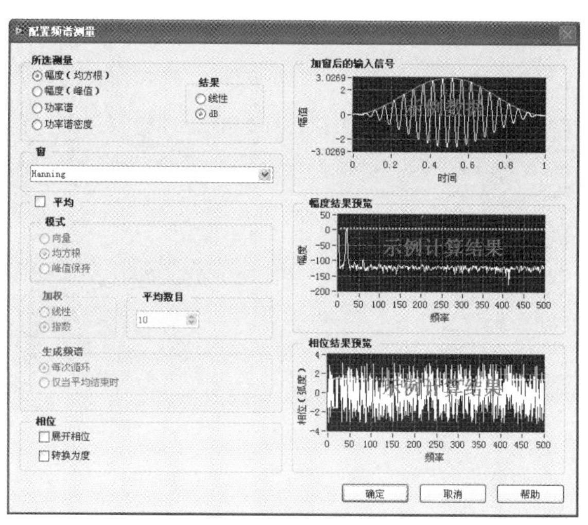

图5-29　频谱测量ExpressVI对话框

⑤ 失真测量Express VI（见图5-30）。在信号上进行失真测量，如音频分析、总谐波失真(THD)、信号与噪声失真比(SINAD)。

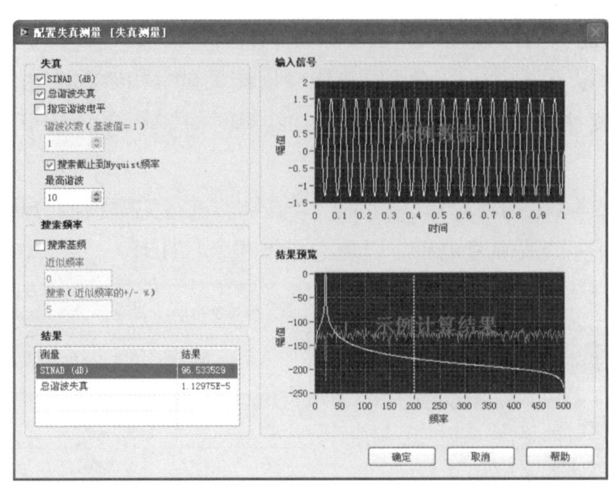

图5-30　失真测量Express VI对话框

（3）LabVIEW 中实现窗函数

LabVIEW的波形VI提供了海明窗、汉宁窗、三角窗、Blackman 窗等20余种窗函数。如图5-31所示，窗函数VI的路径为“函数模板”→“信号处理”→“窗”。

此外，频谱测量Express VI等Express VI也提供了多种窗函数的选择功能。

图5-32所示为标准正弦信号在加了汉宁窗处理前后的信号图和频谱图，从频谱图的纵坐标可以看出，加汉宁窗处理以后明显比未加汉宁窗之前减少了频谱泄露现象。

程序中使用到的汉宁窗函数的具体算法为

$$Y_i = 0.5X_i[1-\cos\omega]$$

式中：Y_i 和X_i分别为信号输入/输出序列，$\omega=(2\pi)i/N$，N为信号X的样本量。

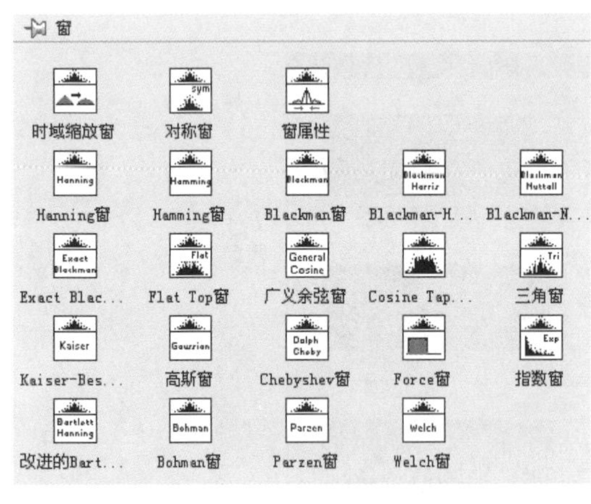

图5-31　LabVIEW 窗函数VI

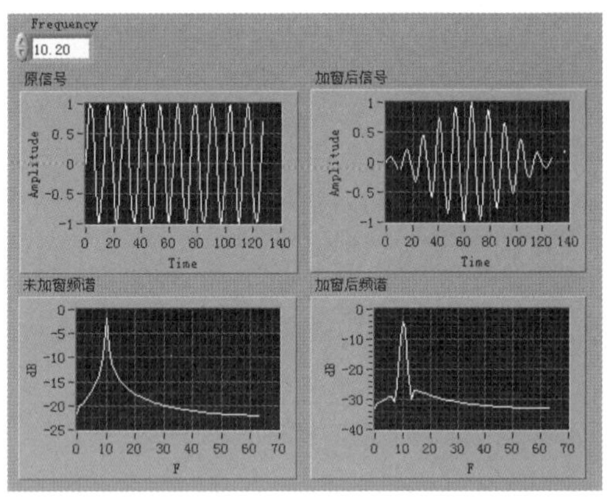

图5-32　窗函数的使用

任务实施

1. ELVIS频谱分析实验

（1）任意波形发生和编辑实验

启动NI ELVIS，选择（arbitrary waveform generator，ARB）任意波形发生器，如图5-33所

示。该仪器可以选择或编辑任意波形信号，通过DAC0和DAC1两个模拟量输出通道输出。

单击SFP上DAC0的浏览图标，打开波形文件库，选择“1VSine100.wdt”文件。当单击DAC0的“Play”按钮，幅值为1V的1 000Hz的正弦波将被输送到ELVIS装置DAC0的引脚上。连接示波器通道A的输入口到DAC0引脚，可以观察到该1 000Hz的正弦波信号。

单击任意波形发生器界面上的“Waveform Editor”按钮，可以打开波形编辑器，实现多个信号的叠加波形（单击“New Component”按钮），如图5-34所示。或是分时信号的叠加波形（单击“New Segment”按钮）。

编辑结束后将结果保存为wdt文档，即可以在任意波形发生器上通过浏览图标打开并输出。

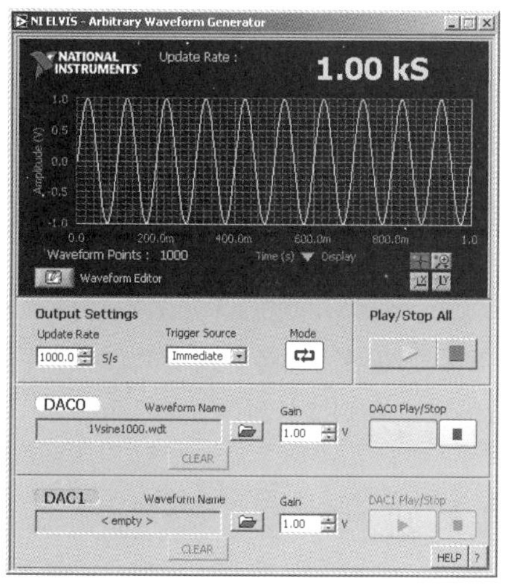

图5-33　任意波形发生器SFP

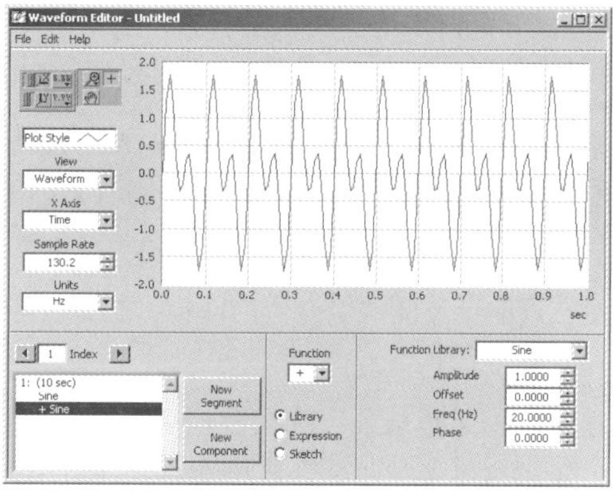

图5-34　波形编辑器

（2）动态分析仪频谱分析实验

在NI ELVIS启动界面上，选择（dynamic signal analyzer，DSA）动态信号分析仪，动态信号分析仪是用来分析信号频谱的仪器，通过动态信号分析仪可以直接得到输入信号的频谱。

在动态信号分析仪SPF上设置合适的频率范围、分辨率、信号电压范围和平均模式，在“Source Channel”下拉列表框中选择“ACH1”选项，并将之前任意波形发生器编辑产生的信号由DAC0引脚连接ACH0+输出，ACH0-引脚接地。单击“运行（Run）”按钮，可以在动态信号分析仪SPF上看到信号的频谱，如图5-35所示。

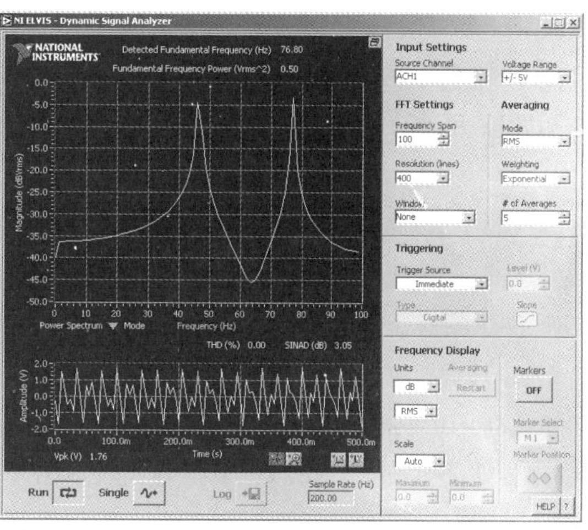

图5-35　动态信号分析仪SPF

2．基于LabVIEW的谐波测试仪的设计和实现

（1）系统构成方案

测量系统总体构成框图如图5-36所示，待测的带有高次谐波的电压电流（实际多为电流）信号，经信号转换调理装置送入数据采集装置。信号转换调理环节中，NI-CSM转换器可以将10A以下的电流信号按比例转换为电压信号，如果被测电流信号超过10A，可再选用电流互感器等装置将电流控制在允许的输入范围之内。

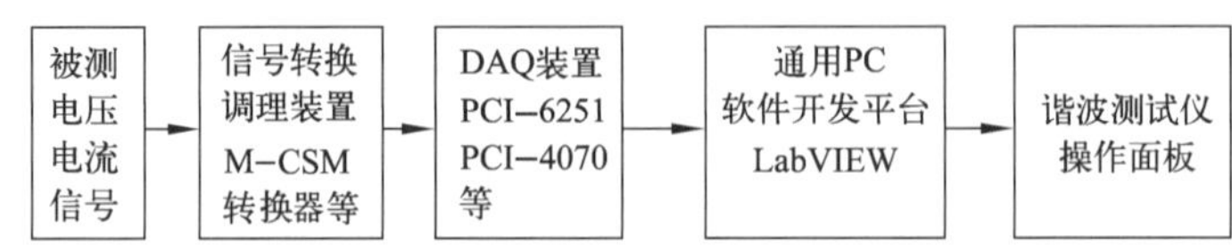

图5-36　测量系统总体构成框图

DAQ（数据采集）装置可以根据实际测量的要求进行选择。为了教学实验的方便，可以选用ELVIS所带的PCI-6251数据采集卡；为了适用于实际工频交流电的测量，可以选用PCI-4 070 DMM数字化仪（万用表卡）等数据采集装置，6位半的精度和1.8MS/s的采样率比常规数采卡更能够胜任高精度高频率的谐波测试；此外万用表外带的探针使得测量电信号简单快捷，不用像常规数采卡一样需要信号转接板。也可以选用其他总线（如PXI的数据采集装置）。

采集后的信号经LabVIEW分析处理，通过各种信号处理VI完成各种仪器功能，最后，组成方便友好的谐波测试仪操作前面板，提供各项参数的设定和测试结果的显示。

（2）数据采集参数设定

根据数据采集装置，选用数据采集助手或是仪器驱动程序进行测试任务的初始化、组态设置、关闭等操作。此外，提供测量功能（电压/电流）、信号范围可选，采样点、采样率可调。需要注意的是：根据奈奎斯特采样定理，谐波测量的采样频率设置应满足：

$$f_s \geqslant 2f_n$$

式中：f_s是数据采集卡的采样率，f_n是n次谐波的频率。如：要测量工频50Hz交流电的20 次谐波，其频率是1 000Hz，所以采样率至少设置为2kS/s。

（3）谐波分析的参数计算

如上所述，调用LabVIEW 信号分析中FFT频谱（幅度-相位）、谐波失真分析、SINAD分析等VI计算被测信号的基频、各次谐波分量幅值、总谐波失真率THD、信号噪声电压比等参数，并显示被测信号的幅频或相频曲线。FFT频谱（幅度-相位）VI除了窗函数的选择之外，还提供了频谱曲图显示参数（线性/对数）和平均化参数的设定。

（4）虚拟仪器前面板设计

LabVIEW强大的人机界面功能可以方便地在前面板上对测试中的各项参数进行设定，并将测试结果以数字、图形等多种方式表示出来。图5-37所示为对工频50Hz交流电源进行谐波测试的运行面板，可以看到对测量功能、采样参数、显示参数等设置都提供了相关控件，操作起来十分方便。时域信号曲线清晰地显示了电源电压波形，而频域分析曲线直观地显示了其各次谐波，并提供对数（dB）和线性（linear）两种显示方式。

请大家参考图5-37所示的前面板自行设计完成谐波测试仪。

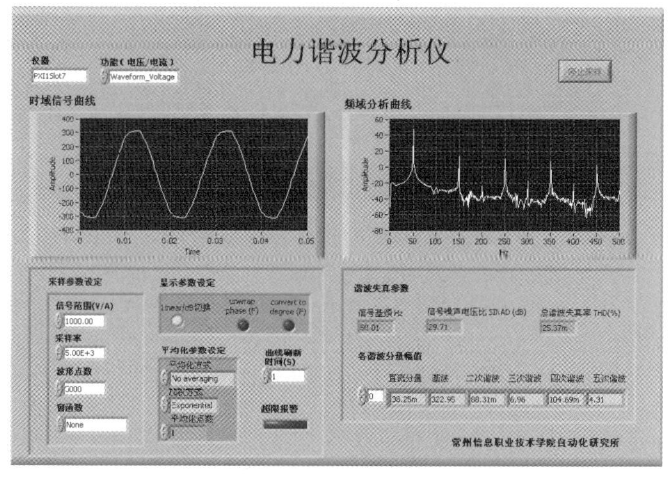

图5-37　电力谐波测试系统运行操作面板

计划总结

1. 工作计划表

序　号	工 作 内 容	计划完成时间	实际完成情况自评	教 师 评 价

2. 材料领用清单

序　号	元器件名称	数量	设备故障记录	负责人签字

3. 思考

总结归纳用LabVIEW开发的谐波测试系统较之传统测试仪器具备的主要优势。

4. 项目实施记录与改善意见

项目简介

通过对一个称重传感器的信号采集与数据分析，完成电子秤的搭试并实现自动标定。本系统设计完成后要求能有良好的交互界面，同时可实现数据存盘功能。

教学目标

1. 能力目标

① 熟悉掌握称重传感器的应用；

② 能熟练使用 ELVIS 设备控制输出和采集相关信号；

③ 能利用数据分析函数进行基本的数据分析；

④ 能根据实际应用需要选择合适的传感器和数据采集方案进行数据采集；

⑤ 能熟练使 用图形显示器等手段进行测试结果表达；

⑥ 能从用户需求出发运用各种程序设计方法，设计交互良好的人机界面；

⑦ 能独立完成从系统方案设计到实施与调试的全过程。

2. 知识目标

① 掌握 LabVIEW 软件的基本编程方法；

② 掌握常用称重传感器的选型与使用；

③ 会使用 LabVIEW 软件中的数据分析与信号处理函数；

④ 会使用文件输入 / 输出管理函数。

3. 素质目标

① 培养团队协作、交流沟通能力；

② 培养实训室 5S 操作素养；

③ 培养自学能力及独立工作能力；

④ 培养对工作承担责任；

⑤ 培养文献检索能力。

5.4 任务　自动称重系统测试

利用虚拟仪器技术对工业称重传感器的性能进行测试、分析与数据存盘，同时根据传感器性能测试的结果完成简易电子秤的搭试与简单校准（见表5-6）。

表5-6　自动称重系统测试

任务名称	自动称重系统测试
任务描述	通过对称重传感器的信号采集与数据分析，完成一个电子秤系统的设计、搭建和调试。本系统具体要求如下： ① 完成200g（或8kg）电子秤硬件设计，称重误差不超过1.5g ② 用LabVIEW软件完成秤重传感器的灵敏度、线性等性能分析 ③ 实现称重测试数据的自动存盘 ④ 实现电子秤基本校准 ⑤ 简洁美观友好的人机交互界面
预习要点	① 电子秤及其称重传感器的基本原理和特性 ② 字符串的使用 ③ 文件输入/输出 ④ 用户对话框设计 ⑤ 曲线拟合函数的使用 ⑥ 自动称重系统的软/硬件构建方案
材料准备	① NI ELVIS教学设备或其他数据采集设备 ② 简易电子秤配件（称重传感器、放大器、电位器等） ③ 导线若干、标准砝码若干
参考学时	8

1. 称重传感器

如图5-38所示，目前常用的称重传感器通常有一个弹性体和贴在其表面的应变片组成，当外界的作用力使传感器的弹性体发生形变，随之使贴在弹性体不同部位的应变片也发生阻值变化（增大或减小），四个应变片是接成桥式测量电路，在激励电压的作用下，输出信号也发生正比的变化（电量）。

电阻应变片、弹性体和检测电路是电阻应变式称重传感器中不可缺少的几个主要部分，如图5-39所示。下面就这三个部分作简要论述。

图5-38　简易电子秤图

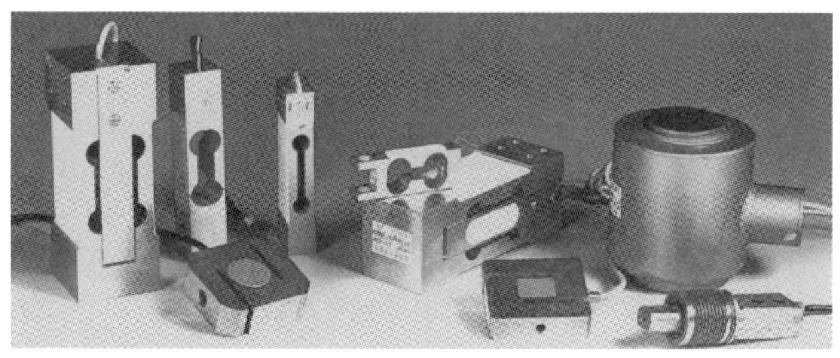

图5-39　称重传感器图

（1）电阻应变片

电阻应变片是把一根金属或半导体电阻丝机械的分布在一块绝缘材料制成的基底上形成，如图5-40所示。其阻值可随机械形变的发生而改变，阻值与形变大小成以下函数关系：

$$\Delta R/R=K\varepsilon$$

式中：K为应变片的灵敏系数；

R为应变片的标称阻值；

ε为在材料力学中定义的应变，用它来表示形变大小，通常采用με为单位。

（$\varepsilon=\Delta L/L$，称作应变，记作ε，用它来表示形变往往显得太大，很不方便，所以常常把它的百万分之一作为单位，记作με）。

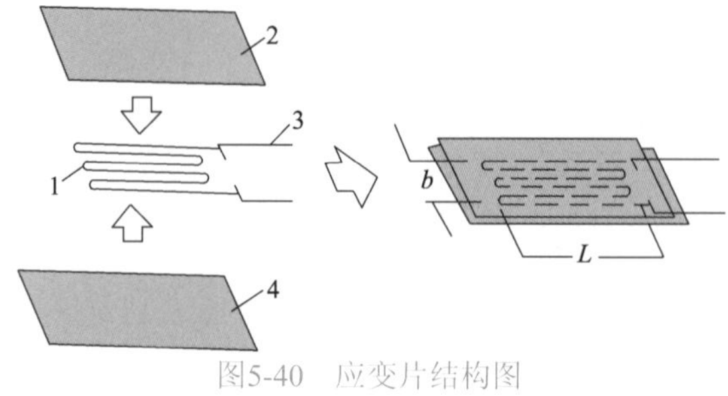

图5-40　应变片结构图

1—敏感元件；2、4—基底；3—引线

（2）弹性体

如图5-41所示，弹性体是一个有特殊形状的结构件。它的功能有两个，首先是它承受称重传感器所受的外力，对外力产生反作用力，达到相对静平衡；其次，它要产生一个高品质的应变场（区），使粘贴在此区的电阻应变片比较理想的完成应变向电信号的转换任务。

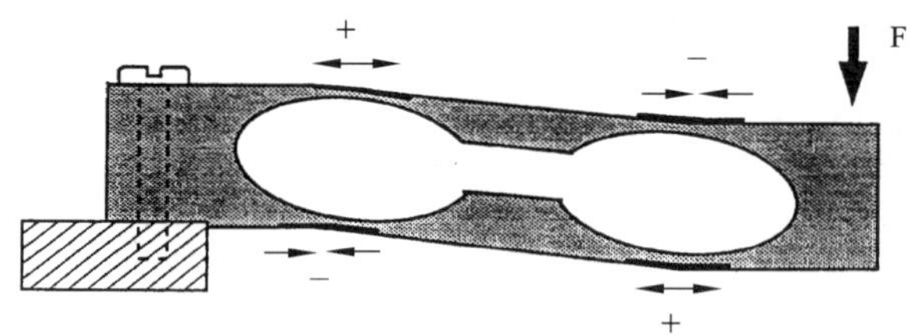

图5-41　弹性体形变图

（3）检测电路

如图5-42所示，检测电路的功能是把电阻应变片的电阻变化转变为电压输出。因为惠斯通电桥具有很多优点，如可以抑制温度变化的影响，抑制侧向力干扰，还可以比较方便的解决称重传感器的补偿问题等，所以惠斯通电桥在称重传感器中得到了广泛的应用。

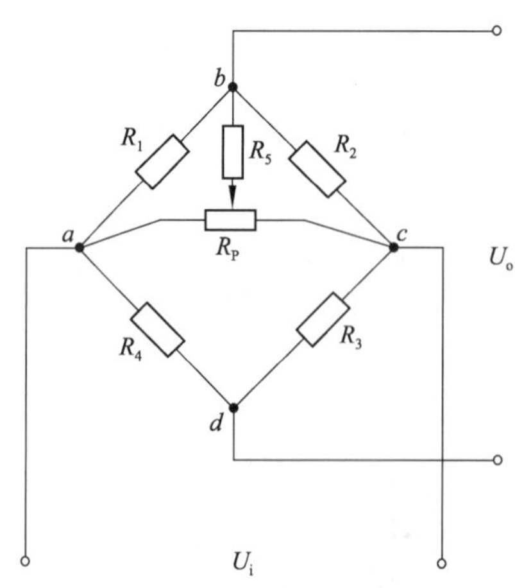

图5-42　全桥式等臂电桥电路图

因为全桥式等臂电桥的灵敏度最高，各臂参数一致，各种干扰的影响容易相互抵消，所以称重传感器均采用全桥式等臂电桥。

2. 字符串的使用

字符串是ASCⅡ字符的集合，LabVIEW提供了各种功能丰富的字符串函数用于字符串的处理，用户不需要像C语言中一样为字符串的操作编写烦琐的程序。在LabVIEW中，除了通常的字符串应用，如文本传送和显示、数据存储等外，在进行仪器控制操作时，控制命令和数据大都也是按字符串格式传送的，掌握并灵活地应用字符串对编程很重要。

① 字符串控件。如图5-43所示，用户在前面板字符串与路径选板中可以找到字符串输入控件、字符串显示控件、组合框、文件路径输入控件、文件路径显示控件。文本字体的颜色、大小和显示形式都可以改变。选中字符串控件后，然后在修饰菜单下拉列表中就可以改变文字大小、颜色、字体等。右击文本框可以选择文字的显示格式："正常显示"表示一般形式的显示格式；"'\'代码显示"表示以Unicode显示中文，并用"\"隔开，英文不变；"密码显示"表示以"*"显示文字，就和一般密码输入框一样；"十六进制显示"表示以十六进制显示字符的ASCⅡ码；"限于单行输入"表示单行显示；"键入时刷新"表示字符串的内容随着输入实时地改变，默认是不选该项的，即只有当用户输入完毕，单击前面板其他空白的地方后，字符串的内容才生效，这点需注意，如图5-44所示。

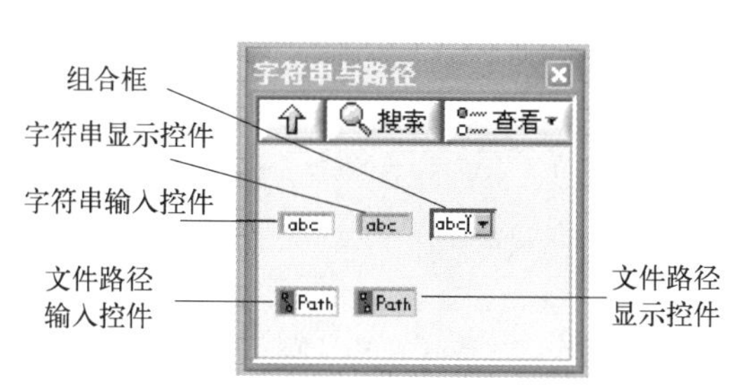

图5-43 字符串与路径选板

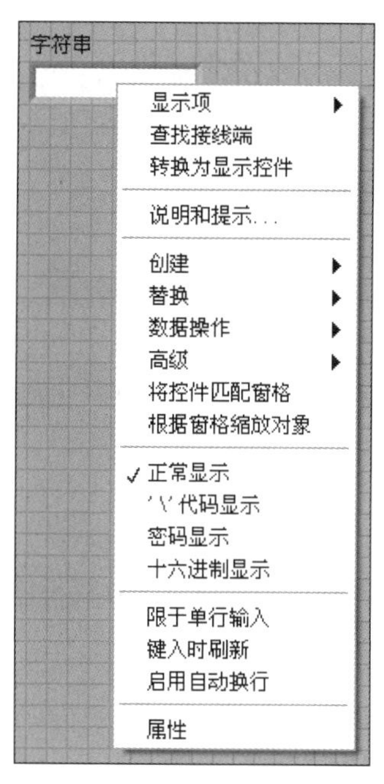

图5-44 字符串控件快捷菜单

组合框经常被用来当作选择菜单使用，组合框可以有多个字符串，每个字符串称为项，并对应一个值。如图5-45所示，"身份类型"组合框，右击组合框，选择"编辑项"选项对组合框选项进行编辑。在对话框中，单击"插入"按钮输入项和值，编辑完后，单击三角下拉箭头就可看到组合框中的内容了。

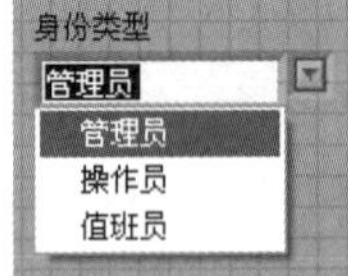

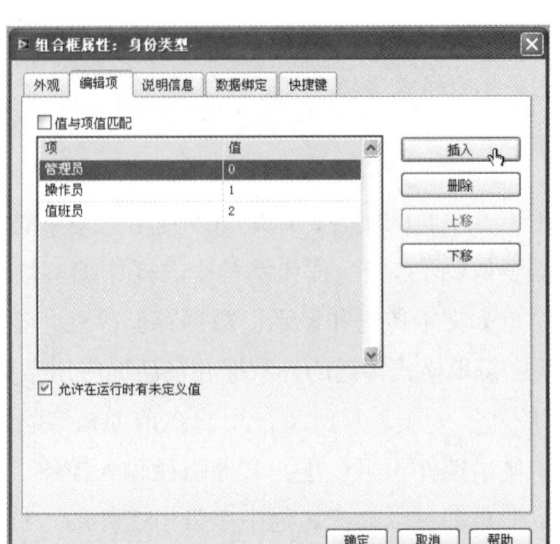

图5-45　组合框编辑项设置

路径控件可以通过单击控件旁边自带的小按钮（ ）来打开选择对话框确定文件路径。通过路径字符串之间的转换函数就能很容易地实现两者的转换，从而利用丰富的字符串函数对路径进行操作。该转换函数在函数模板下的路径为：“编程”→“字符串”→“字符串\数组\路径转换”子选板下。

② 表格和树形控件。表格和树形控件在“控件模板”下的路径为：“新式”→“列表与表格”面板下，对应的系统下也能找到相应控件，使用方法相同，只是风格不一样。

以图5-46为例，表格实际上就是一个字符串组成的二维数组。将该控件放置在前面板上，可以直接右击该控件编辑它的各种属性。右击该控件，选择“显示项”→“行首或列首”选项可以显示行头和列头。行头和列头作为说明性文字并不作为表格的实际内容。表格的编辑也非常简单，单击对应的空格就能直接编辑内容了。右击该控件，选择数据操作可以设置直接插入、删除整行或整列。表格数组的大小由输入的内容所占范围决定。

Express表格用于将数据快速地转换为表格。它是LabVIEW的Express技术之一，放置该控件在前面板时，LabVIEW自动在程序框图中加入相应的程序代码。如图5-47所示为一个Express表格的使用例子。

表格控件

序号	姓名	性别	年龄
1	王磊	男	22
2	王伟	男	21
3	李强	男	21
4	王飞	女	20

图5-46　表格控件使用示例

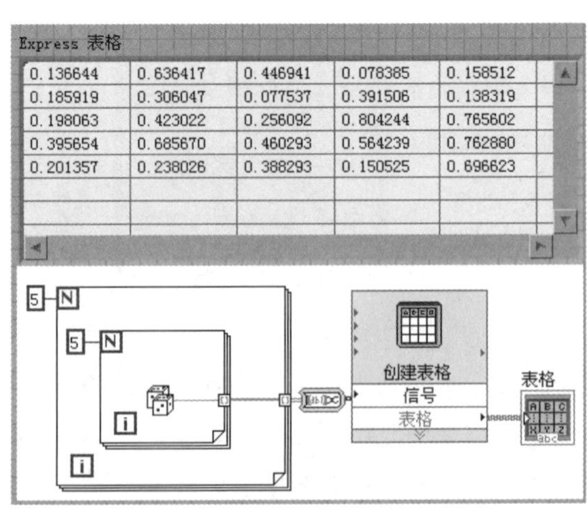

Express 表格

0.136644	0.636417	0.446941	0.078385	0.158512
0.185919	0.306047	0.077537	0.391506	0.138319
0.198063	0.423022	0.256092	0.804244	0.765602
0.395654	0.685670	0.460293	0.564239	0.762880
0.201357	0.238026	0.388293	0.150525	0.696623

图5-47　Express表格使用示例

树形控件以树的形式显示多层内容，Windows的资源管理器就是用树形控件来显示文件目录的。默认放置该控件在前面板上时该控件有多列的输入，一般来说只有第一列有用，后面的列只是起到文字说明的作用。直接在需要输入内容的地方单击后就可以输入数据了，更多的操作只需要该控件的右击快捷菜单就能实现。其中选择模式表示树形控件的选择模式，如果选择“0或1项”或“1项”选项，该控件代表一个字符串，用户选择的内容作为字符串内容。如果选择“0或多项”或“1或多项”选项，该控件代表一个字符串数组，此时用户可以同时选择多个项目，用户选择内容作为数组内容。“缩进项”选项表示缩进一层，相反操作为“移出项”选项。“项符号”选项可以选择该项的符号。若选择“仅允许子项”选项，该项就不能再有子项目了。如图5-48所示为一个树形控件的使用例子。

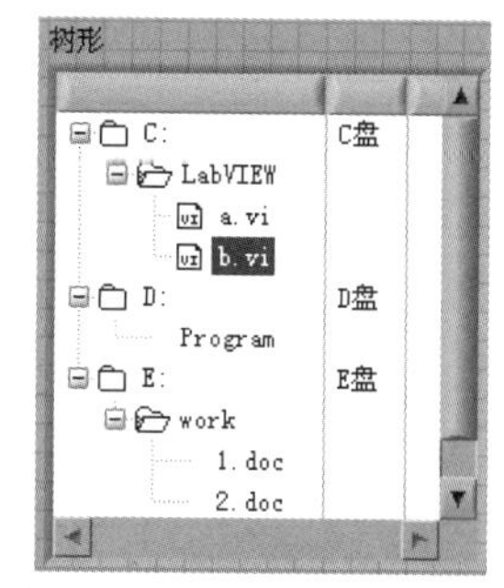

图5-48　树形控件折使用示例

注意

编辑完后一定右击树形控件并选择“数据操作”→“当前值设置为默认值”选项并保存，否则重新打开 VI 后用户辛苦输入的信息就被清空了。

③ 字符串函数。字符串相关函数都在“函数模板”→“编程”→字符串选板下，这些VI函数基本覆盖了字符串处理所需要的各种功能，如图5-49所示。

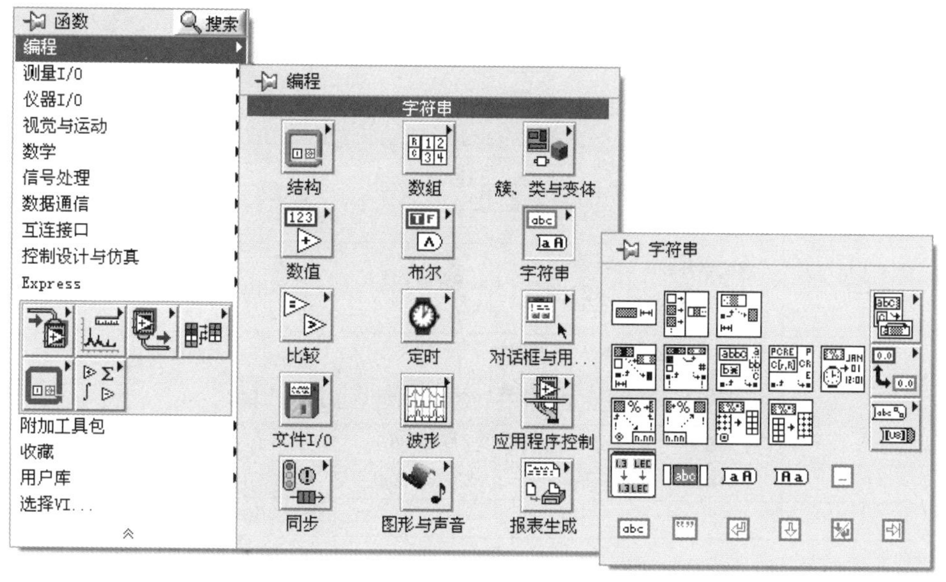

图5-49　字符串函数模板

下面通过表5-7对这些函数及字符串常量一一进行说明，更详细的说明可以参考联机帮助。

表5-7 LabVIEW中常用字符串操作函数

名 称	图标和连接端口	功 能 说 明
字符串长度	字符串 → 长度	返回字符串长度
字符串连接	字符串0、字符串1、…、字符串n-1 → 连接的字符串	把几个字符串连接起来组成一个新字符串
截取字符串	字符串、偏移量（0）、长度（剩余） → 子字符串	从输入字符串的偏移量位置开始，取出一定长度的子字符串
替换子字符串	字符串、子字符串（“ ”）、偏移量（0）、长度（子字符串长度） → 结果字符串、替换子字符串	在指定位置插入、删除或替换子字符串
搜索替换字符串	输入字符串、搜索字符串、替换字符串（“ ”）、偏移量（0）、错误输入（无错误） → 结果字符串、替换数量、替换后偏移量、错误输出	查找并替换指定字符串
匹配模式	字符串、正则表达式、偏移量（0） → 子字符串之前、匹配子字符串、子字符串之后、匹配后偏移量	从偏移量开始查找字符串，找到后在找到的位置分成3段
格式化日期/时间字符串	时间格式字符串（%c）、时间标识、UTC格式 → 日期/时间字符串	以指定格式显示时间字符串
扫描字符串	格式字符串、输入字符串、初始扫描位置、错误输入（无错误）、默认1（0 dbl）、… → 剩余字符串、扫描后偏移量、错误输出、输出1、…	根据格式字符串提取并转化字符串
格式化字符串	格式字符串、初始字符串、错误输入（无错误）、输入1（0）、…、输入n（0） → 结果字符串、错误输出	把字符串、数值、路径或布尔量转换为字符串格式
电子表格字符串至数组转换	格式字符串、电子表格字符串、数组类型（2D Dbl） → 数组	把电子表格格式的字符串转换成数组
数组至电子表格字符串转换	格式字符串、数组 → 电子表格字符串	把数组转换成电子表格格式的字符串
创建文本	起始文本、错误输入（无错误） → 结果、错误输出	把输入字符串连接起来，其中可以含有字符串变量
转换为大写字母	字符串 → 所有大写字母字符串	将所有字符转换为大写
转换为小写字母	字符串 → 所有小写字母字符串	将所有字符转换为小写
字符串常量	abc	字符串常量
空字符串常量	“”	空字符串常量，即长度为0
回车键常量		回车符
换行符常量		换行符
行结束常量		即回车符和换行符
制表符常量		Tab符
空格符		空格符

例：程序要求输出一个字符串“LabVIEW真好用！”，要突出强调“好用”两个字。

本程序关键是要熟悉字符串控件的属性，可以利用它的属性，选中控件中的一部分文字，并修改其字体，如图5-50和图5-51所示。

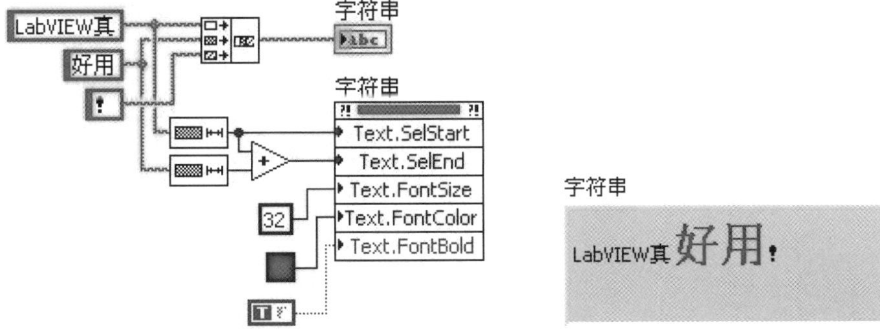

图5-50 程序代码

图5-51 程序运行结果

例：组合字符串练习

目标：使用一些字符串功能函数将一个数值转换成字符串，并把该字符串和其他一些字符串连接起来组成一个新的输出字符串。

前面板：打开一个新的前面板，按照图5-52向前面板中添加对象。

其中的两个字符串控制对象和数值控制对象可以合并成一个输出字符串并显示在字符串显示器中。数值显示器显示出字符串的长度。

程序框如图5-53所示。

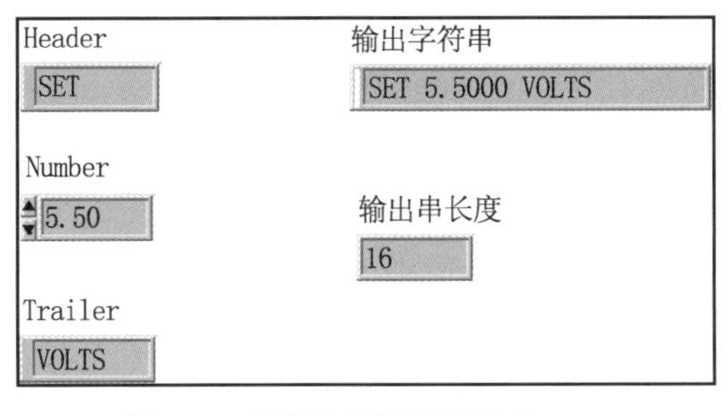

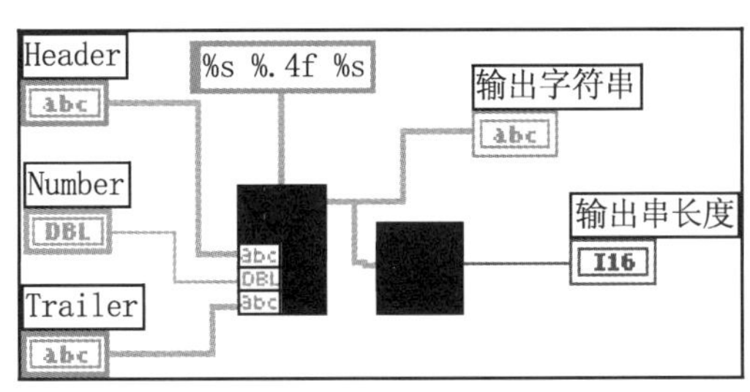

图5-52 例程前面板运行结果

图5-53 例程程序框图

• 格式化写入字符串函数：在本练习中，它用于对数值和字符串进行格式化，使它们成为一个输出字符串。用变形工具可以添加三个加和输入。

• 字符串长度函数：在本练习中，它用于返回一个字符串的字节数。

• 执行该VI。注意，格式化写入字符串函数功能将两个字符串控制对象和数值控制对象组合成一个输出字符串。

• 把该VI保存为“Build String.vi”。

• 字符串格式的设定：选中格式化写入字符串函数，右击，在“编辑格式字符串”对话框中选择“已选操作”选项，可分别对各输入的各部分格式做设定。

例：字符串子集和数值的提取

目的：创建一个字符串的子集，其中含有某个数值的字符串显示，再将它转换成数值，如图5-54所示。

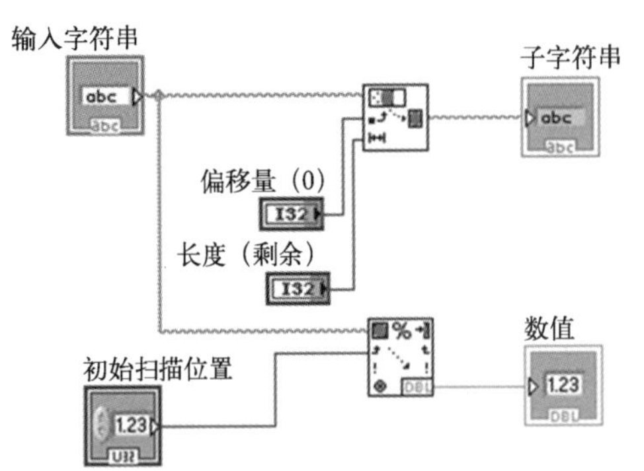

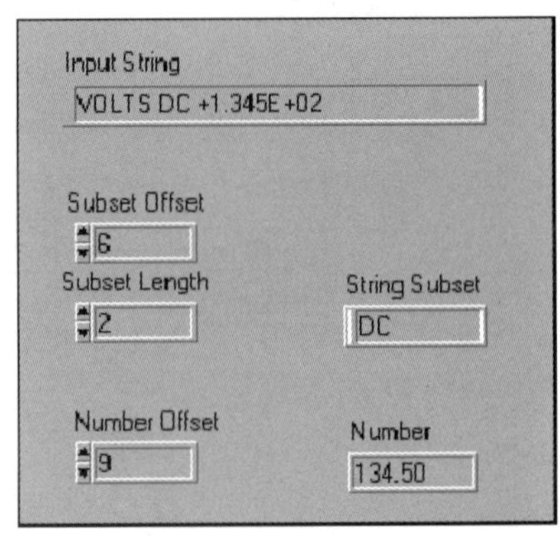

图5-54　例程程序框图和运行结果

截取字符串函数：在本练习中，它用于返回偏移地址开始的子字符串以及字节数。第一个偏移地址是0。

很多情况下，必须把字符串转换成数值，例如需要将从仪器中得到的数据字符串转换成数值。

扫描字符串函数：在这个例子中，它用于扫描字符串，并将有效的数值（0～9，正负，e，E和分号）转换成数值。如果连接了一个格式字符串，它将根据字符串指定的格式进行转换，否则将进行默认格式的转换。该函数从偏移地址的字符串处开始扫描。第一个字符的偏移地址是0。这个函数在已知头长度（本例中是VOLTS DC）时或者字符串只含有有效字符时很有用。

3. 文件I/O

(1) 理解文件 I/O

文件I/O将数据记录在文件中或者读取文件中的数据。

一个典型的文件I/O操作包括以下流程，如图5-55所示。

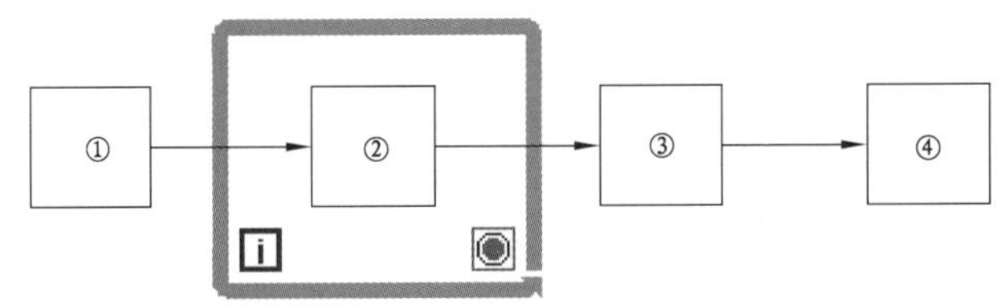

图5-55　典型的文件I/O操作步骤

①打开文件；②读/写文件；③关闭文件；④检查错误

① 创建或打开文件。通过指定路径或在LabVIEW中以对话框的形式确定文件位置，从而指定现有文件的路径或所创建新文件的位置。文件打开后，通过引用句柄表示该文件；

② 读/写文件；

③ 关闭文件；

④ 检查错误。

（2）文件格式

LabVIEW可以使用或创建以下几种文件格式：

① 二进制：二进制文件是基本的文件格式，是所有其他文件格式的基础。

② ASCII：ASCII（美国信息交换标准码）文件是一种特定类型的二进制文件，是大多数程序使用的标准。它包含了一系列ASCII码。ASCII文件又称文本文件。

③ LVM：LabVIEW数据文件（.lvm）是用制表符分隔的文本文件，可以用电子表格应用程序或文本编辑应用程序打开。（.lvm）文件包括了数据的信息，例如，生成数据的日期和时间。这种文件格式是一种特定类型的ASCII文件，专用于LabVIEW。

④ TDM：这种文件格式是一种特定类型的二进制文件，专用于NI产品。它实际上包含了两个单独的文件：包含数据属性的XML文件和用于表示波形的二进制文件。

因为ASCII文件是最常用的数据文件格式，本节将介绍创建文本（ASCII）文件的方法。如果磁盘空间和文件输入/输出速度以及数字精度不是考虑的主要因素，或无须进行随机读写，可以使用文本文件，以便通过另一个应用程序访问它。

（3）功能函数

LabVIEW在函数模板中提供了很多有用的工具 VI，如图5-56所示。

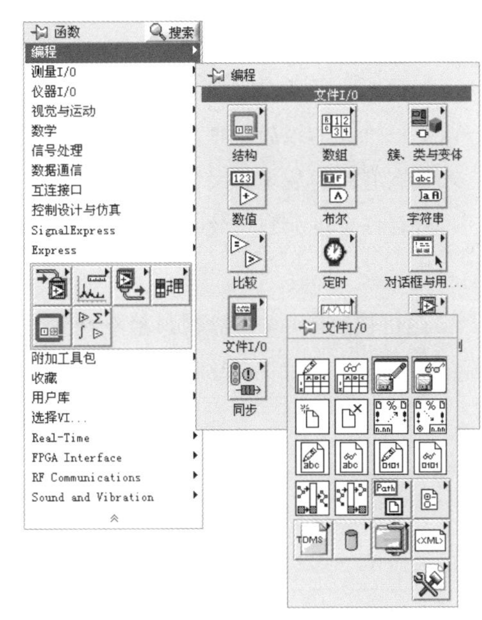

图5-56　文件I/O函数在LabVIEW中的位置

在文件I/O函数模板中某些文件I/O的VI可以执行一个文件I/O操作流程中的所有的三项操作：打开、读/写和关闭。如果一个VI可以执行所有的三项操作，这个VI称为高层VI。但是，高层VI可能在效率上低于那些用于执行流程中单个操作的底层VI和函数。如果正在写入位于循环中的文件，可使用底层文件 I/O VI。如果正在写入单个操作中的文件，则使用高层文件 I/O VI。

提示

避免将高层 VI 放入循环，因为这些 VI 在每次运行时都要进行打开和关闭操作。

高层文件 I/O VI包括以下VI（见图5-57）。

① 写入电子表格文件：将一个单精度的二维或一维数值数组转换为一个文本字符串，并将该字符串写入一个新的ASCII件或追加到现有文件中。同时也可以转置数据。VI在向文件中写入数据之前，将先打开或创建该文件，并且在完成写操作时，关闭该文件。该VI可用于创建一个大部分电子表格应用程序可读取的文本文件。

② 读取电子表格文件：在一个数值文本文件中，从一个指定的字符偏移量开始，读取指定的行数或列数，并将读取的数据转换为二维单精度数值数组。VI在从文件中读取数据之前，将先打开该文件，并且在完成读操作时，关闭该文件。该VI可用于读取一个以文本格式保存的电子表格文件。

图5-57　文件I/O函数中高层VI

③ 写入测量文件：用于将数据写入文本测量文件（.lvm）或二进制文件格式的测量文件（.lvm）的Express VI。存储方法、文件格式（.lvm或.tdm）、段首类型和分割符等参数可以设定。

④ 读取测量文件：用于将数据写入文本测量文件（.lvm）或二进制文件格式的测量文件（.tdm）中的Express VI。文件名、文件格式和段大小等参数可以设定。

例：用写入电子表格文件函数进行文件写操作。

说明

写入电子表格文件函数可以完成对 .txt 和 .xls 等文件类型的创建或数据添加。数据可以是一维或二维的数据，如果路径端子未接，会自动提示让用户选择路径和文件名，并输入带有有效扩展名的文件名。输入端“添加至文件”默认状态为假，若设置为真，则产生的新数据会追加到旧数据后面，否则产生的新数据会覆盖旧数据。

运行程序后，在D盘根目录下就会生成“writefile.xls”文件，打开能看到5×5由随机数构成的二维数组，如图5-58和图5-59所示。

提示

当再次运行程序时，必须关闭退出保存数据的文件，否则显示“LabVIEW: 文件已打开”错误提示框信息。

Microsoft Excel - writefile

文件(F)　编辑(E)　视图(V)　插入(I)　格式(O)　工具(T)　数据(D)　窗口(W)　帮助(H)

宋体　12

F10

	A	B	C	D	E
1	0.177	0.192	0.803	0.663	0.429
2	0.182	0.623	0.263	0.522	0.64
3	0.281	0.096	0.804	0.044	0.344
4	0.291	0.763	0.456	0.81	0.433
5	0.482	0.541	0.38	0.992	0.722

writefile

数字

图5-58　例程程序运行结果

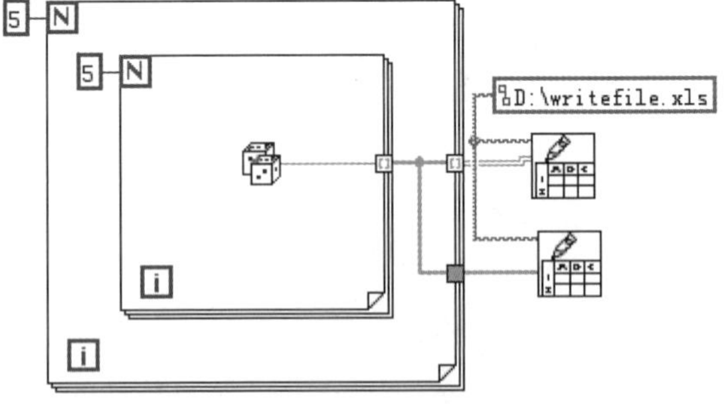

图5-59　例程程序框图

例：写入文本文件函数的使用，如图5-60所示。

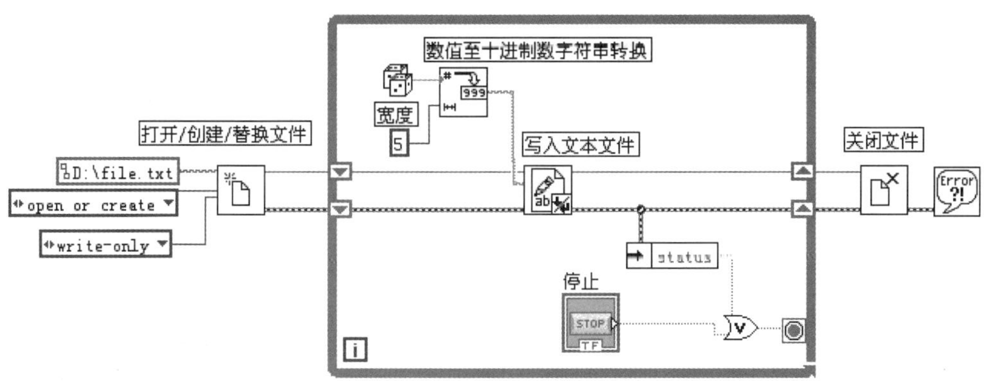

图5-60 例程程序框图

提示

打开/创建/替换文件函数：通过编程或使用文件对话框交互式地打开现有文件。创建新文件或替换现有文件。

写入文本文件函数：将字符串或字符串数组按行写入文件。如果连接该路径至文件输入端，函数先打开或创建文件，然后将内容写入文件并替换任何先前文件的内容。如果连接文件引用句柄至文件输入端，写入操作将从当前文件位置开始。如果需在现有文件后添加内容，可使用设置文件位置函数，将文件位置设置在文件结尾。

关闭文件函数：关闭引用句柄指定的打开文件，并返回至引用句柄相关文件的路径。

数值至十进制数字符串转换函数：将**数字**转换为十进制数组成的字符串，至少为**宽度**个字符，如有需要，还可适当加宽。

4. 用户对话框设计

程序运行过程中，经常会遇到这样的情况：程序运行某些操作时，例如删除文件、放弃当前的操作、对用户操作的响应等，需要用户确认或选择后，再运行下一步的操作。使用对话框来要求用户响应是一种简单、直观的方式。LabVIEW中有多种方式实现弹出对话框的功能。

（1）使用 LabVIEW 对话框

LabVIEW对话框可以实现简单的用户确认功能。对话框有三种：单按钮、双按钮、三按钮。在程序框图里，右击，选择对话框与用户界面，就可以看到这三个VI（见图5-61）。

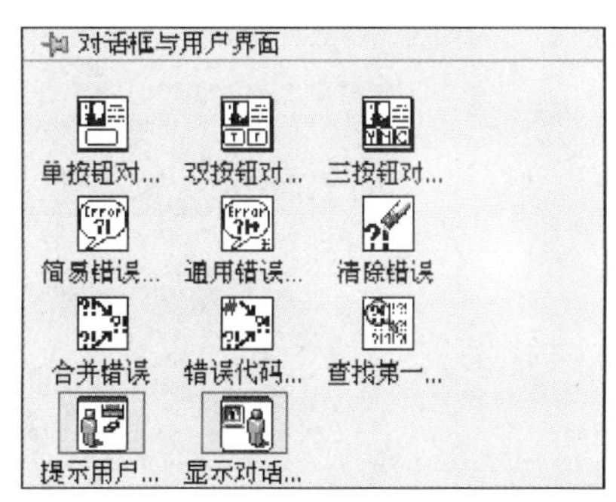

图5-61 LabVIEW对话框

该对话框可以实现用户确认的功能。例如，图5-62中弹出的对话框就是一个单按钮对话框。

双按钮对话框可以显示含有一条消息和两个按钮的对话框。两个按钮分别为“T”按钮和“F”按钮，同时，双按钮对话框有一个“T按钮？”的布尔量输出，如单击“T”按钮，“T按钮？”将返回true。如单击“F”按钮，“T按钮？”将返回false。使用这一输出，可以实现根据用户的按键选择（确定/取消）而执行相应操作。例如，图5-63中的对话框要求用户根据需要选择是否放弃LED灯闪烁。

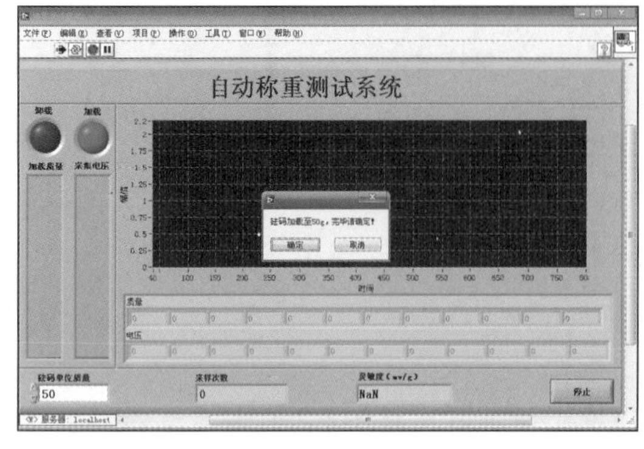

图5-62　单按钮对话框

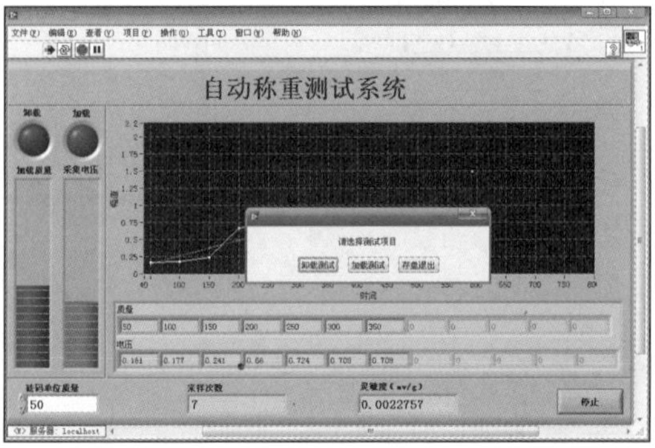

图5-63　双按钮对话框

三按钮对话框可以显示含有一条消息和三个按钮的对话框。三按钮对话框有一个“哪个按钮？”的数值输出，根据不同的按键（左、中、右）而改变它的输出值。因此，三按钮对话框可以根据用户的不同按键选择而实现更加复杂的功能。例如：图5-64中的三按钮对话框为用户提供了三种选择。

注意

请参考 LabVIEW 帮助文档，获得以上 VI 的详细信息。

（2）使用 Express VI

使用对话框的Express VI（见图5-65）与用户交互，不仅可以接收用户按键的输入，也可以接收其他数据类型的输入（字符串、数字和布尔），同时可以设置弹出对话框的窗口标题。对话框的Express VI位于程序框图上右击弹出的“对话框与用户界面”对话框里，分别是“提示用户输入.vi”和“显示对话框信息.vi”。

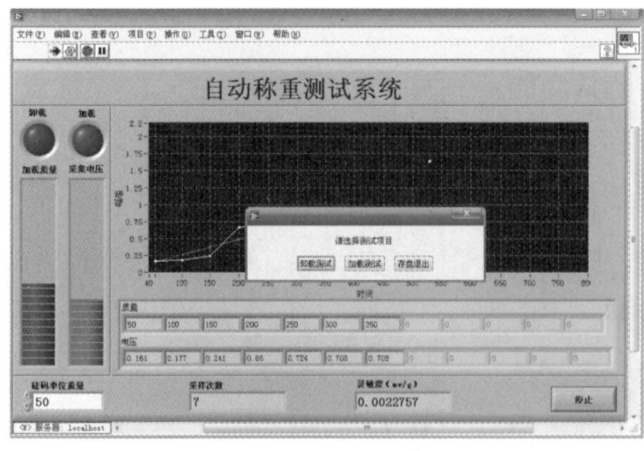

图5-64　三按钮对话框

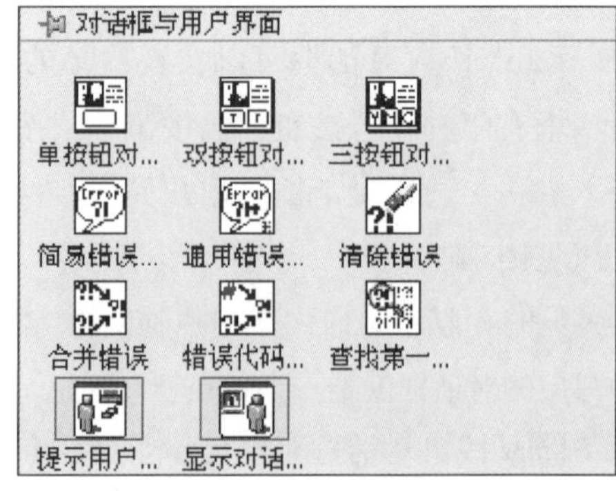

图5-65　对话框Express VI

提示用户输入可以显示标准对话框，提示用户输入用户名、密码等信息。将该VI拖动到程序框图后，会弹出设置对话框，提示设置显示的信息、输入、显示的按钮和窗口标题等内容，如图5-66所示。

经过如图5-66的配置后，运行程序，弹出如图5-67所示的对话框。同时，单击“确定”按钮后，用户的输入将传递到VI的程序框图中，以便程序对其处理。

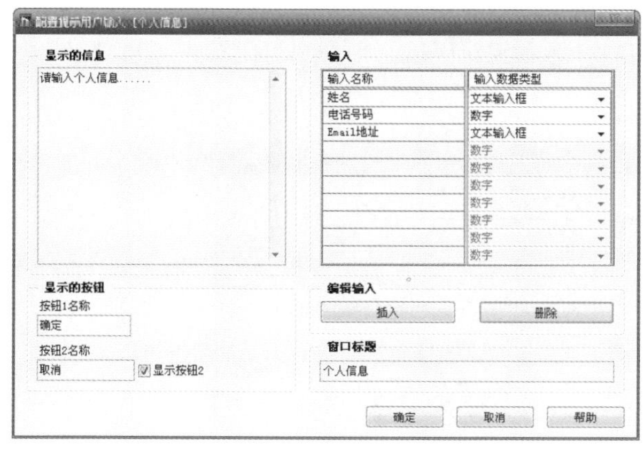

图5-66　配置提示用户输入

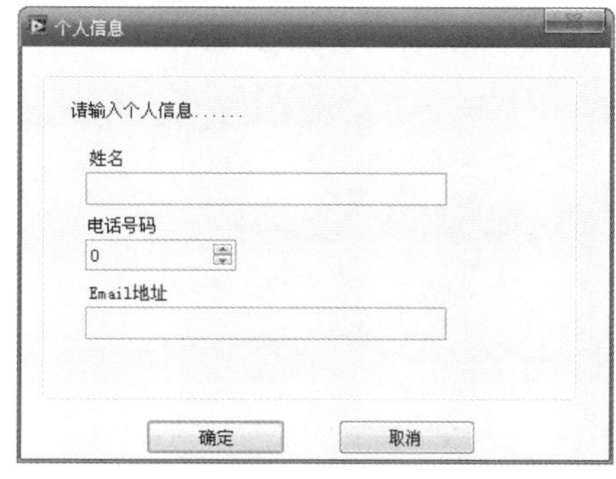

图5-67　提示用户输入对话框

显示对话框信息可以创建含有警告或用户消息的标准对话框。该VI的功能和单按钮或双按钮对话框的功能类似。

（3）使用子 VI

使用子VI实现弹出对话框的功能，不仅可以接收用户按键和各种数据类型的输入，同时，按键和输入控件的个数、位置、形状都不受限制。用户甚至可以设置弹出窗口的背景、字体，从而实现弹出对话框完全的自定义。例如，可以使用子VI设计出如图5-68所示的对话框。

子VI对话框界面设计

一个普通VI的界面包含了窗口标题、菜单栏、工具栏和编辑区域（见图5-69）。

图5-68　子VI对话框

图5-69　普通VI界面

子VI运行的过程中，这些项目都会显示，而作为一个标准的对话框，一般希望只显示VI的编辑区域和窗口标题，有时窗口标题也不显示（见图5-68）。同时，对窗口的大小也有一定的要求，有时还希望弹出窗口在某一个特殊的位置运行。在LabVIEW VI属性对话框中提供了多种方式供用户自定义VI对话框的界面。右击前面板或程序框图右上角的VI图标并从快捷菜单中选择“VI属性”命令，或选择“文件”菜单→“VI属性”命令，均可显示VI属性对话框。涉及VI界面设计的VI属性主要是窗口外观、窗口大小和窗口运行时位置。

窗口外观（见图5-70）：自定义窗口外观，包括窗口标题设置和窗口样式设置。LabVIEW为用户提供了四种窗口样式：顶层应用程序窗口、对话框、默认和自定义。当用户选择对话框时，运行该VI只会显示VI的窗口标题和编辑区域。用户也可以单击“自定义…”按钮对VI窗口样式完全自定义。

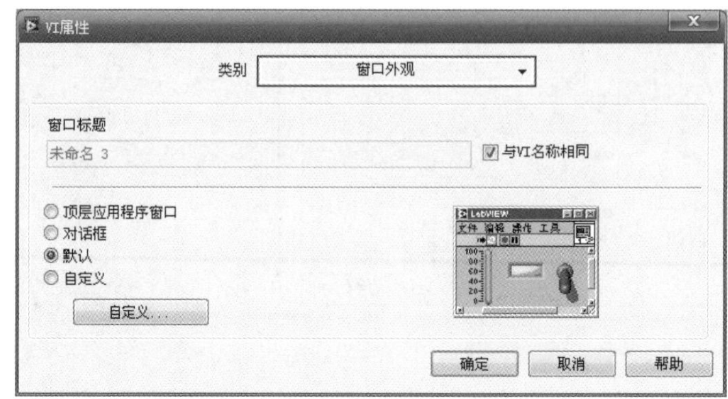

图5-70　VI的属性——窗口外观

窗口大小：自定义VI运行时窗口的大小。

窗口运行时位置：自定义VI运行时窗口的位置和大小。

注意

请参考 LabVIEW 帮助文档设置 VI 窗口的大小和运行时位置。

子VI对话框弹出设置

对话框的特点是在用户有需要的时候弹出，用户确认后自动关闭。在主VI中，设置子VI的属性，即可实现上述功能。主VI程序框图上右击“子VI图标”→选择“设置子VI节点”命令，将弹出图5-71所示的对话框。选择“调用时显示前面板”和“如之前未打开则在运行后关闭”复选框，从而实现子VI只有在被主VI调用时，才会打开它的前面板，用户确认后自动关闭的对话框样式。

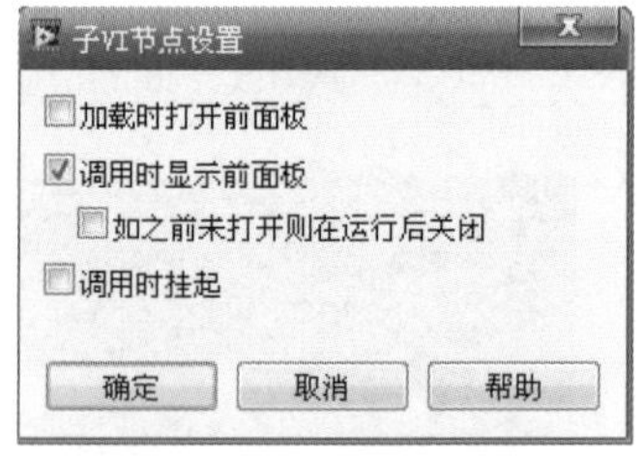

图5-71　子VI节点设置

注意

将子 VI 作为弹出对话框使用时，在运行主 VI 前，必须关闭子 VI 的前面板。VI 属性中若设置了窗口外观为对话框，则已包含了“调用时显示前面板”和“如之前未打开则在运行后关闭”的设置（单击“自定义”按钮可以查看窗口外观为对话框时的相应设置），子 VI 节点的设置可以略去。

例如，使用子VI（见图5-72），同样实现了LabVIEW对话框的功能，但由于它可以自由设置按键和输入控件的个数、位置、形状，以及设置弹出窗口的背景、字体，所以，它可以实现更为复杂的功能，界面也更灵活多样。

图5-72　子VI对话框

5. 数据分析函数

在函数模板中选择“数学”选项→“拟合”→“线性拟合”函数可完成对已知数据的分析，如图5-73所示。

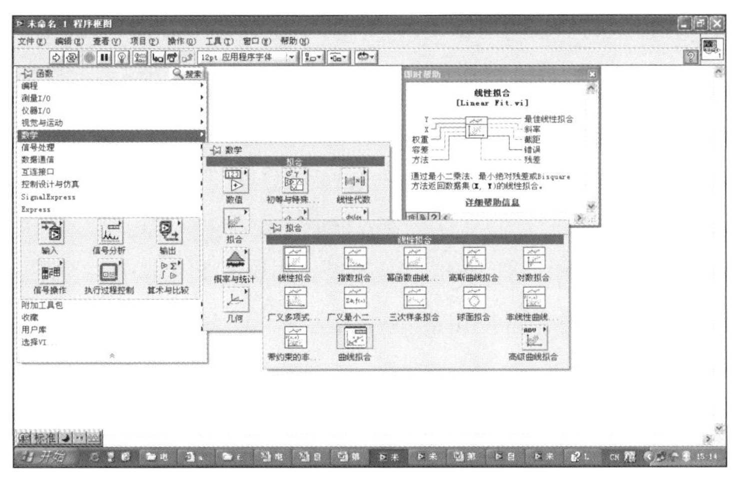

图5-73　线性拟合函数在LabVIEW中的位置

线性拟合（基础软件包中未包括）：

如图5-74所示，通过最小二乘法、最小绝对残差或Bisquare方法返回数据集（X，Y）的线性拟合。

Y：是由因变量组成的数组。Y必须包含至少两个点。

X：是由自变量组成的数组。X的元素数必须等于Y的元素数。

权重：是观测点（X, Y）的权重数组。权重的元素数必须等于Y的元素数。如果权重未连线，VI将把权重的所有元素设置为1。如果权重中的某个元素小于0，VI将使用该元素的绝对值。

容差：在使用最小绝对残差或Bisquare方法时，确定何时停止斜率和截距的交互调整。当两次连续调整之间的残差的相对差小于容差时，VI将返回此时的斜率和截距。

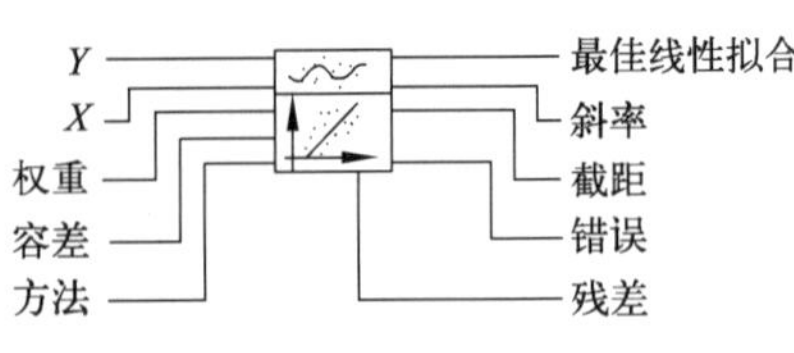

图5-74　线性拟合函数

如果容差小于等于0，VI将把容差设置为0.0001。

方法：指定拟合方法（见表5-8）。默认值为最小二乘法。

表5-8　拟合方法

序　　号	方　法　名　称
0	最小二乘（默认）
1	最小绝对残差
2	Bisquare

最佳线性拟合：返回拟合模型的Y值。

斜率：返回拟合模型的斜率。

截距：返回拟合模型的截距。

错误：返回VI的任意错误或警告。例如将错误连线至错误代码，再连线至错误簇转换VI，错误代码或警告可转换为错误簇。

残差：返回拟合模型的加权均值错误。如果方法是最小绝对残差法，则残值为加权平均绝对误差。否则残值为加权均方误差。

线性拟合详细信息

该VI将实验数据拟和为通用形式由下式描述的直线：

$$f=ax+b$$

式中：x是输入序列X，a是斜率，b是截距。VI将得到观测点(X, Y)的最佳拟合a和b。

例如Y的噪声为高斯分布，可使用最小二乘法法。图5-75显示了使用该方法的线性拟合。

如果拟合方法为最小二乘法，该VI将依据下列等式最小化残差，得到线性模型的斜率和截距：

$$\frac{1}{N}\sum_{i=0}^{N-1} w_i\left|f_i-y_i\right|$$

式中：N是Y的长度，w_i是权重的第i个元素，f_i是最佳线性拟合的第i个元素，y_i是Y的第i个元素。如存在超出区间的数，可使用上述方法。图5-76是对最小二乘法、最小绝对残差法和Bisquare法的比较结果。在大多数情况下，Bisquare法对于超出区间的数不如最小绝对残差法敏感。

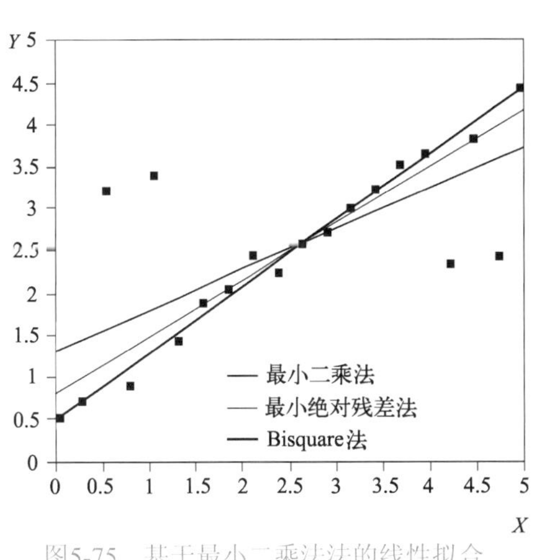

图5-75　基于最小二乘法法的线性拟合

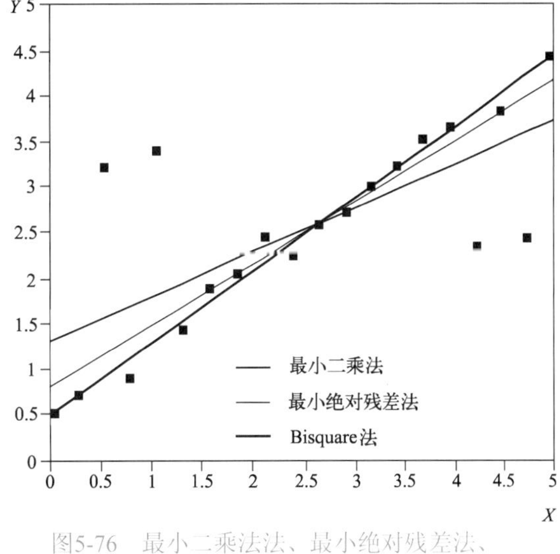

图5-76　最小二乘法法、最小绝对残差法、Bisquare法的比较结果

如果拟合方法为最小绝对残差，该VI将依据下列等式最小化残差，得到线性模型的斜率和截距：

$$\frac{1}{N}\sum_{i=0}^{N-1} w_i\left|f_i - y_i\right|$$

如果拟合方法为Bisquare法，该VI将采用迭代过程得到斜率和截距，然后使用最小二乘法中的公式计算残差，如图5-77所示。

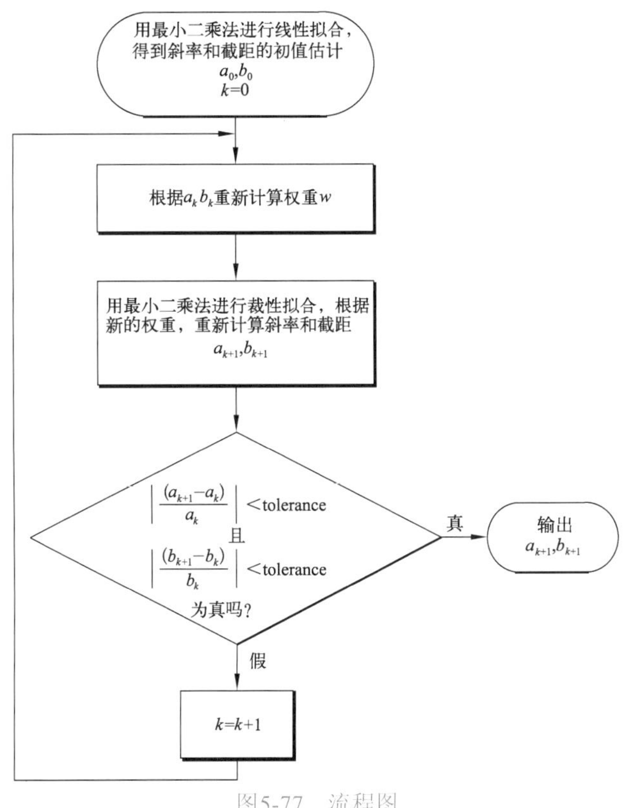

图5-77　流程图

1．完成称重传感器硬件电路搭试。

2．手动加载、测试传感器电压信号。

3．完成传感器全行程多点采样，实时显示测量结果并将测量结果保存至数据文件。

4．读取数据文件并自动绘制传感器特性曲线。

5．借助数据分析函数分析传感器灵敏度及线性。

图5-78所示为自动称重测试系统程序流程图。

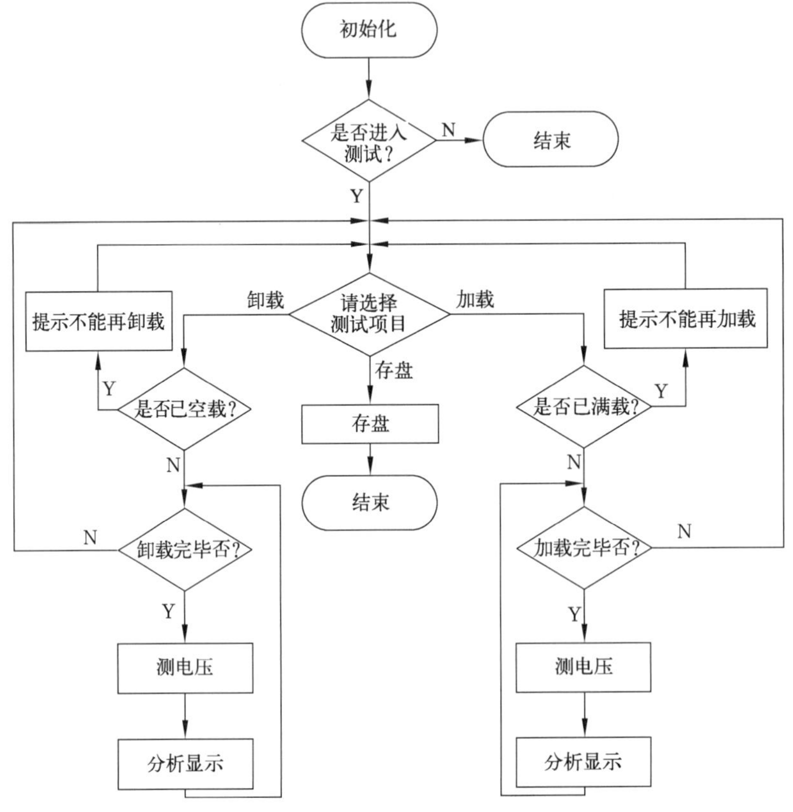

图5-78　自动称重测试系统程序流程图

根据图5-79选择测试功能的用户提示框。

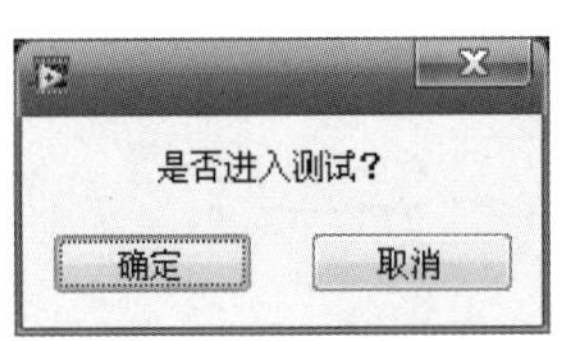

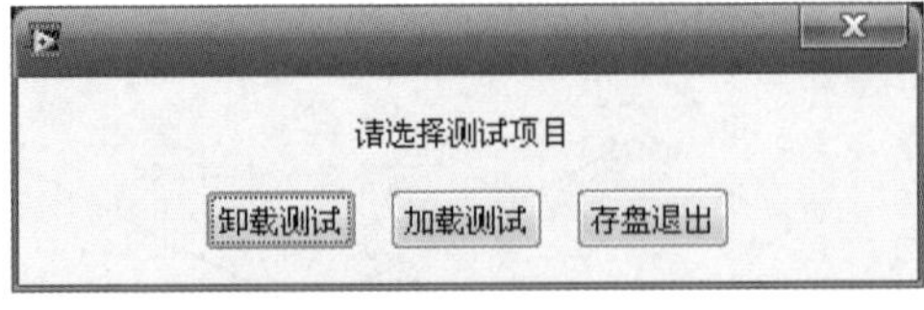

图5-79　根据测试功能选择用户提示框

图5-80所示为自动称重测试系统前面板示例。

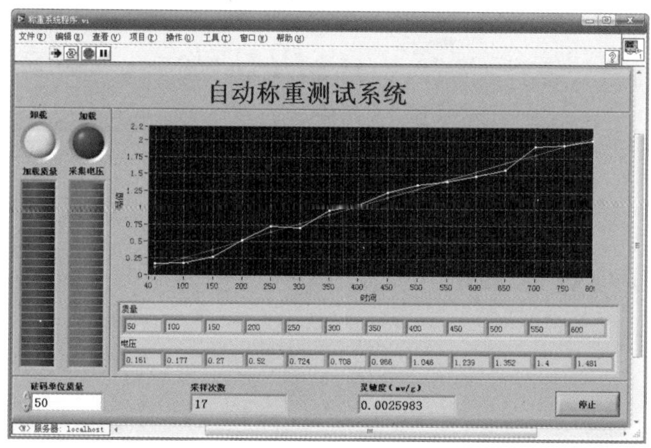

图5-80　自动称重测试系统前面板示例

前面板控件说明：加载时红灯亮，卸载时绿灯亮，存盘退出时两个灯交替闪烁；加载质量与采集电压动态实时显示，图形显示器中动态实时显示采集电压与拟合直线图形。运行过程要求有良好的用户交互功能。

图5-81所示为加载或卸载用户提示对话框。

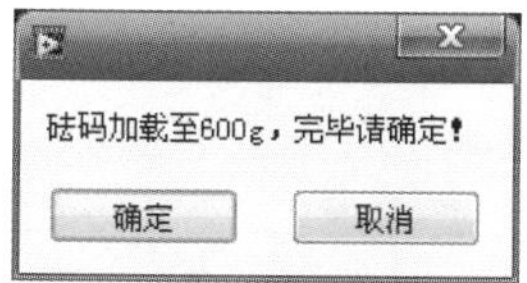

图5-81　加载或卸载用户提示对话框

图5-82所示为空载与满载用户提示对话框。

图5-82　空载与满载用户提示对话框

图5-83为数据文件保存示例。

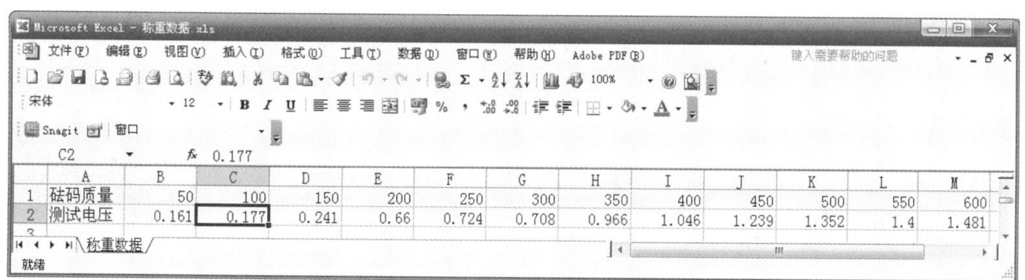

	A	B	C	D	E	F	G	H	I	J	K	L	M
1	砝码质量	50	100	150	200	250	300	350	400	450	500	550	600
2	测试电压	0.161	0.177	0.241	0.66	0.724	0.708	0.966	1.046	1.239	1.352	1.4	1.481

图5-83　数据文件保存示例

图5-84所示为文件读取示例。

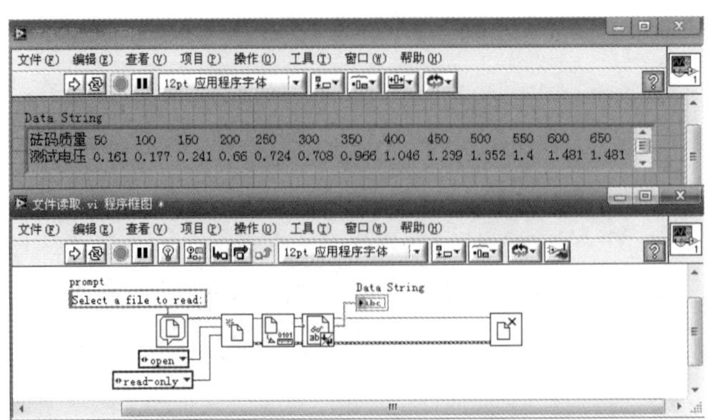

图5-84　文件读取示例

计划总结

1. 工作计划表

序　　号	工 作 内 容	计划完成时间	实际完成情况自评	教 师 评 价

2. 材料领用清单

序　　号	元器件名称	数　　量	设备故障记录	负责人签字

3. 项目实施记录与改善意见

拓展练习

1. 完成电子秤校准，增加用户身份认证功能。
2. 通过文件读取方式完成自动称重系统仿真程序设计。

项目六　基于机器视觉的PCB检测

项目简介

通过机器视觉系统对PCB（印制电路板）进行元器件在线检测。本系统设计完成后要求能有良好的用户交互界面，同时可实现数据存盘功能。

教学目标

1. 能力目标

① 掌握机器视觉系统的构成

② 能根据实际应用需要选择合适的光源和照相机、镜头等构成基本的机器视觉系统

③ 能利用图像处理工具进行简单的图像分析和预处理

④ 能试调成功基本的 PCB 元器件检测系统

2. 知识目标

① 掌握图像处理相关理论

② 掌握图像采集系统配件的选型与基本指标

③ 会使用 LabVIEW 软件及图像处理的相关工具包

3. 素质目标

① 培养团队协作、交流沟通能力

② 培养实训室 5S 操作素养

③ 培养自学能力及独立工作能力

④ 培养工作责任感

⑤ 培养文献检索能力

5.5 任务 基于机器视觉的PCB检测

任务目标

系统软/硬件集成，实现PCB元器件检测（见表5-9）。

表5-9 基于机器视觉的PCB检测

项目名称	项目六 基于机器视觉的PCB检测
任务描述	利用虚拟仪器技术实现PCB元器件的检测，具体要求如下： ① 实现PCB的图像采集与显示 ② 完成图像的预处理及保存等功能 ③ 通过模板匹配算法中的灰度值模板匹配实现元器件的检测
预习要点	① 智能照相机的参数设定 ② 图像处理算法 ③ 视觉软件包的使用方法 ④ PCB元器件检测系统方案设计 ⑤ PCB元器件检测系统硬件平台的构建 ⑥ PCB元器件检测系统软件平台设计
材料准备	① NI 1744智能照相机 ② 环形光源 ③ PCB ④ 网线 ⑤ 24V稳压电源
参考学时	8

机器视觉，即采用机器代替人眼来做测量和判断。机器视觉系统是指通过机器视觉产品抓取图像，然后把图像传送至处理单元，通过数字化处理，根据像素分布和亮度、颜色等信息，来进行尺寸、形状、颜色等的判别。进而根据判别的结果来控制现场的设备运行。机器视觉随着计算机技术、现场总线技术的发展日臻成熟，成为现代加工制造业不可或缺的技术，它广泛应用于食品和饮料、化妆品、制药、建材和化工、金属加工、电子制造、包装、汽车制造等行业。机器视觉代替了传统的人工检测方法，极大地提高了投放市场的产品质量以及产品的生产效率。

1. 机器视觉平台的搭建

典型的机器视觉系统主要由以下四个部分组成：光源、照相机、图像采集卡和图像处理软件，如图5-85所示。

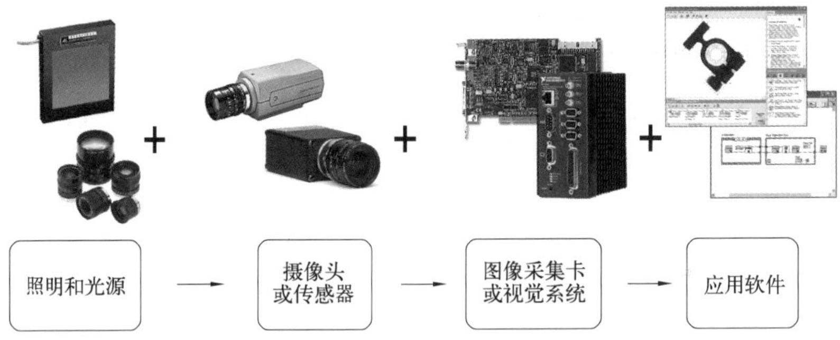

图5-85　典型的机器视觉系统组成图

(1) 光源

光源在机器视觉中有非常重要的作用，直接影响到图像的质量，进而影响到系统的性能。光源起到的作用就是获取高品质、高对比度的图像。选择光源的目标是：

- 增强待处理的物体特征。
- 减弱不需要关注的物体和噪声的干扰。
- 不会引入额外的干扰。

根据照明方式的不同，光源可以分为：直接照明光源、散射照明光源、背光照明光源、同轴照明光源和特殊照明光源。

① 直接照明光源。直接照明光源就是直接照射到被检测物体上的光源，它的特点是照射区域集中、亮度高，可以得到清楚的影像。常见的直接照明方式有沐光方式、低角度方式、条形方式和聚光方式。

- 沐光方式。沐光方式常用的是LED环形光源。高密度的LED 阵列排列在伞状结构中，可以在照明区域产生集中的强光。沐光方式的优点是亮度高、使用方法灵活、容易适应包装要求；缺点是：有阴影和反光；常见的应用是：检测平面和有纹理的表面。

- 低角度方式。低角度方式常用的也是LED环形光源。但与沐光方式用的环形光源不同的是，它更大，安装的角度更低，接近180°。

低角度方式下，光源以接近180° 角照明物体，容易突出被检测物体的边缘和高度变化。低角度方式的优点是凸显被检测物体的表面结构，增强图像的拓扑结构；缺点是：有热点和极度阴影；常见的应用是：检测平面和有纹理的表面。

- 条形方式。条形方式常用的是LED条形光源。条形方式除了具备沐光方式的优点外，其安装角度还可以按照需要进行调节。通过调节光线的角度和方向，可以检测到被测物体表面是否有光泽，是否有纹路，也可以检测到被测物体的表面特征。
- 聚光方式。聚光方式主要是在条形光源上加入一个柱型透镜，把光线汇聚成一条直线，以产生高亮度线光源。线性聚光方式常常配合线阵照相机获得高质量的图像。

② 散射照明光源。对于表面平整光洁的高反射物体，直接照明方式容易产生强反光。散射照明先把光投射到粗糙的遮盖物上，产生无方向、柔和的光，然后再投射到被检测物体上。这种光很适合高反射物体。

- 低角度方式。与前述直接照明的低角度方式不同，散射方式的光源先经过内壁散射之后再均匀地照射到物体上，在提供均匀照明的同时，有效地消除了边缘的反射。此照明方式常用于BGA焊点检测，芯片引脚检测等应用。
- 扁平环状方式。扁平环状方式是在光源前面加了一块漫反射板，光源经过反射后再经过漫反射板，可以形成均匀漫射的顶光，避免了眩目光和阴影。
- 圆顶方式。圆顶方式，适合表面有起伏、光泽的被测物体的文字检查。

③ 背光照明光源。背光照明方式下，光源均匀的从被检测物体的背面照射，可以获得高清晰的轮廓，常用于物体外形检测、尺寸检测等。

④ 同轴照明光源。LED的高强度均匀光线通过半镜面后成为与镜头同轴的光。具有特殊涂层的半镜面可以抑制反光和消除图像中的重影，特别适合检测镜面物体上的划痕。

⑤ 特殊照明光源。特殊照明光源包括平行光光学单元、显微镜专用照明系统和按照客户要求定制的光源等。

（2）照相机

光源选择好了以后，下一步就是选择照相机。下面将详述工业照相机常见的指标。

① 扫描类型。照相机中的成像元件是CCD 芯片。如果CCD 芯片只有一行感光器件，如图5-86所示，换句话说，每次只能对物体的一条线进行成像，那么，这种扫描类型称为线扫描，这样的照相机称为线阵照相机。如果CCD 芯片的感光区是个矩形阵面，如图5-87所示，它每次能对物体进行整体成像，那么，这种扫描类型称为面扫描，这样的照相机称为面阵照相机。

面阵照相机的优点是价格便宜，处理方面，可以直接获得一幅完整的图像。线阵照相机的优点是速度快，分辨率高，可以实现运动物体的连续检测，比如传送带上的滤波等带状物体(这种情况下，面阵照相机很难检测)；其缺点是需要拼接图像的后续处理。图5-88给出了线阵照相机的一个成像实例，以帮助大家更好的理解线阵照相机的成像过程。

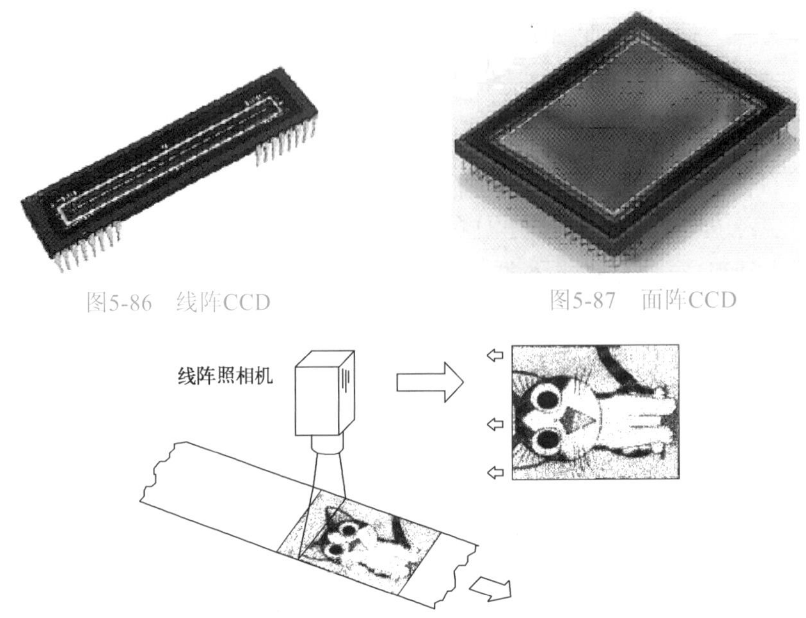

图5-86　线阵CCD

图5-87　面阵CCD

图5-88　线阵照相机成像实例

按照扫描方式不同，面阵照相机还可以分为隔行扫描和逐行扫描。隔行扫描方式下一幅完整图像分两次显示，首先显示奇数场（1、3、5…），再显示偶数场（2、4、6…）

隔行扫描照相机的优点是价格便宜。由于隔行扫描方式是先扫奇数场，再扫偶数场，所以隔行扫描照相机在拍运动物体的时候容易出现锯齿状边缘或叠影。逐行扫描照相机没有上述的缺点，因为扫描过程中所有行同时曝光，所以在拍摄运动图像时画面清晰，失真小。在其余参数相似的情况下，逐行扫描照相机要比隔行扫描照相机贵。

② 照相机分辨率。分辨率是影响图像效果的重要因素，一般用水平和垂直方向上所能显示的像素数来表示分辨率，例如640 × 480像素。该值越大图形文件所占用的磁盘空间也就越多，从而图像的细节表现得越充分。与分辨率联系非常紧密的参数是视场和特征分辨率，如图5-89所示。视场是指能拍摄到的范围，特征分辨率是指能分辨的实际物体尺寸。

NI Vision Module中的图像算法要求，物体最小的特征需要两个像素来表示。根据视场和照相机分辨率，可以计算出特征分辨率。计算特征分辨率的公式为

$$特征分辨率=视场/分辨率 \times 2$$

例如：照相机分辨率为640 × 480像素，横向的视场是60mm，那么在横向的特征分辨率为60/640 × 2= 0.1875 mm。

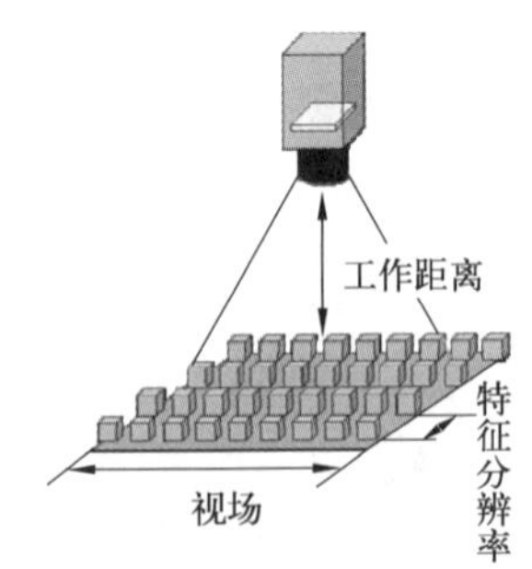

图5-89　视场和特征分辨率

③ 照相机的图像传输方式。按照不同的图像传输方式，照相机可以分为模拟照相机和数字照相机。

- 模拟照相机。模拟照相机以模拟电平的方式表达视频信号。目前模拟照相机使用非常广泛，其优点是技术成熟、成本低廉、对应的图像采集卡价格也比较低。8bit的图像采

集卡可以提供256级的灰度，对于大部分的图像应用已经足够了。

模拟照相机有四个非常成熟的标准：PAL、NTSC、CCIR 和RS-170，如表5-10所示。里面需要关注的参数有帧率、彩色/黑白、分辨率。

表5-10　模拟照相机标准

标　　准	使　用　地	帧率/（帧/s）	彩色/黑白	分辨率/（像素）
PAL	欧洲	25	彩色	768 × 676
NTSC	美国、日本	30	彩色	640 × 480
CCIR	欧洲	25	黑白	768 × 676
RS-170	美国、日本	30	黑白	640 × 480

由表5-9可以用看出，不同的标准对应不同的参数，这些参数必须正确告知图像采集卡，才能获得准确的图像。在NI Measurement & Automation中，可以根据照相机模拟图像的输出格式来配置图像采集卡，如图5-90所示。

模拟照相机也有一些缺点，比如帧率不高，分辨率不高等。在高速、高精度机器视觉应用中，一般都会考虑数字照相机。

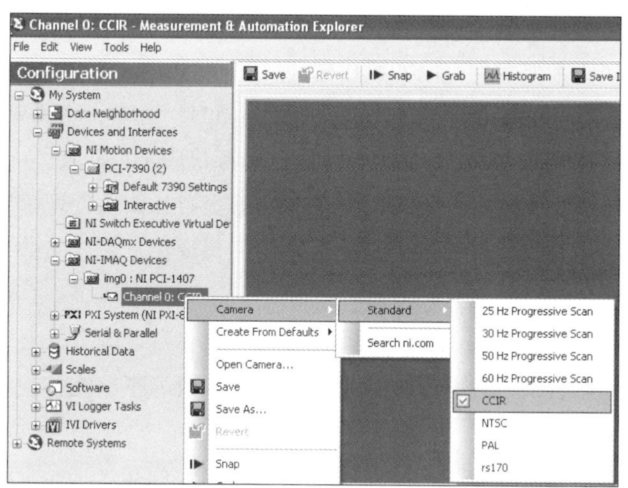

图5-90　配置图像采集卡

- 数字照相机。数字照相机先把图像信号数字化后通过数字接口传到计算机中。常见的数字照相机接口有Firewire、Camera Link、GigE 和USB。

Camera Link 是一个工业高速串口数据连接标准，它是由National Instruments、摄像头供应商和其他图像采集公司在2000年10月联合推出的，它在一开始就对接线、数据格式、触发、照相机控制等做了考虑，以方便机器视觉应用。Camera Link的数据传输率可达1Gbit/s，可提供高速率、高分辨率和高数字化率，信噪比也大大改善。Camera Link的标准数据线长3m，最长可达10m。如果是高速或高分辨率的应用，Camera Link肯定是首选。

Firewire，即IEEE1394，开始是为数字照相机和PC连接设计的，它的特点是速度快

（400Mbit/s），通过总线供电和支持热插拔。另外值得一提的是，如果PC上自带Firewire接口，那么不需要为照相机额外购买一块图像采集卡了，这在成本上也是一种优势。

GigE，即吉位以太网接口，它综合了高速数据传输和远距离的特点，而且电缆便宜（网线）。缺点是支持这种接口的照相机型号比较少，选择有限。

USB照相机较多的用在娱乐上，比如USB 摄像头。USB 工业照相机型号也比较少，在工业中的使用程度不高。

（3）图像采集板卡

一般来说，选好照相机后，图像处理板卡也就确定了。生产图像处理板卡的厂家非常多，如果所需的应用除了单纯的图像处理外，还包括数据采集、运动控制等要求的话，National Instruments公司的图像处理板卡是一个不错的选择。因为所有功能都可以在一个统一的软件平台（LabVIEW）和硬件平台（PXI）上完成，方便系统集成。在NI官网www.ni.com/camera上提供了一个照相机选择助手，在照相机选择助手中选择相应的参数，如供应商、扫描模式、接口类型、分辨率等，就可以查到相应的应用比较成熟的照相机，并且还可以比较同类型的照相机。打开感兴趣的照相机页面，不仅可以获得照相机相关的信息，还可以得到图像采集卡的推荐。推荐的图像采集卡都是经过NI 公司验证过的，所以可以把兼容性问题降到最低。

（4）图像处理软件

机器视觉处理软件有很多种，比如源代码开放的OpenCV，Mathworks公司的图像处理工具包，Matrox公司的Imaging Library，National Instruments公司的LabVIEW等。

如果目标是机器视觉算法研究，需要考虑软件的源代码是否开放。

如果目标是机器视觉系统的开发，需要考虑的因素有：图像处理函数库是否完备；发布费用是否昂贵；使用是否方便；开发平台是否统一；与硬件是否容易结合；公司的售后服务及技术支持是否到位等。

机器视觉系统开发带有很强的试验性质，通常需要多种处理算法混合在一起才能取得目的效果，并且需要一边尝试一边开发。如果图像处理函数库不够完备，那么开发、处理过程将受到很多限制。

商业的软件平台通常会收取发布费用，如果产品比较低端，那昂贵的发布费用将占去大部分利润。

对于系统开发来说，商品的上市时间是一个重要的因素，大量的时间花在源代码的调试上是一件得不偿失的事情，所以软件的易用程度和学习曲线将是一个重要的考虑因素。

机器视觉系统是一个涵盖机械、图像处理、数据采集和运动控制等的复杂系统，如果开发平台统一，并集成诸如数据采集和运动控制等功能的话，就比较容易开发出功能更复杂、附加值更高的产品。

另外，如果供应商的技术支持很好，比如有免费800电话，工程师现场支持等服务的话，会非常有助于项目的开发。笔者在项目开发时，遇到问题的主要解决途径就是搜索引擎和论坛。

本书介绍的National Instruments公司的LabVIEW开发平台，不仅可以学习图像采集、图像处理及机器视觉，还能将所学到的知识和技能直接用于机器视觉系统的开发。

2. PCB板检测系统硬件系统

（1）光源

根据系统的特点，本系统选用直接照明方式的沐光方式。选用由Advanced Illumination公司制造的环形光源。此环形光源为受电流驱动的LED，因而可以通过内置直接驱动式照明控制器，能直接连至NI 1744智能照相机，如图5-91所示。

（2）NI 1744 智能照相机

NI 1744系列智能照相机具有图像采集和处理特性，还具有I/O功能，这些功能集于一体构成了嵌入式设备。NI1744智能照相机适合于工业机器视觉应用程序，包括封装检测、装配验证、一维与二维条码读取以及运动向导。NI智能照相机带有一个PowerPC处理器，能够运行NI VBAI或NI LabVIEW实时模块和整个NI机器视觉算法套件。它在此基础上对图像进行处理，降低了成本和检测时间。NI 1744支持直接驱动式照明控制器，能够大大降低系统成本和复杂性，如图5-92所示。

此外，本系统还配有四个镜头。采用的是Computar公司制造C-Mount镜头座，它适用于IEEE1394和吉位以太网视觉的NI智能照相机和Basler照相机，如图5-93所示。

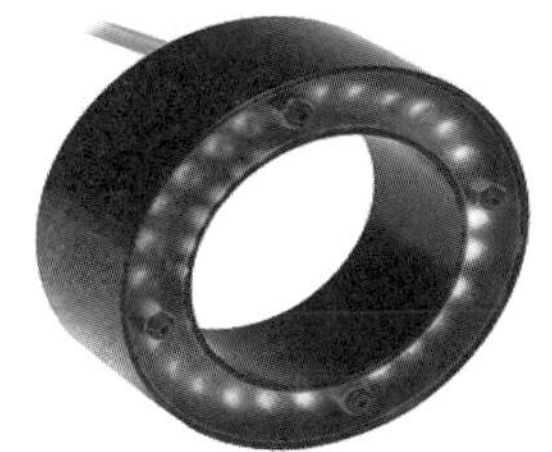

图5-91 环形光源

图5-92 镜头

图5-93 NI 1744智能照相机

（3）PC

通过智能照相机获得的图像在PC上显示，通过LabVIEW、Vision assistant和VBAI编写的程序实现对图像的采集和处理。

（4）机器视觉系统的附属器件

机器视觉系统的附属器件包括：智能照相机的24V稳压电源、智能照相机的串口接线端子、云台、网线、实验支架、导线若干、待检PCB等。

（5）机器视觉系统图

将上述部件按照使用规则，组成机器视觉系统，如图5-94所示。

3. 检测系统软件算法说明

（1）中值滤波

中值滤波是一种非线性滤波方法，也是一种排序滤波方法。在图像处理中对抑制离散的噪声比较有效，而且还能保护边缘轮廓信息。它的中心思想是将所用邻域窗口内的所有像素灰度值从小到大排序，取该组中间的灰度值作为滤波后的灰度值。

图5-94　机器视觉系统图

设$\{x_{ij}(i,j)\in I^2\}$表示数字图像各点的灰度值，滤波窗口的二维中值滤波，可定义为

$$y_{ij}=\underset{A}{\text{media}}\{x_{ij}\}=\underset{(r,s)\subset A}{\text{media}}\{x_{(i+r)(j+s)}(i,j)\in I^2\}$$

通常窗口内像素数为奇数，以便有个中间像素。若窗口像素数为偶数时，则中值取中间两像素灰度的平均值。常用的窗口形状有方形、十字型、圆形、菱形等。窗口A的大小决定在多少个数值中求中值，窗口的形状决定在什么样的几何空间中取元素来计算中值。

最常用的窗口是方形和十字型。中值滤波窗口越大，抑制噪声效果越好，但有效信息损失也越大，因此须选择大小最佳的窗口以兼顾二者。

本例采用5×5的方形窗口中值滤波进行图像平滑去噪。

（2）灰度值变换

除了控制照明光源外，某些情况下通过算法调整图像的灰度值也是必要的。灰度值变换可被视为一种点处理。这意味着变换后的灰度值$t_{\mathrm{r,c}}$仅仅依赖于输入图像上同一位置的原始灰度值，$g_{r,c}$可表示为：$t_{r,c}=f(g_{r,c})$。这里$f(g)$表示进行灰度值变换的函数。为了提高变换的速度，灰度值变换通常通过一个查找表（LUT）来进行，即将每个输入灰度值变换后得到的输出值保存在一个查找表内。如果用f_g表示LUT，则$t_{r,c}=f_g[g_{r,c}]$，此处符号“[]”表示的是查找表的操作。

平方根LUT，其作用是增加了在黑暗区域的亮度和对比度，减少在明亮的区域的亮度和对比度。

等值LUT，其作用是对图像的像素点进行变换，增加图像的亮度和亮区的对比度。

（3）灰度值形态学

图像处理中经过滤波、灰度值变换后的图像经常会包含干扰，所以必须要调整区域的现状以获得想要的结果。数学形态学被定义为一种分析空间结构的理论。为此，数学形态学提供了一组特别有用的方法，这些方法能让我们调整或描述物体的形状。形态学能够在区域和灰度值图像上被定义。因为本文要处理的图像是灰度图像，所以下面将重点介绍灰度值形态学。

用$g_{r,c}$表示要处理的图像，感兴趣区图像S用图像$s(r,c)$表示结构元。

膨胀能够通过转置结构元来实现，有如下定义：

$$g \oplus \breve{s} - (g \oplus \breve{s})_{r,c} = \max_{(i,j)\in S}\{g_{r+i,c+j} + s_{i,j}\}$$

在灰度值形态学中，对结构元的选择通常是平坦结构元，即：对于$(r,c)\in S$时，$s(r,c)=0$。它产生的效果为：扩大图像中比周围更亮的部分，并收缩背景，这样灰度值膨胀能够将灰度值图像中的一个亮物体的脱节部分连在一起。

灰度值图像减法有如下定义：

$$g \ominus s = (g \ominus s)_{r,c} = \min_{(i,j)\in S}\{g_{r-i,c-j} - s_{i,j}\}。$$

有以上两个基本模块，我们可以构建本文将要利用的操作：灰度值闭操作。

它是一个膨胀操作后再执行一个减法。它能够填充小孔或者删除小物体。此外，它还能够连接或分开物体以及平滑物体的内、外边界。

根据以上讨论，编写程序对图像进行预处理。经过预处理后的图像如图5-99所示，可以看出电解电容金属反射面都具有很强的亮度，达到了后续识别的要求。

4．PCB元器件检测系统流程图

首先采用智能照相机将被摄取目标转换成图像信号，此时的图像是灰度图像；再通过数据线将此图像信号传送给PC，根据像素分布、亮度等信息，将图像信号转变成数字化信号并进行各种运算来抽取目标的特征；和标准图像进行对比、模板匹配等处理后，得出被测的PCB是否有缺陷；使用智能照相机的I/O功能来实现机器视觉系统与外界系统和数据库的通信。最后控制生产流程，其系统流程图如图5-95所示。

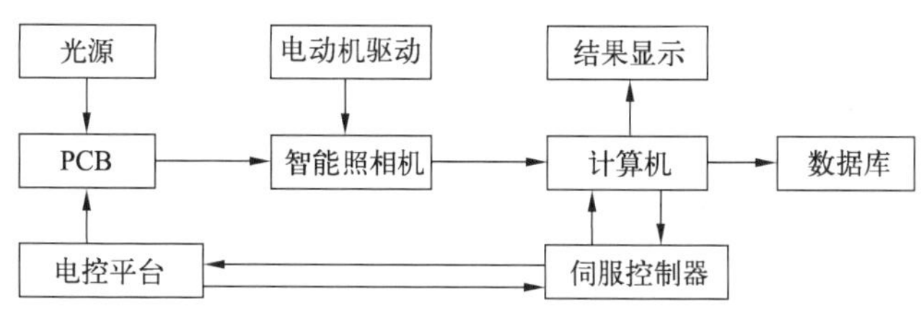

图5-95　PCB元器件检测系统流程图

任务实施

1．集成系统软/硬件，实现PCB元器件检测

① 设置智能照相机的参数。

② 采集 PCB 图像。

③ 编写程序图像采集模块，程序框图如图 5-96 所示，原始图像如图 5-97 所示。

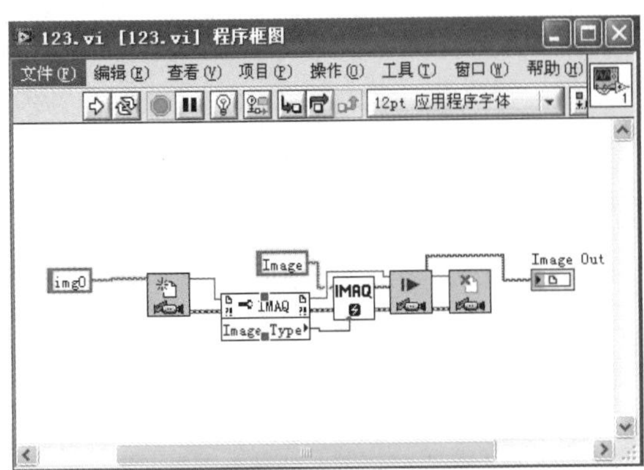

图5-96　图像采集程序框图

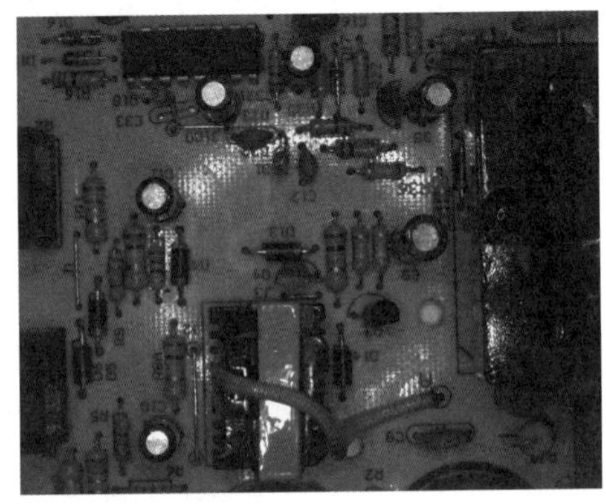

图5-97　原始图片

2．实现对PCB图像的预处理

根据学习的预备知识和实际图像特点的结合，设计出预处理的方法。预处理程序框图如图5-98所示，处理后图像如图5-99所示。

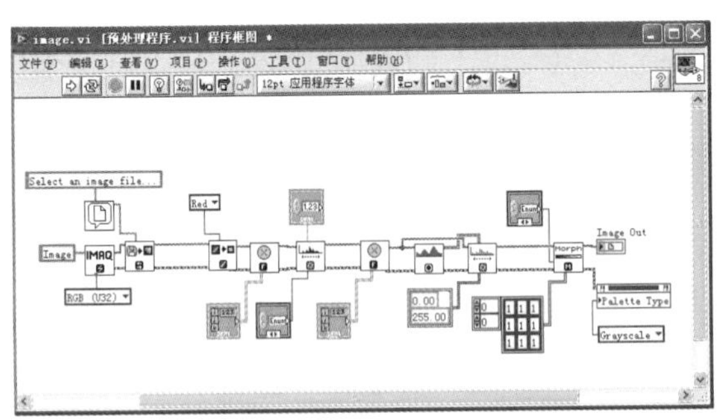

图5-98　预处理程序框图

图5-99　预处理后的图片

3．图像的分析

经过预处理后的图像已经满足图像的辨识要求，应用NI Vision Builder for Automated Inspection对图像进行分析辨识的操作。

首先采集标准图像，对其进行分析。从照相机中采集一张图片作为标准图像，在图像中找出较明显的特征作为匹配标准，本例中选取了图片最下方的电解电容作为匹配标准，并以此标准建立坐标系。接下来就是检测其余的电解电容，也就是在图像中检测电容反射面的光亮点。选择NI Vision Builder for Automated Inspection中的Detect objects来检测，并设置参数：参考系统坐标系、检测对象最大/最小像素、检测通过时的最大和最小检测个数。

启动程序，系统开始检测，如果检测通过，在图片上显示“PASS”，否则显示“FAIL”。同时输出相应的信号。驱动伺服结构实现电路板的自动分拣，同时将检测的结果送入数据库，以便工程人员的检查。

系统检测界面如图5-100所示。

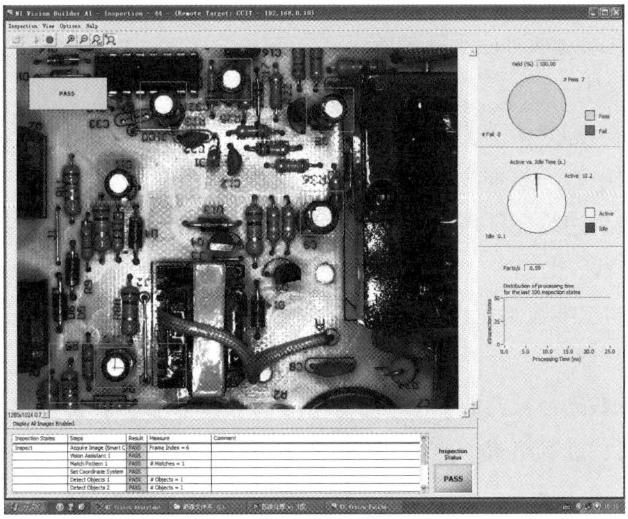

图5-100　系统检测界面

计划总结

1. 工作计划表

序　　号	工 作 内 容	计划完成时间	实际完成情况自评	教师评价

2. 材料领用清单

序　　号	元器件名称	数　　量	设备故障记录	负责人签字

3. 项目实施记录与改善意见

思考与练习

1．下面刷新模式分别对应了哪种效果：

（1）带状图表（　　）　　（2）示波器图表（　　）　　（3）扫描图（　　）

A．从左到右连续滚动的显示运行数据，类似于纸带表记录器。

B．扫描图中有一条垂线将右边的旧数据和左边的新数据隔开，类似于心电图仪。

C．当曲线到达绘图区域的右边界时，LabVIEW 将擦除整条曲线并从左边界开始绘制新曲线。

2．DAQ采集的二维数组可以不经过转置直接输入下面（　　）图形控件。

A．波形图　　B．波形图表

3．如果存储的数据将被其他工程师通过Microsoft Excel分析。应使用（　　）存储格式。

A．自定义二进制格式

B．TDM

C．数据记录

D．用制表符（Tab）分隔的ASCII

4．可以使用波形图来显示两条点数不同的波形吗，应该通过什么方式？

5．可以在波形图中定义波形的间隔和起始位置吗，应该通过什么方式？

6．在一个波形图中用2种不同的间隔显示1条正弦曲线和1条余弦曲线，每条曲线长度为128个点，正弦曲线x_0=0，Dealt x=1，余弦曲线x_0=2，Dealt x=10。

7．在一个chart中显示3条曲线，分别用红，绿，蓝三种颜色表示范围0～1，0～5，0～10的3个随机数。

8．要求：编写一个程序测试自己在程序前面板上输入字符所用的时间，并且能计算出输入字符的速度（每分钟）。以下前面板仅供参考，如图5-101所示。

9．请在E盘根目录建立以自己姓名命名的文件夹，并根据以下设计要求完成程序的设计编写，并将编写程序都保存在该文件夹中。

（1）请设计子 VI 模拟产生 -10 ～ 50 范围的温度值；

（2）在主程序中调用温度子 VI，编程实现温度的循环采集，每隔 500ms 温度值用显示控件“温度计”显示，与此同时在波形图表中用红色粗曲线实时显示，当按下“停止”按钮后退出采集。

（3）当温度小于等于 0℃时，前面板显示状态信息“冻伤”，发出警告指示灯显示红色；当温度大于等于 40℃时，状态信息显示“中暑”，指示灯显示红色；其他情况状态信息显示“正常”，指示灯由红色转换显示为绿色；

（4）将采集的温度数据自动保存到 E:\file.xls，保存格式要求如图 5-102 所示。

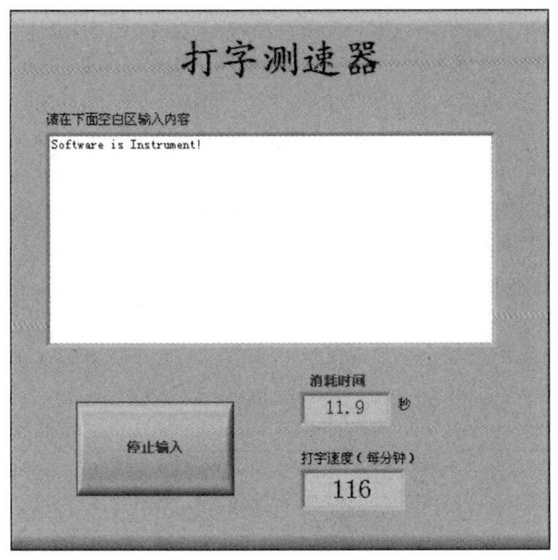

图5-101　题8图

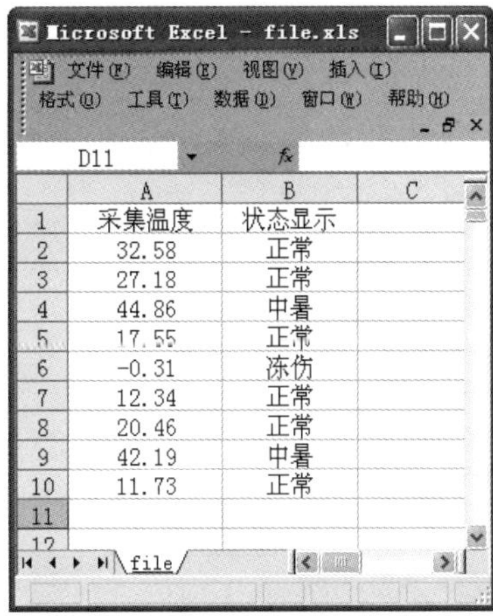

	A	B	C
1	采集温度	状态显示	
2	32.58	正常	
3	27.18	正常	
4	44.86	中暑	
5	17.55	正常	
6	-0.31	冻伤	
7	12.34	正常	
8	20.46	正常	
9	42.19	中暑	
10	11.73	正常	
11			

图5-102　题9图

学时分配表

章节名称	章节内容	建议学时
第一篇　预备篇	虚拟仪器概述	4
第二篇　体验篇 项目一　认识和使用虚拟仪器产品——ELVIS	任务 认识和使用虚拟仪器产品——NI ELVIS	4
第三篇　入门篇 项目二　电烤箱温度测控系统	任务1 仿真温度检测程序设计	4
	任务2 温度转换程序设计	4
	任务3 温度信号的实时图形显示和分析报警	4
	任务4 温度传感器信号的调理和ELVIS采集	4
	任务5 电烤箱温度测控系统的设计和实现	4
第四篇　提高篇 项目三　数字测控对象检测与控制	任务1 霓虹灯控制	4
	任务2 数字式显示器控制	4
	任务3 交通信号灯控制系统	8
第五篇　应用篇 项目四　电气设备性能测试 项目五　自动称重系统测试 项目六　基于机器视觉的PCB板检测	任务1 RC电路过渡过程的测试与计算	8
	任务2 数字信号的频率测量和滤波处理	4
	任务3 电力设备谐波的测试和计算	4
	任务4 自动称重系统测试	8
	任务5 基于机器视觉的PCB板检测	8

软件知识点分布表

章节内容	LabVIEW软件知识点	硬件配置
第一篇　预备篇		
1.1 虚拟仪器的基本知识	虚拟仪器概念与组成	
1.2 虚拟仪器软件编程环境	编程环境、基本数据类型	装有LabVIEW软件的计算机
1.3 虚拟仪器硬件配置方案	数据采集基础	任意一款采集卡、计算机
第二篇　体验篇——项目一 认识和使用虚拟仪器产品		
2.1 NI ELVIS简介	ELVIS简介	NI ELVIS平台
2.2 任务 认识和使用虚拟仪器产品——NI ELVIS	ELVIS万用表、阻抗分析仪、二线I－V分析仪、可调电源、函数发生器、示波器、伯德图分析仪和三线I－V分析仪	电阻、电容、二极管、三极管、导线
第三篇　入门篇——项目二 电烤箱温度测控系统		
任务1 仿真温度检测程序设计	LabVIEW应用程序的构成、程序框图的连线、LabVIEW的数据流编程、前面板的编辑技术	
任务2 温度转换程序设计	子VI设计与调用、VI的运行和调试、前面板的设计和修饰	
任务3 温度信号的实时图形显示和分析报警	循环结构及其自动索引功能使用、定时函数使用、波形图表	
任务4 温度传感器信号的调理和ELVIS采集	公式节点、数据采集方案、信号调理	热敏电阻、LM35、电阻
任务5 电烤箱温度测控系统的设计和实现	系统设计与调试方法	电烤箱、热电阻、热电偶
第四篇　提高篇——项目三 数字测控对象检测与控制		
任务1 霓虹灯控制	数组和数组函数的使用、移位寄存器和反馈节点、数字信号I/O	ELVIS平台
任务2 数字式显示器控制	簇和簇函数的使用、条件结构、事件结构	数码管、电阻
任务3 交通信号灯控制系统	顺序结构、状态机、局部变量、属性节点	LED红、黄、绿色发光二极管各2个、电阻
第五篇　应用篇		
项目四 电气设备性能测试	滤波器、波形图、函数发生器、信号分析函数使用、谐波分析与窗函数、ELVIS 任意波形发生器和动态分析仪	电容、电阻
项目五 自动称重系统构建	字符串使用、文件输入/输出、用户对话框设计、线性拟合函数使用	称重传感器、砝码
项目六 基于机器视觉的PCB板检测	机器视觉函数	机器视觉采集设备

附录C CLAD考点详解

CLAD（Certified LabVIEW Associate Developer）即LabVIEW助理开发工程师认证，获得NI公司全球认可。

LabVIEW 助理开发工程师认证(CLAD) 和考试概述

1. LabVIEW编程原理

（1）数据流

① 定义数据流。

② 了解LabVIEW中数据流的重要性。

③ 了解在程序框图、VI和子VI中实现数据流的编程惯例。

④ 了解哪些编程方法会破坏数据流。

⑤ 在VI中跟踪代码的执行。

（2）并行机制

① 定义并行执行。

② 了解并行执行的代码结构。

③ 了解并行机制的编程建议。

④ 定义竞态。

⑤ 了解竞态代码。

⑥ 了解非确定性执行。

2. LabVIEW环境

（1）虚拟仪器(VI)

① 前面板和程序框图：

- 了解前面板和程序框图对象的关系；
- 分析前面板和程序框图，理解其功能；
- 根据给定的程序框图确定前面板的显示结果；
- 了解没有程序框图的VI类型；
- 在给定的应用程序中使用前面板对象的属性和选项。

② 图标和连线板：

- 了解图标和连线板的用途；

• 了解和区分不同的接线端连接类型。

（2）即时帮助窗口

① 了解和定义3种不同类型的接线端——必需、推荐和可选。

② 根据即时帮助窗口的内容，确定VI或函数的功能。

3. 数据类型和数据结构

（1）数值、字符串、布尔值、路径、枚举型

① 了解前面板和程序框图对象最合适的数据类型。

② 了解和描述下列数据类型的相关函数。

• 数值－数值、转换、数据操作、比较选板。

• 字符串－字符串、字符串/数值转换、字符串/数组/路径转换选板。

• 布尔－布尔选板。

• 路径－文件I/O选板上的路径函数。

（2）簇

① 了解通过簇组合数据的优点。

② 选择和使用捆绑、取消捆绑、按名称捆绑、按名称取消捆绑等函数。

③ 了解重新对簇中的控件排序的结果。

（3）数组

① 选择和使用数组选板上的函数。

② 了解可能引起内存使用问题的方法。

③ 了解最小化内存占用的方法。

④ 了解和描述使用数组的优点。

（4）自定义类型

① 了解和描述使用自定义类型和严格自定义类型的优点。

② 判断是否需要使用自定义类型或严格自定义类型来表示数据项。

（5）波形

① 选择和使用波形数据类型来表示图形和图表上的数据。

② 在给定的应用程序中选择和使用创建波形和获取波形成分函数。

（6）时间标识

① 了解时间标识，以及如何将时间标识应用于测量数据。

② 选择和应用定时选板上的定时函数，用于具体的应用程序。

（7）动态数据类型

① 了解动态数据的使用案例。

② 描述从动态数据转换Express VI的功能。

③ 了解哪些输入/显示控件和输入/输出端接受动态数据。

（8）数据表示

① 了解各种数据类型使用的字节。

② 掌握改变控件和常量的数值表示法。

③ 了解各种数据类型的范围，以及整数的舍入法。

④ 了解LabVIEW的字节存储方法。

（9）强制转换

① 选择最合适的数据类型避免强制转换。

② 了解在不同的数值运算中结果的数据类型和内存使用。

③ 正确选择和使用转换选板上的函数。

（10）数据转换和操作

① 定义和使用数据转换、操作和类型转换。

② 了解和选择转换数据类型和数值表示法的函数。

4. 数组和簇

（1）数组函数

① 了解数组选板的函数。

② 判断使用数组函数的程序框图执行结果。

③ 选择和使用函数实现所需功能。

④ 比较和选择等效的设计方法。

（2）簇函数

① 了解簇、类与变体选板上与簇相关的函数。

② 判断使用簇函数的程序框图执行结果。

③ 选择和使用簇函数实现所需功能。

（3）函数的多态性

① 定义多态性。

② 了解多态函数的优点。

③ 使用多态输入判断VI的数据元素输出。

5. 错误处理

（1）错误簇

① 了解错误簇的组成部分和功能。

② 了解接受错误簇为输入的接线端。

③ 区分错误和警告。

（2）错误处理VI和函数

① 了解对话框与用户界面选板上与错误处理相关的VI。

② 了解处理和报告错误的合适时机。

③ 选择VI和函数完成指定的错误处理和报告功能。

（3）自定义错误代码

① 了解自定义错误代码的预留范围。

② 通过错误簇从VI生成自定义错误。

（4）自动/手动错误处理

① 了解自动错误处理的影响。

② 设计高效处理错误的VI。

③ 在指定的程序框图上判断错误出现的位置。

6. 说明信息

（1）重要性

① 了解在VI属性对话框中添加说明信息的重要性。

② 了解添加提示框的重要性。

（2）即时帮助

① 确定执行VI需要哪些输入。

② 了解如何在即时帮助窗口输入和输出说明。

7. 调试

（1）工具

① 了解调试工具：高亮显示执行过程、断点、单步调试、探针。

② 了解特定调试工具的功能的适用场合。

（2） 技巧

① 在特定条件下，选择最合适的调试工具和策略。

② 在特定的程序框图上判断是否会发生错误。

8. For循环和While循环

（1）循环的组成部分

① 了解循环的组成部分及其功能：隧道、总数接线端、条件接线端、计数接线端、移位寄存器。

② 了解循环各个组成部分的作用。

（2）自动索引

① 了解自动索引隧道。

② 了解创建新隧道时的默认索引设置。

③ 了解自动索引隧道和明确使用和不使用自动索引隧道的影响。

（3）移位寄存器

① 了解移位寄存器作为存储元素的使用和初始化。

② 确定循环若干次后或循环结束后的移位寄存器的值。

③ 了解初始化和未初始化层叠移位寄存器的特性。

④ 了解反馈节点在循环中的作用。

（4）循环的执行

① 了解For循环和While循环的异同。

② 选择和使用最合适的循环结构。

③ 在指定的程序框图上确定循环执行的次数。

④ 了解For循环条件接线端的用途。

⑤ 了解在各种条件下代码执行所需的接线端。

9. 条件结构

（1）条件分支选择器

① 了解可作为输入的数据类型。

② 了解定义数值范围的各种情况。

③ 判断给定程序框图中执行哪个条件分支。

（2）隧道

① 了解输出隧道的不同选项。

② 了解各种隧道类型的优缺点。

（3）应用

① 判断条件结构的使用场合。

② 了解输入控件和显示控件相对于条件结构的放置位置。

10. 顺序结构

（1）类型

① 平铺式顺序结构。

② 层叠式顺序结构。

（2）特性

① 了解顺序结构的基本功能。

② 了解包含顺序结构的程序框图的执行结果。

③ 了解错误发生时条件结构将如何应对。

④ 了解层叠式顺序结构中的顺序局部变量。

（3）应用

① 了解层叠式和平铺式顺序结构的优缺点。

② 判断顺序结构的使用场合。

11. 事件结构

（1）通知事件和过滤事件

① 定义过滤事件和通知事件。

② 了解过滤事件和通知事件的异同。

③ 区分程序框图上的过滤事件和通知事件。

④ 条件结构的应用值属性节点。

（2）应用

① 了解事件驱动编程的优点。

② 了解生成事件的不同方法。

③ 判断给定程序框图的执行结果。

12. 文件I/O

（1）函数和VI

① 了解文件I/O选板上的VI和函数。

② 判断使用上述函数的程序框图执行结果。

③ 了解高级文件I/O VI和底层文件I/O VI的优缺点。

（2）应用

① 判断程序框图的执行是否会出错。

② 判断程序框图上特定函数写入的字节数。

③ 判断写入数据至文件最快和最慢的方法。

13. 定时

（1）定时函数

① 了解定时选板上的函数。

② 了解事件计数器归零重新计数的影响。

（2）应用

① 在给定的情境下选择最适合的函数。

② 选择在循环中降低CPU占用的函数。

③ 选择在较长周期的定时应用中适用的函数。

14. VI服务器

（1）类层次结构

① 了解方法和属性的层次结构。

② 选择与控件和子VI进行交互所需的引用。

（2）应用

① 了解属性节点和调用节点的用途。

② 选择合适的属性节点和调用节点调用属性和方法。

③ 区分严格类型和非严格类型控件引用。

④ 了解通过VI服务器调用VI和子VI的区别。

15. 数据同步和通信

（1）通知器

① 了解通知器选板上的函数。

② 确定使用通知器的程序框图的执行结果。

（2）队列

① 了解队列选板上的函数。

② 确定使用队列的程序框图的执行结果。

（3）信号量

① 了解信号量的作用。

② 了解信号量的用途。

（4）全局变量

① 了解全局变量的特性。

② 了解全局变量的用途。

（5）应用

① 为特定的情境选择最合适的同步机制。

② 了解通知器和队列的异同。

16. 设计模式

（1）状态机

① 了解状态机架构的主要组成部分。

② 了解维护状态信息的机制。

（2）主/从

① 了解主/从架构的主要组成部分。

② 了解主/从设计模式的优缺点。

③ 了解通知器提供的内部循环定时机制。

（3）生产者/消费者（数据和事件）

① 了解消费者/生产者设计模式的主要构件。

② 了解消费者/生产者设计模式的优缺点。

③ 了解队列提供的内部循环定时机制。

（4）应用

① 为给定的编程任务选择最佳设计模式。

② 比较设计模式，并分析其优缺点。

17. 图形和图表

（1）类型

① 比较不同类型的图形和图表。

② 了解波形图表的缓冲功能。

③ 了解哪种图形支持不均匀的X轴标尺。

④ 了解哪种波形图支持多个数轴。

（2）数据绘图

① 了解图形和图表接受的数据类型。

② 为给定的情况选择最合适的波形图类型。

18. 布尔机械动作

（1）了解6种不同的机械动作

（2）了解各种机械动作的适用场合

（3）确定程序框图的执行结果

19. 属性节点

（1）定义属性节点的执行顺序

（2）了解属性节点的用途

（3）了解属性节点执行过程中出错时发生的情况

20. 局部变量

（1）特性

① 了解局部变量的特性。

② 在使用局部变量的程序框图上，判断执行结果。

③ 了解可能发生的竞态。

（2）应用

① 确定局部变量适用的场合。

② 调试使用局部变量不当的程序框图。

21. 功能全局变量

（1）特性

①了解功能全局变量的特性。

② 了解功能全局变量的组成部分和数据存储机制。

③ 了解非重入的需求。

（2）应用

① 了解功能全局变量的同步功能。

② 了解信息隐藏。

③ 判断功能全局变量在特定条件下是否适用。

参 考 文 献

[1] 陈锡辉，张银鸿．LabVIEW 8.20程序设计从入门到精通[M]．北京：清华大学出版社，2007.

[2] JEFFREY TRAVIS, JIM KRING. LabVIEW大学实用教程[M]．3版．北京：电子工业出版社，2008.

[3] 阮奇桢．我和LabVIEW：一个NI工程师的十年编程经验[M．北京：北京航空航天大学出版社，2009.

[4] 陈树学，刘萱．LabVIEW 宝典[M]．北京：电子工业出版社，2011.

[5] 雷振山，等．LabVIEW8.2基础教程[M]．北京：中国铁道出版社，2008.

[6] 侯国屏，王坤，叶齐鑫．LabVIEW7.1编程与虚拟仪器设计[M]．北京：清华大学出版社，2005.

[7] 杨智能，袁媛，贾延江．虚拟仪器教学实验简明教程：基于LabVIEW的NI ELVIS[M]．北京：北京航空航天大学出版社，2008.

[8] 白云，高育鹏，胡小江．基于LabVIEW的数据采集与处理技术[M]．陕西：西安电子科技大学出版社，2009.

[9] 周求湛，钱志鸿，刘萍萍，戴洪亮，等．虚拟仪器与LabVIEWTM 7 Express程序设计[M]．北京：北京航空航天大学出版社，2004.

[10] NI公司使用手册与培训材料：

National Instruments Corporation.LabVIEW User Manual.

LabVIEW Basic Ⅰ： Introduction Course Manual.2008.

LabVIEW Basic Ⅱ： Development Course Manual.2008.

LabVIEWTM 教师培训阶段（一）培训材料，2009.

LabVIEWTM教师培训阶段（二）培训材料，2009.

NI ELVIS Where to Start，2008.

NI ELVIS User Manual，2008.

NI ELVIS Ⅱ Where to Start，2008.

NI ELVIS ⅡUser Manual，2008.

NI DAQmx Help，2013.

NI DAQmx C Reference Help，2013.

Traditional NI-DAQTM User Manual，2013.

DAQ Getting Started Guide，2013.

LabVIEW 2013 User Manual，2013.